U0323892

全国高等职业教育“十三五”规划教材

金属工艺学

主　编　贺义宗　林雪冬

中国矿业大学出版社

内容提要

本书是高等职业教育"十三五"规划教材，是根据高等职业教育人才培养目标编写的。内容是以高等职业教育机械类相关专业教学标准及金属工艺学课程教学大纲为依据组织的，除满足专业教学需要之外，还兼顾了学生生活和科学技术认知发展需要。主要内容包括：金属材料的性能，金属材料的内部组织结构及热处理，常用金属材料，液态成形工艺，塑性成形工艺，连接成形工艺，切削成形工艺，特种加工和数控加工等。

本书可作为高等职业教育机械类或近机类学生学习的教材，也可供相关工程人员参考。

图书在版编目(CIP)数据

金属工艺学 / 贺义宗，林雪冬主编. —徐州 ：中国矿业大学出版社，2018.1

ISBN 978-7-5646-3885-6

Ⅰ.①金… Ⅱ.①贺…②林… Ⅲ.①金属加工—工艺学—高等职业教育—教材 Ⅳ.①TG

中国版本图书馆 CIP 数据核字(2018)第020524号

书　　名　金属工艺学
主　　编　贺义宗　林雪冬
责任编辑　耿东锋
出版发行　中国矿业大学出版社有限责任公司
（江苏省徐州市解放南路　邮编 221008）
营销热线　(0516)83885307　83884995
出版服务　(0516)83885767　83884920
网　　址　http://www.cumtp.com　**E-mail**：cumtpvip@cumtp.com
印　　刷　江苏淮阴新华印刷厂
开　　本　787×1092　1/16　**印张** 15.5　**字数** 384 千字
版次印次　2018 年 1 月第 1 版　2018 年 1 月第 1 次印刷
定　　价　28.00 元

前　言

本书是高等职业教育“十三五”规划教材之一，是编者在多年的教学经验积累基础上，根据高职机械类专业特点和社会需求，结合多所高职院校金属工艺学课程教学经验反馈及课时压缩要求，精心提炼编写而成的，适合作为高等职业教育机械类专业金属工艺学少课时课程的教材，也可作为机械制造工程技术人员的参考用书。

本书在内容上主要涉及金属材料及其成形工艺各方面的技术知识，压缩了金属材料及其成形工艺各方面的学术型理论知识。希望订阅此书的师生，在使用过程中，结合实践教学内容，由浅入深，由点到面，先学习掌握基础的、实用的、简单的技术知识，解决现实的技术问题，然后再以此为起点，继续深入全面地学习和提高，步步为营，一步一个脚印，使最终所学到的知识绝非本书所限。在当今信息化时代，作为纸质版的本书只不过是个学习的引子，更多的知识在书本之外，请读者在阅读本书的同时，自觉查阅网络资料。

本书项目一、二、三、七由甘肃能源化工职业学院贺义宗编写，项目四由重庆工程职业技术学院林雪冬编写，项目五由山西煤炭职业技术学院陈红英编写，项目六由河南工业和信息化职业学院王绪科编写，项目八由甘肃能源化工职业学院李凌鹏编写。

本书在编写过程中得到西安科技大学、太原理工大学及甘肃能源化工职业学院、重庆工程职业技术学院、山西煤炭职业技术学院、河南工业和信息化职业学院等院校有关人士的大力支持和帮助，在此表示衷心的感谢！

由于编者水平有限，书中不足之处恳请读者批评指正！

编　者

2017年10月

目　录

绪　论

金属工艺学是一门研究常用金属材料的性质及其加工方法的综合性技术基础课，其内容涵盖了金属材料及热处理、铸造、金属压力加工、焊接、金属切削加工等多个学科的基本知识。机械加工生产的过程，就是金属工艺学的应用过程。

金属工艺学是从实践中发展起来的一门学科，它对人类文明的进步起了推动作用。我国的金属工艺技术有着悠久的发展史。早在原始社会末期，我们的祖先就已经开始使用简单的铜器。到了商代，我国的青铜冶炼与铸造技术达到了相当高的水平。著名的后母戊大方鼎，是商代晚期的祭祀器具，重达 832.84 kg，其造型精美，鼎外铸出精致的花纹图样，是我国到目前为止出土的最大青铜器，也是世界上迄今发现的最大青铜器。春秋时期，我国就掌握了铁的冶炼技术，并开始应用铸铁农具，这比欧洲国家要早 1 800 多年。战国时期，我国就能运用相当高超娴熟的炼钢、锻造和热处理技术，制造出干将、莫邪等名剑。埋藏在地下达 2 000 多年的吴王夫差剑，出土后仍然熠熠生辉，锋利如初。我国从唐代（约公元 7 世纪）就已经开始使用锡焊和银焊，而欧洲直到 17 世纪才出现这样的钎焊方法。到明朝，我国已经有了多种简易切削加工设备，也有了世界上最早的有关金属加工工艺的文字著作，这就是宋应星所著的《天工开物》，内有冶铁、炼铜、铸钟鼎、锻铁淬火等各种金属加工方法，它内容全面，文字简洁，叙述详尽，是一部比较全面完整地记述金属工艺的科学著作。总之，我国在五千年光辉灿烂的文明史中，在金属工艺学方面取得过辉煌的成就，对人类文明进步做出了举世公认的卓越贡献。但是在过去几百年里失去了发展的机会和条件，金属工艺技术和生产力水平长期处于停滞和落后状态。

中华人民共和国成立后，我国的机械制造业和其他行业一样获得了迅速发展，逐步建立起比较完整的工业生产体系。同样，在金属工艺技术方面也取得了很大发展，许多新材料、新技术、新设备、新工艺在所涉及的各个领域得到广泛应用，并制定出适合我国国情的钢铁标准，建立了符合我国资源特点的合金体系，研究出具有世界先进水平的稀土球墨铸铁、特殊性能合金等新材料，制造出口远洋货轮、内燃机车、精密机床等机械设备，建造了南京长江大桥、秦山核电站，成功地发射了运载火箭和通信卫星，建成了世界级的三峡工程。近年来，高铁技术领先世界、笔尖钢已经实现国产、大飞机项目和国产航空母舰相继开工，这些足以表明，我国在冶金、铸造、压力加工、焊接、切削加工等金属工艺技术方面达到了很高的水平。但是，就我国目前的水平与世界先进水平相比较，金属工艺技术仍然存在着一定的差距：基础工艺技术落后、生产效率低、产品质量有待提高、现代企业管理制度有待完善、先进制造技术有待于大力推广应用。

金属工艺是工程技术人员在设计、生产制造工作中必需的一门综合性的技术。学习本课程的目的和任务是：使学生能够根据机械零部件的要求合理选择使用常用金属材料及合理地选择加工方法，并为学习其他有关课程及从事生产技术工作奠定必要的金属工艺学方面的基础。

对于高职学生，学习本课程的基本要求是：初步掌握常用金属材料的牌号、成分、组织、性能及其应用；学习认识金属热处理方法及应用特点；掌握金属的铸造、锻造、焊接、切削加工、特种加工等各种加工方法的基本原理、工艺特点和应用范围。

金属工艺学是在长期实践中发展起来的，它具有很强的实践性和应用性。因此，在学习本课程时，不但要学习掌握必要的基础理论和基本知识，还要注意理论联系实际，通过现场学习或实际操作实习，提高独立分析问题和解决问题的能力，为后续课程的学习和实践打下坚实的基础。

项目一　金属材料的主要性能

任务　金属材料的主要性能

知识要点

(1) 金属材料的主要物理性能和化学性能。

(2) 金属材料的主要力学性能及试验方法。

(3) 金属材料的工艺性能。

技能目标

掌握金属材料主要力学性能指标的意义及试验方法。

任务导入

在机械零件的大家族中,有由各种材料成形与加工而成,应用在相同或不同条件下,各式各样的、大大小小的机械零件,它们在各自的岗位上发挥着应有的作用,使得新的机械产品不断诞生着。因此,我们需要学习掌握制造机械零件的材料都要具备哪些性能,这些性能的实际内涵和外在表现又是什么。

任务分析

学习金属材料主要性能的任务是,从认识事物的客观规律出发,从感性认识上升到理性认识,通过感官和借助于特定的设备去测试认识材料相应的性能,所以学习的重点不光是材料的性能参数指标,还要积极掌握和探索材料特定性能的测试方法。

相关知识

金属材料的性能包括使用性能和工艺性能。使用性能是指金属材料在使用过程中所表现出来的性能,它包括金属材料的力学性能、物理性能(熔点、导电性、导热性、磁性等)、化学性能(耐腐蚀性、抗氧化性等)。工艺性能是指材料在各种加工工艺过程中所表现出来的性能,它包括材料的成形与加工性能等。

一、金属材料的物理性能

物理性能是指物质在自然状态下,不发生化学变化就表现出的性能。

金属材料的物理性能主要有色泽、状态、密度、熔点、热膨胀性、导热性、导电性和磁性等。

由于机械零件的用途不同，对其物理性能的要求也有所不同。例如，飞机零件常选用密度较小的铝、镁、钛合金来制造，而制造电动机、电气零件的材料，常要考虑材料的导电性、磁性等物理性能。

金属材料的物理性能对加工工艺也有一定的影响，例如材料的导热性对切削加工有一定的影响。

二、金属材料的化学性能

金属材料的化学性能主要是指在高温或常温下，抵抗各种介质侵蚀的能力，如耐酸性、耐碱性、抗氧化性等。

对于在腐蚀性介质中或高温下工作的机器零件，由于比在空气中或室温条件下的腐蚀更为强烈，在选材时应考虑材料的化学性能，采用化学稳定性良好的合金。如化工设备、医疗和食品用具常采用不锈钢来制作，而内燃机的排气阀、汽轮机和电站设备的一些零件常采用耐热钢来制作。

三、材料的力学性能

金属材料的力学性能又称机械性能，它是指金属材料在外力（即载荷）作用下所表现出的抵抗变形和破坏的能力。金属材料的力学性能包括强度、塑性、硬度、冲击韧性和疲劳强度等。它们是机械零件和构件设计、选材的主要依据。

（一）强度

金属材料在外力（即载荷）作用下抵抗永久变形或断裂的能力称为强度。按外力性质不同，强度可分为抗拉强度、抗压强度、抗剪强度、抗扭强度和抗弯强度等。在工程上常用来表示材料强度的指标有屈服强度和抗拉强度。金属材料的屈服强度、抗拉强度指标是在万能材料试验机上通过拉伸试验测定的，不同材料的拉伸试验有不同的规定，这里以碳钢的拉伸试验为例说明，具体可查阅《金属材料 拉伸试验 第1部分：室温试验方法》(GB/T 228.1—2010)。

1. 金属材料的拉伸试验

试验时，标准试件装夹在万能材料试验机上，缓慢加载拉伸。随着载荷的逐步增加，试件逐渐伸长，直至试件拉断，试验方才停止（图1-1）。与此同时试验机也自动绘成载荷(F)与相应的试件伸长量(Δl)的关系曲线图即拉伸曲线示意图。图1-2所示为低碳钢材料的拉伸曲线示意图。由图可知，$F=0$ 时，$\Delta l=0$，载荷 F 增大到 F_p 期间，试件伸长量 Δl 成正比例增加，若在此范围内卸除载荷，则试件能完全恢复到原来的形状和尺寸，此时试件处于弹性变形阶段，图线近似一段斜直线。当载荷 F 增加，超过 F_e 后，试件不再成比例伸长，若在此时卸载，则试件不能完全恢复到原来的形状和尺寸，即试件不仅产生了弹性变形，还产生了塑性变形（即永久变形），图线不是一段直线。当载荷 F 增加到 F_s，图线出现水平或锯齿形线段，此时虽然试件继续伸长但载荷并不再增加，这种现象称为“屈服”。当载荷 F 继续增加超过 F_s 后，试件随载荷增加而继续伸长，此时试件已产生较大的塑性变形。当载荷增至最大值 F_b 时，试件伸长量 Δl 迅速增大而横截面将局部迅速减小，这种现象称为“缩颈”。由于缩颈处截面的急剧缩小，单位面积承载大大增加，变形更集中于缩颈区，此时，虽然载荷不增加但缩颈区内的变形继续增大，缩颈处截面的直径继续缩小，直到最后试件断裂，图线也结束绘制。

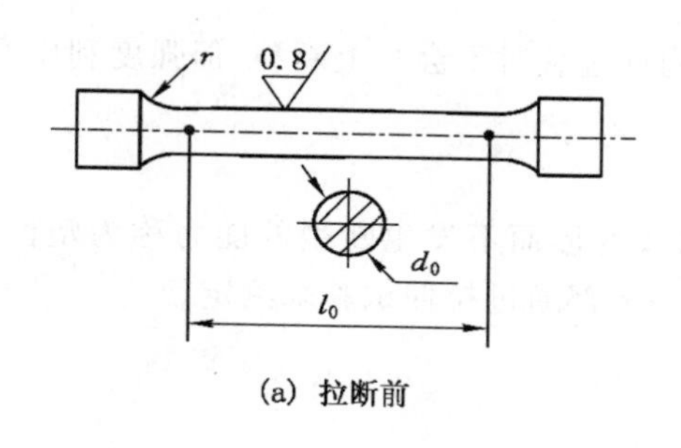

(a) 拉断前

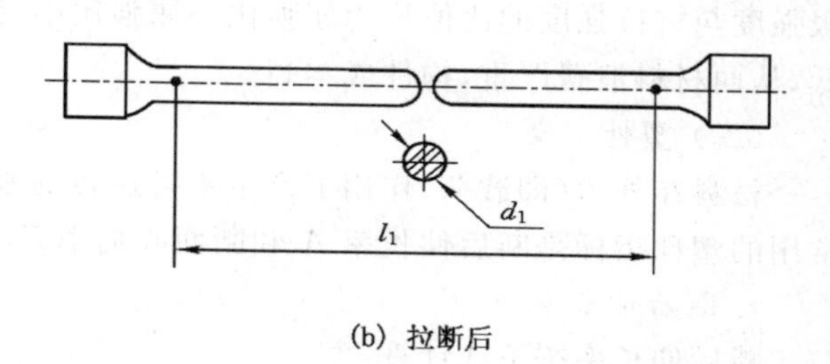

(b) 拉断后

图 1-1　拉伸试样图

2. 强度计算

构件在力的作用下，抵抗永久变形或断裂的能力，既取决于承受的内力大小，又取决于构件的横截面的大小和形状，因此，我们用应力值来衡量构件的强度。我们把单位面积上的抵抗破坏的内力称为应力。轴向拉伸试验应力计算表达式为：

$$\sigma=\frac{F}{S}\quad(\text{MPa})$$

式中　F——试件拉伸时所能承受的内力，试验时内力与载荷相等，N；

S——试件横截面面积，mm^2。

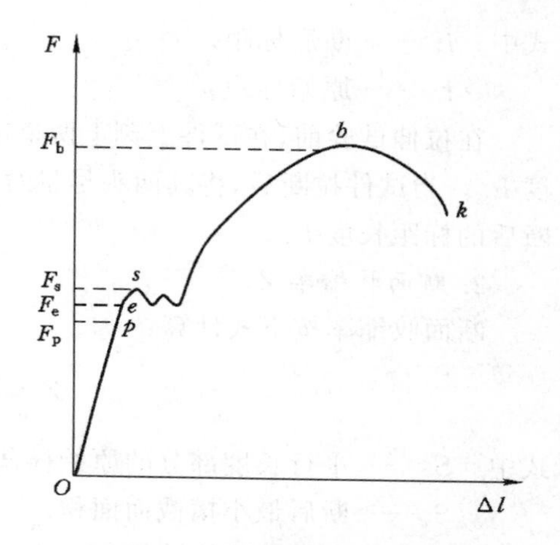

图 1-2　低碳钢拉伸曲线示意图

在试验过程中载荷 F 不增加（即保持恒定）试件仍能继续伸长（即变形）时的应力值称为屈服强度（亦称屈服极限）σ_s。由于一些金属材料（例如铸铁、高碳钢、铜、铝等）的屈服现象不明显，测定很困难，因此，国家标准规定此类材料，以产生 0.2%塑性变形量时的应力值为屈服强度，用 $\sigma_{0.2}$ 表示。即：

$$\sigma_s=\frac{F_s}{S_0}\quad(\text{MPa}),\quad \sigma_{0.2}=\frac{F_{0.2}}{S_0}\quad(\text{MPa})$$

式中　F_s——试件屈服时所能承受的最小载荷，N；

$F_{0.2}$——试件产生 0.2%塑性变形量时的载荷，N；

S_0——试件原始横截面面积，mm^2。

试件拉断前所能承受的最大应力值称为抗拉强度（亦称强度极限）σ_b。即：

$$\sigma_b=\frac{F_b}{S_0}\quad(\text{MPa})$$

式中　F_b——试件断裂前所能承受的最大载荷，N；

S_0——试件原始横截面面积，mm^2。

金属零件和构件在工作时一般不允许产生明显的塑性变形。因此，机械零件设计时，屈服强度 σ_s 或条件屈服强度 $\sigma_{0.2}$ 是机械零件选材和设计的依据。而使用脆性金属材料制作机械零件和构件时，常以抗拉强度 σ_b 作为选材和设计的依据。

σ_b 越大，表示金属材料的强度越高，抵抗破坏的能力越强，金属产品的可靠性越好。屈

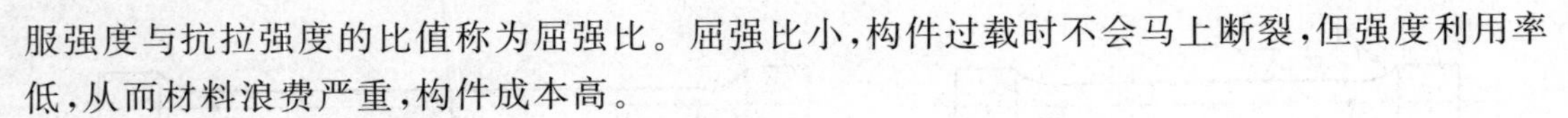

服强度与抗拉强度的比值称为屈强比。屈强比小，构件过载时不会马上断裂，但强度利用率低，从而材料浪费严重，构件成本高。

（二）塑性

材料在外力（即载荷）作用下产生不可逆转的永久变形而不发生断裂的能力称为塑性。常用的塑性指标是断后伸长率 A 和断面收缩率 Z，一般都通过拉伸试验来测定。

1. 断后伸长率 A

断后伸长率按下式计算：

$$A=\frac{L_u-L_0}{L_0}\times 100\%$$

式中 L_u——断后标距；

L_0——原始标距。

在拉伸试验前，在试件上刻上两道印痕作为标记，并测量其长度，即为试件原始标距长度 L_0。当试件拉断后，将其两头尽量对准合拢，再测量原刻线痕迹之间的距离，即为试件拉断后的标距长度 L_u。

2. 断面收缩率 Z

断面收缩率按下式计算：

$$Z=\frac{S_0-S_u}{S_0}\times 100\%$$

式中 S_0——平行长度部分的原始横截面面积；

S_u——断后最小横截面面积。

断面收缩率不受试件横截面尺寸大小影响（断后伸长率受试件长短尺寸影响），可以较确切地反映材料的塑性，但试验时必须严格控制测量和计算的误差。

材料的断后伸长率 A 和断面收缩率 Z 的数值越大，表示材料的塑性变形能力越强，塑性越好。材料通过压力加工要想获得形状复杂的制品就应选择 A 与 Z 值大的材料。机械零件工作时突然超载，如果材料塑性好，就能先产生塑性变形而不会突然断裂破坏。因此，大多数机械零件，除满足强度要求外，还必须有一定的塑性要求，这样才能保证工作安全可靠。

（三）硬度

材料抵抗局部变形特别是局部塑性变形、压痕或划痕的能力称为硬度。它是金属材料性能的一个综合物理量，表示金属材料在一个较小的体积范围内抵抗塑性变形、弹性变形和破断的能力。

金属材料的硬度对于机器零件的质量有着很大的影响，硬度值越大，则其耐磨性就越好，使用寿命也就越长，特别是对于工具、量具、模具和刀具等的质量影响尤其大。硬度是生产、生活中广泛应用的力学性能指标之一。

常用的硬度指标有布氏硬度、洛氏硬度等几种。它们是在专门的硬度试验计上测定的。

1. 布氏硬度

根据《金属材料 布氏硬度试验 第1部分：试验方法》（GB/T 231.1—2009），布氏硬度测试原理如图1-3所示。布氏硬度试验是在布氏硬度计上，对一定直径的硬质合金球施加试验力压入试样表面，经规定保持时间后，卸除试验力，测量试样表面压痕的直径 d，计算试件表面压痕单位面积承受的压力，即可确定被测金属材料的硬度值。这种方法测定出来的硬度称为布氏硬度，用 HBW 表示。

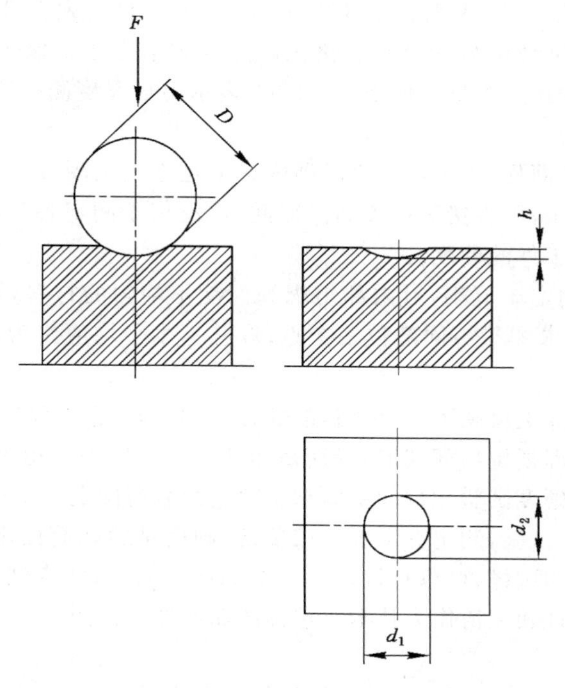

图 1-3　布氏硬度测试原理图

在实际测定时，一般并不进行计算，而是用放大镜测量出压痕平均直径后，查表即可直接读出 HBW 值。其标注一般是在符号 HBW 之前注明硬度值，符号后面按以下顺序用数值表示试验条件：① 压头球体直径(mm)；② 试验力(kgf)；③ 试验力保持时间(s)，10～15 s 不标注。例如：400HBW5/750，表示压头直径 5 mm 的硬质合金球在 750 kgf(7 355 N)试验力作用下，保持 10～15 s 测得布氏硬度值为 400HBW。

由于布氏硬度测定的压痕面积较大，故可不受金属内部组成相细微不均匀性的影响，测试结果较准确。一般测定布氏硬度值小于 650 的材料，适用于有色金属、低碳钢、灰铸铁，以及退火、正火、调质处理的中碳结构钢及半成品件。

2. 洛氏硬度

根据《金属材料 洛氏硬度试验 第 1 部分：试验方法(A、B、C、D、E、F、G、H、K、N、T 标尺)》(GB/T 230.1—2009)，洛氏硬度试验是在洛氏硬度计上，将压头(金刚石圆锥、硬质合金球)按图 1-4 分两个步骤压入试样表面，经规定保持时间后，卸除主试验力，测量在初试验力下的残余压痕深度 h，然后按公式计算洛氏硬度

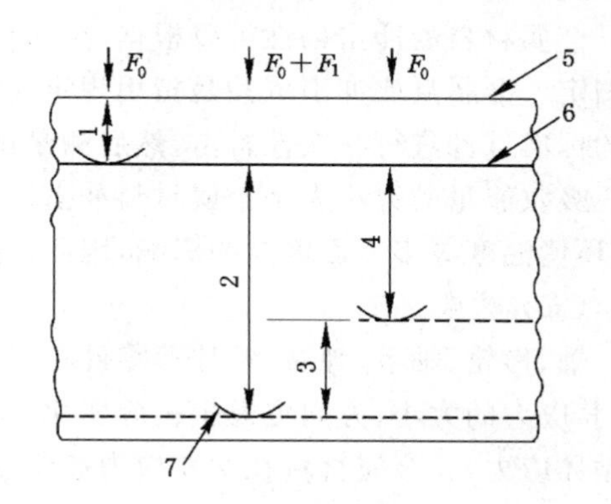

图 1-4　洛氏硬度试验原理图

1——在初试验力 F_0 下的压入深度；
2——由主试验力 F_1 引起的压入深度；
3——卸除主试验力 F_1 后的弹性回复深度；
4——残余压入深度 h；5——试样表面；
6——测量基准面；7——压头位置

值，这种方法测定出来的硬度称为洛氏硬度，用 HR 表示。根据压头的种类和总试验力的大小，洛氏硬度有 A、B、C 等多种标尺。生产实际中测量工件的硬度可以直接从洛氏硬度计表盘上读出硬度值，不需要测量和计算。洛氏硬度的表示方法采取 HR 前面标硬度数值，后面标洛氏标尺符号和压头类型。例如：55HRC，表示用 C 尺度测得的洛氏硬度值为 55，金刚石圆锥压头（不标注）。

洛氏硬度测定操作简便，可直接从洛氏硬度计表盘上读出硬度值；测量范围大，可测最硬和最软的材料；压痕小，可直接测量成品。因此，广泛用于测定各种材料、不同工件，以及薄、小和表面要求高的工件的硬度。

但因为洛氏硬度测定压痕小，对内部组织和性能不均匀的材料，测量结果可能不够准确、稳定、典型，所以要求测量不同部位三个点，取其算术平均值作为测定材料和构件的硬度值。

总的来说，硬度实际上反映了金属材料的综合力学性能，它不仅从金属表面层的一个局部反映了材料的强度（即抵抗局部变形，特别是塑性变形的能力），也反映了材料的塑性（即压痕的大小或深浅）。硬度试验和拉伸试验都是利用静载荷确定金属材料力学性能的方法，但拉伸试验属于破坏性试验，测定方法也比较复杂，硬度试验则简便迅速，基本上不损伤材料，甚至不需要做专门的试样，可以直接在工件上测试。因此，硬度试验在生产中得到更为广泛的应用，常常把各种硬度值作为技术要求标注在零件工作图上。

（四）冲击韧性

金属材料抵抗冲击载荷作用而不被破坏的能力称为冲击韧性，即金属材料在冲击力作用下折断时吸收变形能量的能力。

许多机械零件和工具在工作中，往往要承受短时突然加载的冲击载荷作用，例如汽车启动和刹车、冲床冲压工件、空气锤锻压工件等。由于冲击力作用下产生的变形和破坏要比静载荷作用时的大得多，因此，设计这些承受冲击载荷的零件时，必须考虑金属材料的冲击韧性。金属的韧性通常随加载速度的增大而减小。

金属材料的冲击韧性可以根据《金属材料 夏比摆锤冲击试验方法》（GB/T 229—2007）来测定。金属夏比冲击试验是指用规定高度的摆锤对处于简支梁状态的 V 形（或 U 形）缺口的标准试件进行一次性打击，然后测量试样吸收能量的一种试验。

吸收能量的大小表示金属材料冲击韧性的优劣。由于冲击吸收功受试件形状、内部组织、环境温度等多方面因素的影响，因此，冲击韧性一般仅作为选材和设计零件时的参考。

（五）疲劳强度

轴、齿轮、轴承、弹簧、叶片等零件在工作过程中，各点所受的载荷随时间做周期性的变化，其应力的大小、方向也发生相应变化，这种随时间做周期性变化的应力称为交变应力（亦称循环应力）。金属材料在交变应力或应变作用下，在一处或几处产生局部的永久性累积损伤，经一定循环次数后，产生裂纹或突然发生完全断裂的过程称为疲劳。

值得注意的是，疲劳破坏所需的应力值通常远远小于材料的屈服强度和抗拉强度，但工件工作时间较长，并达到某一数值后，就会发生突然断裂。疲劳断裂前不产生明显的塑性变形，不容易引起注意，故危险性非常大，常造成严重危害。据统计，机械零件的失效 80%是疲劳破坏造成的。

金属材料在指定循环基数的交变载荷作用下，不产生疲劳断裂所能承受的最大应力称为疲劳强度(亦称疲劳极限)。对称循环交变应力的疲劳强度值用 σ_{-1} 表示。一般规定,钢的交变应力循环基数为 10^7 次,有色金属、不锈钢的交变应力循环基数为 10^8 次,在这种循环基数下不发生疲劳破坏的最大应力值即为该材料的疲劳强度 σ_{-1}。

导致疲劳断裂破坏的原因很多,一般认为是由于材料内部有气孔、疏松、夹杂等组织缺陷,内部残余应力的缺陷,表面有划痕、缺口等引起应力集中的缺陷等,从而导致微裂纹的产生,随着应力循环次数的增加微裂纹逐渐扩展,最后造成工件不能承受所加载荷而突然断裂破坏。

生产实际中主要是通过改善零件结构形状(例如避免尖角和尺寸的突然变化、采用圆弧过渡等),减小表面粗糙度值(例如采用精细加工、无屑加工),表面强化处理(例如进行表面淬火、表面滚压、喷丸处理等),减小内应力(例如进行退火热处理、时效处理等),合理选择材质等方法来提高材料和工件的疲劳强度。

四、金属材料的工艺性能

金属材料的工艺性能是金属材料物理、化学性能和力学性能在加工过程中的综合反映,是指是否易于进行冷热加工的性能。按工艺方法的不同,可分为铸造性、可锻性、焊接性、切削加工性、快速成形性等。

在设计和制造零件时,都要考虑金属材料的工艺性能,以求发挥材料的最佳性能和选用最优的制造工艺。

任务实施

(1) 阅读“相关知识”,学习掌握金属材料的物理、化学性能知识。

(2) 阅读“相关知识”,学习掌握金属材料强度、塑性、硬度、冲击韧性等性能的定义及意义;查阅有关国家标准,认识各性能指标规范的试验方法。

(3) 阅读“相关知识”,了解金属材料的工艺性能。

练习与思考

(1) 金属材料的物理性能指标和化学性能指标主要有哪些? 各有什么意义?

(2) 何谓金属材料的力学性能? 它主要包含哪些指标? 各种指标对机械零件的选材、制造有什么意义?

(3) 请检索 GB/T 228.1—2010,了解金属拉伸试验方法及相应的专业术语。

(4) 请检索 GB/T 231.1—2009、GB/T 230.1—2009,了解金属布氏硬度、洛氏硬度试验方法及相应的专业术语。

(5) 什么是疲劳破坏? 产生疲劳破坏的主要原因是什么?

项目二　金属材料的内部组织结构及热处理

任务一　金属晶体

知识要点

(1) 晶体的定义及特性。

(2) 纯金属的晶体结构。

(3) 合金的晶体结构。

技能目标

认识金属晶体的特性及其结构。

任务导入

机械工程常用金属材料都是固态物质,除具有特定的形状及物理、化学性能之外,更重要的是具有一定的强度、硬度、塑性和韧性等机械性能,而这些机械性能则取决于材料的化学成分和内部的组织结构,因此必须认识了解金属材料的内部组织和结构,掌握其性能变化。

任务分析

认识金属晶体及其内部组织结构的学习任务专业性和理论性都比较强,所以学习的过程中应根据专业实际需要,从认识的角度出发,以增长见识、助推应用为目的,重要的是构架起一个简单的专业知识框架,为后续有关专业知识的学习和应用打下基础。

相关知识

一、金属晶体

(一) 晶体与非晶体

固态物质按组成原子(或分子,或离子)在内部的排列情况,可分为晶体和非晶体两大类。内部原子在空间按一定次序有规则地排列的物质称为晶体,例如固态的金属及合金、金刚石、石墨、水晶等。内部原子在空间无规则地排列的物质称为非晶体,例如玻璃、沥青、松香、石蜡等。晶体物质都具有固定的熔点、较高的硬度、良好的塑性、良好的导电性和各向异性等特征。非晶体物质没有固定的熔点,而且性能无方向性(即各向同性)。

（二）金属晶体的晶格和晶胞

为了便于认识，假设把金属晶体中的原子抽象为一个点，并将这些点连接起来构成一个空间格架，这种假设的空间格架称为结晶格子，简称晶格。晶体的晶格在空间排列有周期性重复的特点。把晶格中能反映晶格空间排列规则特征的最小几何单位称为单位晶格，通常称为晶胞。由此看来，晶胞组成晶格。图 2-1 为晶体结构示意图。

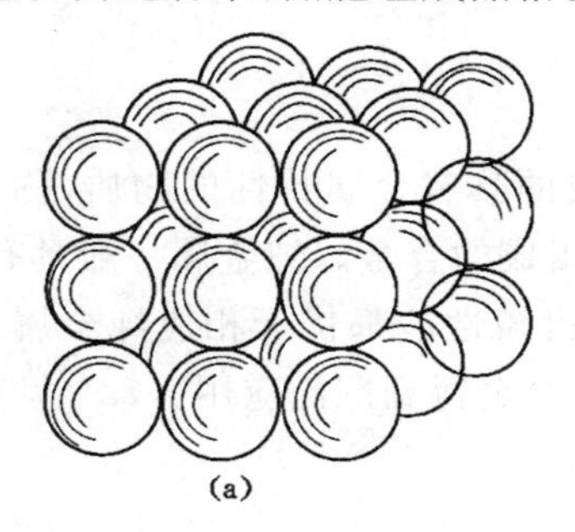
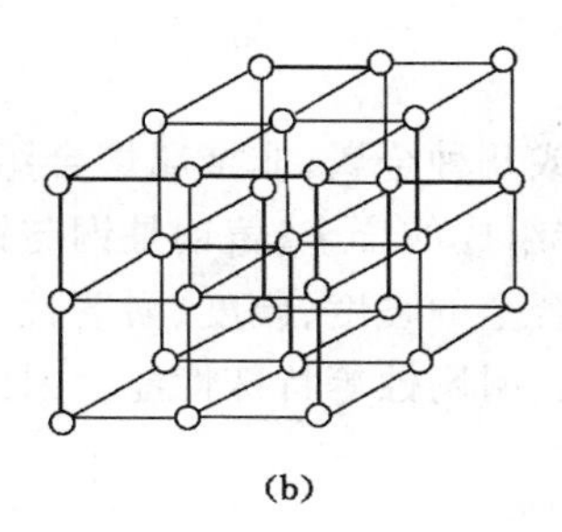
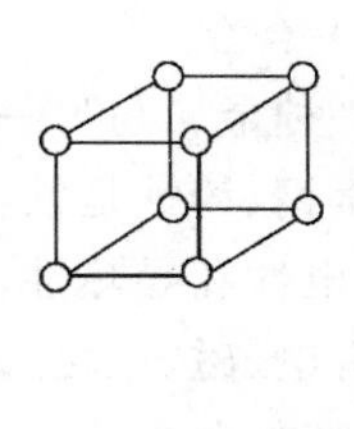

(a)　(b)　(c)

图 2-1　晶体结构示意图

(a) 晶体；(b) 晶格；(c) 晶胞

二、纯金属的晶体结构

金属材料（晶体）各原子（或离子，或分子）在空间规则排列的分布规律称为金属的晶体结构。常见的纯金属晶格结构有：体心立方晶格、面心立方晶格和密排六方晶格。

(1) 体心立方晶格(B.C.C.)：如图 2-2(a)所示，体心立方晶格的晶胞是一个立方体，立方体的八个顶点和立方体的中心上各有一个原子，顶点上的原子为晶格中相邻八个晶胞所共有。属于这类晶格的金属有铁(Fe)、铬(Cr)、钨(W)、钼(Mo)、钒(V)等，其中铁在 912 ℃以下具有体心立方晶格，亦称为 α-Fe。这类金属的塑性较好。

(2) 面心立方晶格(F.C.C.)：如图 2-2(b)所示，面心立方晶格的晶胞也是一个立方体，立方体的八个顶点和立方体六个面的中心上各有一个原子，顶点上的原子为晶格中相邻八个晶胞所共有，各面中心上的原子为相邻两个晶胞所共有。属于这类晶格的金属有铁

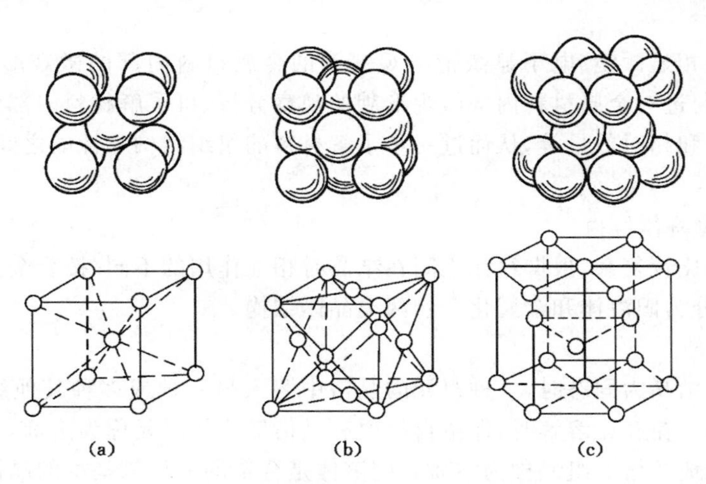

(a)　(b)　(c)

图 2-2　常见的金属晶体结构示意图

(a) 体心立方晶胞；(b) 面心立方晶胞；(c) 密排六方晶胞

(Fe)、铝(Al)、铜(Cu)、金(Au)、镍(Ni)等,其中铁在 912～1 394 ℃具有面心立方晶格,亦称为 γ-Fe。这类金属的塑性通常优于体心立方晶格的金属。

(3) 密排六方晶格(H.C.P.):如图 2-2(c)所示,密排六方晶格的晶胞是一个六方柱体,六方柱体的十二个顶点上和上、下两个底面的中心处各有一个原子,柱体内部还均匀分布着三个原子。属于这类晶格的金属有镁(Mg)、锌(Zn)、铍(Be)、镉(Cd)等。这类金属比较脆。

三、合金的晶体结构

(一) 合金

由一种金属与另一种或几种金属、非金属熔合组成的具有金属特性的物质,称为合金。例如碳素钢、铸铁是铁与碳组成的合金;黄铜是铜与锌组成的合金。纯金属一般具有良好的塑性、导电性和导热性,而合金的强度、硬度、耐磨性等机械性能都优于相应纯金属,某些合金还具有电、磁、记忆、耐热、耐腐蚀等特殊性能。因此,合金得到广泛应用。

(二) 专业名词

1. 组元

组成合金的最基本的、独立的物质单元,简称组元。组元可以是纯金属和非金属化学元素,也可以是某些稳定的化合物。例如钢是铁(Fe)元素和碳化三铁(Fe_3C)化合物组成的合金。由两种组元组成的合金称为二元合金,例如实际工程中常用的铁碳合金、铝铜合金、锡铜合金等。由三种组元组成的合金称三元合金,例如实际工程中常用的轴承合金、钛合金等。相同组元可按不同比例配制成一系列成分不同、性能不同的合金,构成一个合金系统。简称合金系。例如铅锡二元合金系等。

2. 相

金属或合金中化学成分相同、晶体结构相同或原子聚集状态相同,并与其他部分之间有明确界面分开的独立均匀组成部分,称为相。例如液态纯金属称为液相,结晶出的固态纯金属称为固相。若合金是由成分、结构都相同的同一种晶粒组成的多晶体组织,尽管晶粒间有明确界面分开,但仍为同一种相;而若合金由成分、结构都互不同的几种晶粒组成,则为多相组织。

3. 组织

通常把在金相显微镜、电子显微镜下观察到的金属材料内部的微观形貌,称为显微组织,简称组织。通过对金属材料内部微观形貌的观察分析,可了解材料内部各组织组成相的大小、形态、分布和相对数量等,从而进一步了解材料的组织结构与性能之间的关系,合理使用金属材料。

(三) 合金的晶体结构

合金的结构比较复杂,根据组元之间在结晶时相互作用的不同,按合金晶体结构的基本属性,可把合金分为固溶体和金属化合物两类晶体结构。

1. 固溶体

合金由液态结晶为固态时,一种组元的晶格中溶入另一种或多种其他组元而形成的均匀相称为固溶体。在互相溶解时,保留自己原有晶格形式的组元称为溶剂,失去自己原有晶格形式而溶入其他晶格的组元称为溶质。固溶体是合金的一种最基本的晶体结构。

按溶质原子在溶剂晶格中分布的位置,固溶体可分为置换固溶体和间隙固溶体两种。

(1) 置换固溶体

溶质原子置换溶剂晶格结点上部分原子而形成的固溶体，称为置换固溶体，如图 2-3(a)所示。在固态时，两组元能按任意比例（即溶质的溶解度可达 100%）相互溶解的置换固溶体，称为无限固溶体，例如铜镍合金等。在固态时，溶质的溶入有一定限度的置换固溶体，称为有限固溶体，如铜锌合金、铁碳合金等。大部分的合金都属于有限固溶体，要形成无限固溶体必须具备一定的条件。置换固溶体溶质的溶解度一般随温度升高而增大，随温度降低而减小。

(2) 间隙固溶体

溶质原子溶入溶剂晶格的间隙而形成的固溶体，称为间隙固溶体，如图 2-3(b)所示。由于晶格间隙一般都很小，因此要求溶质的原子半径必须很小，通常溶质元素多是原子半径较小的非金属元素，例如碳(C)、硼(B)、氮(N)等。由于溶剂晶格的间隙有限，溶解度也有限，故间隙固溶体都是有限固溶体。

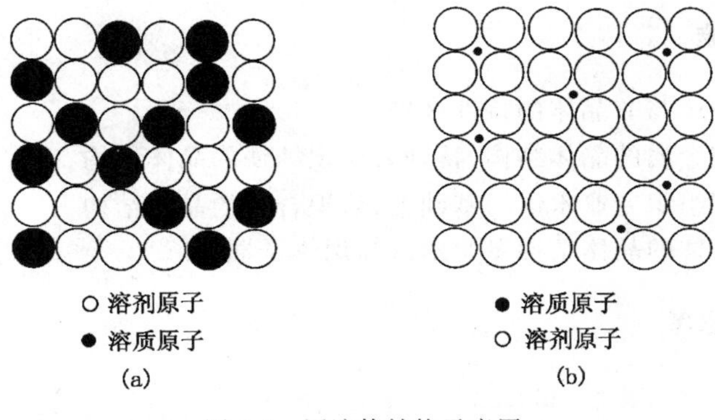

图 2-3　固溶体结构示意图

(a) 置换固溶体；(b) 间隙固溶体

2. 金属化合物

由于合金在固态下，组元之间相互溶解的能力有限，所以，当溶质含量超过溶剂的溶解度时，溶质与溶剂相互作用就会形成晶格类型和特性完全不同于任何一种组元的新相，这种新相称为金属化合物。金属化合物具有明显的金属特性，晶体结构复杂，熔点较高，硬度高而脆性大。当合金中含有金属化合物时，合金材料的硬度、强度和耐磨性就会提高，而塑性和韧性降低。金属化合物是金属材料中的重要强化相。例如，铁碳合金中的金属化合物 Fe_3C，称为渗碳体，其晶格结构复杂，如图 2-4 所示，熔点高(1 227 ℃)、硬度高(800HBW)，而且塑性和韧性极低，是一种脆性金属化合物，但当 Fe_3C 在铁碳合金中形态细小、分布均匀时，便可提高铁碳合金的强度和硬度。

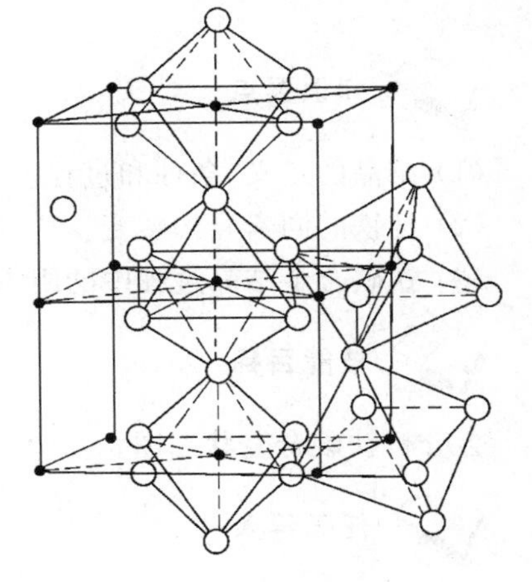

图 2-4　金属化合物 Fe_3C 的晶体结构示意图

金属化合物也是合金的一种最基本的晶体结构。以金属化合物作为强化相强化金属材料的方法，称为第二相强化。第二相强化是强化金属材料的一条基本途径。

合金中的组元相互作用，一般并非简单地形成一种金属化合物，而是形成多种固溶体和金属化合物相互混合的多相复合组织。在复合相组织中，各相仍然保持各自的晶格及性能，多相复合合金的性能主要取决于各组成相的数量、形态、分布状况和性能。因此，只有通过对其组成相的相对数量、分布情况及形状大小进行控制，才能获得好的合金性能。

值得注意的是，金属材料的性能取决于材料的组织结构，材料的组织结构由它的化学成分和生产工艺决定。可以说化学成分是决定组织结构的内因，加工工艺是决定组织结构的外因，材料性能则是其内部组织结构的宏观表现。也就是说，化学成分相同的金属材料，由于加工或热处理不同，其强度、硬度、塑性等性能都会有很大差异。因此，要提高金属材料的机械性能就必须分析研究金属材料的化学成分、组织结构、生产工艺与性能之间的关系。

任务实施

(1) 学习掌握晶体与非晶体的特性区别。
(2) 学习了解纯金属的晶体结构，特别要认识纯铁的晶体结构。
(3) 在学习金相组织专业术语的基础上，认识合金的晶体结构——固溶体、化合物。
(4) 建立金属晶体的晶体结构专业术语知识体系框架。

练习与思考

(1) 名词解释：晶体、晶格、相、组织、合金、固溶体。
(2) 简述晶体与非晶体的区别。
(3) 试述合金的晶体结构与材料性能之间的关系。

任务二 金属的结晶过程

知识要点

(1) 结晶的定义、条件和过程。
(2) 纯铁的同素异构转变。
(3) 铁碳合金结晶过程中的组织变化。

技能目标

会分析铁碳合金状态图。

任务导入

金属的晶体结构复杂，那么其结晶过程又是怎样的呢？

任务分析

学习金属的结晶过程，因其规律是大量实验实践经验的总结成果，特别是铁碳合金结晶过程中，不同成分的铁碳合金在结晶过程中组织结构随温度的下降而不断变化，最终在常温下得到不同组织的铁碳合金，专业性、理论性、实践性很强，所以该学习任务主要是整理出一个认识途径和架构一个知识体系，为后续学习打下基础。

相关知识

一、金属结晶的条件

绝大多数金属零件要么是由液态金属直接浇铸成形，要么先将液态金属浇注成金属锭，然后轧制成形再加工而成。这种金属原子的聚集状态由无规则的液态转变为规则排列的固态晶体的过程称为金属的结晶。

金属的结晶过程可以用其冷却曲线来描述。如图 2-5 所示，由冷却曲线可见，开始时，金属的温度 T 随冷却时间 t 增加而下降，当散热液态金属的温度降低到 T_1 时，由于结晶而释放出大量结晶潜热，补偿了冷却过程中热量的散发，使冷却时间虽然增加但温度不再下降，所以冷却曲线出现一个水平台阶 ab 直线段，此段金属液体和金属晶体(固体)共存，可以简单理解为结晶从 a 点开始 b 点结束。结晶完成，结晶潜热不再产生，金属温度随冷却时间增加而继续下降。结晶温度实质是一个平衡温度，是冷却散热和结晶潜热产生的动态平衡过程。

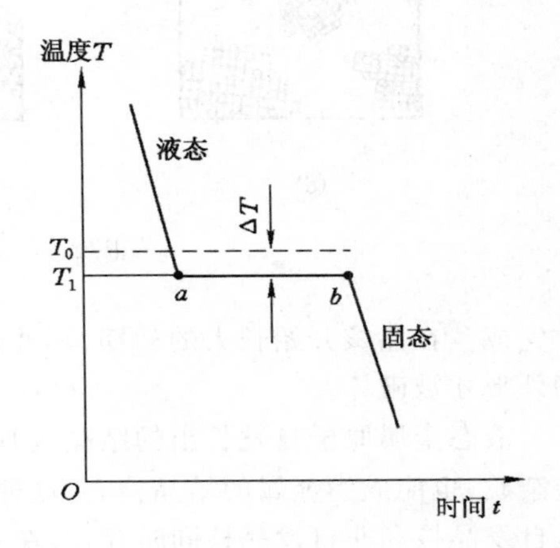

图 2-5　纯金属的冷却曲线

冷却曲线上的平台温度 T_1，称为实际结晶温度。热分析法采用无限缓慢的速度冷却时，所测定的结晶温度 T_0，称为理论结晶温度。通常把理论结晶温度 T_0 与实际结晶温度 T_1 之差称为过冷度 ΔT，即：

$$\Delta T = T_0 - T_1$$

过冷度是金属结晶过程自发进行的必要条件。对于同一种金属，冷却速度越大，过冷度也越大，即金属的实际结晶温度越低，过冷度越大。过冷度的大小影响金属材料的机械性能。

二、金属结晶过程

金属的结晶过程包括晶核的生成和晶核的长大两个过程。金属的结晶过程如图 2-6 所示。

1. 晶核的生成

当液态金属冷却到接近结晶温度时，液态金属中有少数原子开始按一定规则排列，生成极细微的小晶体，称为晶胚。这些晶胚尺寸较小、大小不一、稳定性差、时聚时散。当液态金属冷却到结晶温度以下时，部分尺寸较大、稳定性较好的晶胚便继续形成小晶体，称为结晶的核心，简称晶核。

2. 晶核的长大

晶核在冷却过程中不断集结液体中的原子而逐渐呈多方位长大，同时其他地方新的晶核也不断形成和长大，直至晶核因长大而形成的晶粒彼此接近，液态金属全部消失，结晶方

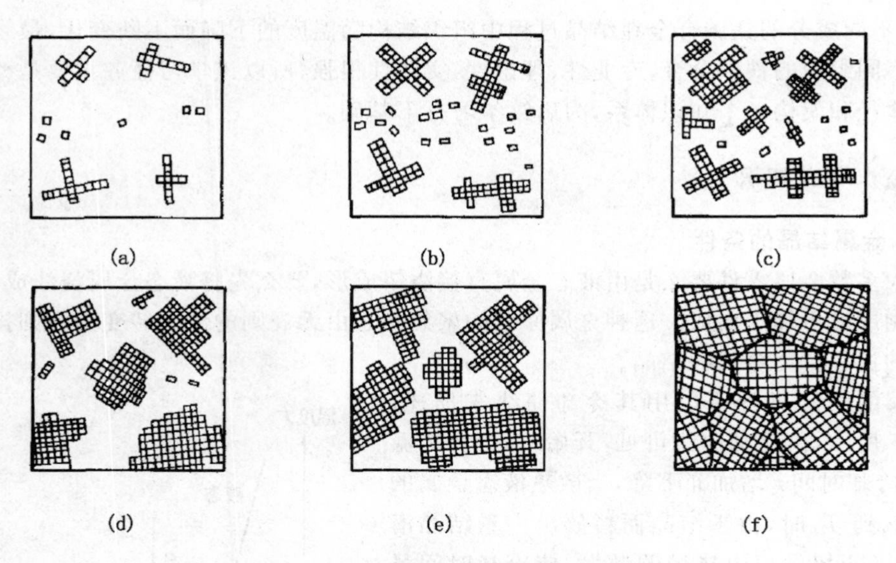

图 2-6　金属晶体结晶过程示意图

才完成。在晶核开始长大的初期，其外形一直保持规则，当晶核长大到彼此接触之后，规则的外形才被破坏。

液态金属原子自发长出的结晶核心，称为自发晶核。实际结晶过程中，金属液体中的某些杂质，也能成为金属的结晶核心，这种晶核称为非自发晶核。在金属的结晶过程中，通常是自发晶核和非自发晶核同时存在，在实际金属和合金中，非自发晶核对结晶过程往往起到优先、主导的作用。因此，加入非自发晶核物质（例如人工晶核）来控制结晶过程，已成为调整、控制结晶过程的重要手段。

三、同素异构转变

许多金属在结晶以后，其晶格类型都能保持不变。但有些金属［例如铁（Fe）、钛（Ti）、钴（Co）、锰（Mn）、锡（Sn）等］在不同温度下有不同的晶格类型，铁在 912 ℃以下具有体心立方晶格，称为 α-Fe；在 912～1 394 ℃具有面心立方晶格，称为 γ-Fe；在1 394～1 538 ℃具有体心立方晶格，称为 δ-Fe。这种纯金属在固态下随着温度的改变，其晶格类型由一种转变为另外一种的现象，称为同素异构转变，亦称为同素异晶转变。图 2-7 所示为纯铁同素异构转变的冷却曲线。

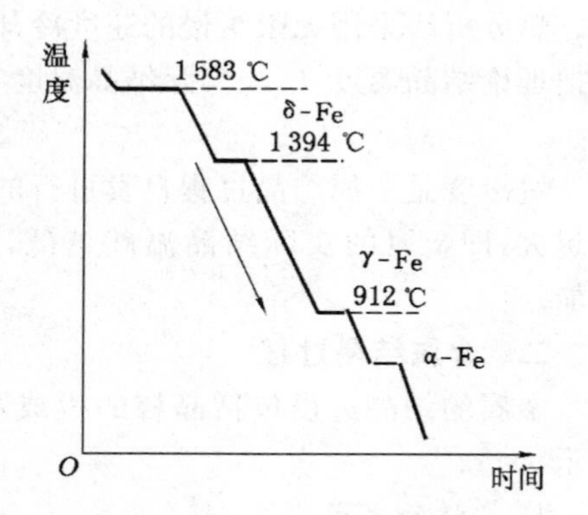

图 2-7　纯铁同素异构转变的冷却曲线

在固态金属中，同素异构转变与液态金属的结晶过程类似。转变时遵循结晶的一般规律，譬如具有一定的转变温度，转变过程包括形核、长大两阶段等。因此，同素异构转变也被称为二次结晶或重结晶。通过同素异构转变可以使晶粒得到细化，从而提高金属材料的机械性能。

四、铁碳合金的结晶过程

铁碳合金的结晶过程比纯铁复杂得多,不同含碳量的铁碳合金的结晶过程差别很大,其结晶过程是用铁碳合金状态图来描述的。

(一)铁碳合金的金相组织

铁碳合金的组织结构相当复杂,并随其成分、温度和冷却速度变化而变化。

在固态时,铁碳合金中碳能溶解于铁的晶格中,形成间隙固溶体。当含碳量超过铁的溶解度时,过量的碳便与铁形成化合物 Fe_3C。此外,固溶体和 Fe_3C 还可以形成机械混合物。由于铁和碳元素的相互作用不同,铁碳合金中形成了以下几种基本组织。

1. 铁素体

碳溶于 α-Fe 中形成的间隙固溶体称为铁素体,用符号 F 表示。

铁素体仍保持 α-Fe 的体心立方晶格结构,在 727 ℃时溶碳量最大(0.021 8%)。随着温度的降低,其溶碳量减少,室温下仅溶碳 0.006%,故可以把铁素体看作纯铁。

铁素体的强度和硬度较低,一般 $\sigma_b=250$ MPa,硬度为 80HBW,但具有良好的塑性和韧性,断后伸长率可达 50%。铁碳合金中铁素体含量越多,硬度就越低,塑性就越好。

2. 奥氏体

碳溶于 γ-Fe 中形成的间隙固溶体称为奥氏体,用符号 A 表示。

奥氏体呈面心立方晶格,溶碳能力较强,在 1 148 ℃时溶碳可达 2.11%。随着温度的下降,溶碳量逐渐减少,在 727 ℃时溶碳量为 0.77%。奥氏体的强度 σ_b 一般为 400～850 MPa,硬度一般为 120HBW～200HBW。但奥氏体仍是单一固溶体,具有良好的塑性(延伸率 A 一般为 40%～60%),抗变形能力较低,是大多数钢种进行塑性成形的理想组织。一般锻造、热处理都加热到奥氏体区域。稳定奥氏体存在的最低温度为 727 ℃,所以大多数钢的塑性成形要在高温下进行。

3. 渗碳体

碳在铁中的溶解能力是有限的。当碳的含量超过在铁中的溶解度时,多余的碳就会和铁按一定的比例化合形成一种具有复杂晶格结构的金属化合物 Fe_3C,称为渗碳体,其含碳量为 6.69%。

渗碳体的硬度很高,可达 800HBW,脆性极大,塑性几乎为零,它的数量、形状、大小及分布对钢的性能有很大的影响。

4. 珠光体

铁素体和渗碳体组成的机械混合物称为珠光体,用符号 P 表示。

珠光体的含碳量为 0.77%,由于它是铁素体和渗碳体两相组成的混合物,其力学性能介于铁素体与渗碳体之间,强度较高($\sigma_b\approx700$ MPa),硬度约为 180HBS,有一定的塑性(A 一般为 20%～25%)和韧性($A_k\approx24\sim32$ J)。在金相显微镜下观察,能清楚地看到铁素体和渗碳体呈片层状交替排列。

5. 莱氏体

含碳量为 4.3%的铁碳合金,在 1 148 ℃时从液体中结晶出奥氏体和渗碳体而形成的机械混合物称为莱氏体(也称高温莱氏体),用符号 Ld 表示。由于莱氏体内的奥氏体在冷却至 727 ℃时将变为珠光体,故室温下莱氏体是珠光体与渗碳体的机械混合物,称为变态莱氏体(也称低温莱氏体),用 Ld′表示。

莱氏体的性能和渗碳体相近，硬度大于 700HBW，塑性很差。

（二）铁碳合金状态图

铁碳合金状态图是指在极其缓慢加热（或冷却）条件下，各种成分的铁碳合金在不同温度下所处的组织状态或组织构成的图形。在铁碳合金状态图中，有实用价值的只有碳含量为 0～6.69％的 $Fe\text{-}Fe_3C$ 状态图部分。$Fe\text{-}Fe_3C$ 状态图是研究铁碳合金相变规律、正确分析组织及性能的基础，也是制定热加工工艺的依据。

在 $Fe\text{-}Fe_3C$ 状态图中，若用相来描述铁碳合金的组织形态，则称之为 $Fe\text{-}Fe_3C$ 相图。由于状态图中的组织是在极其缓慢加热（或冷却）条件下获得的，接近平衡状态，因此又称为 $Fe\text{-}Fe_3C$ 平衡图。

$Fe\text{-}Fe_3C$ 状态图是用实验方法建立的，经过长期验证、修改、完善，其图形已基本确定，所有特性点（线）表示符号也获得公认，如图 2-8 所示为简化了的 $Fe\text{-}Fe_3C$ 状态图。图中纵坐标表示温度，横坐标表示含碳量，图中曲线是各种成分的合金所对应的相变临界点连接线。

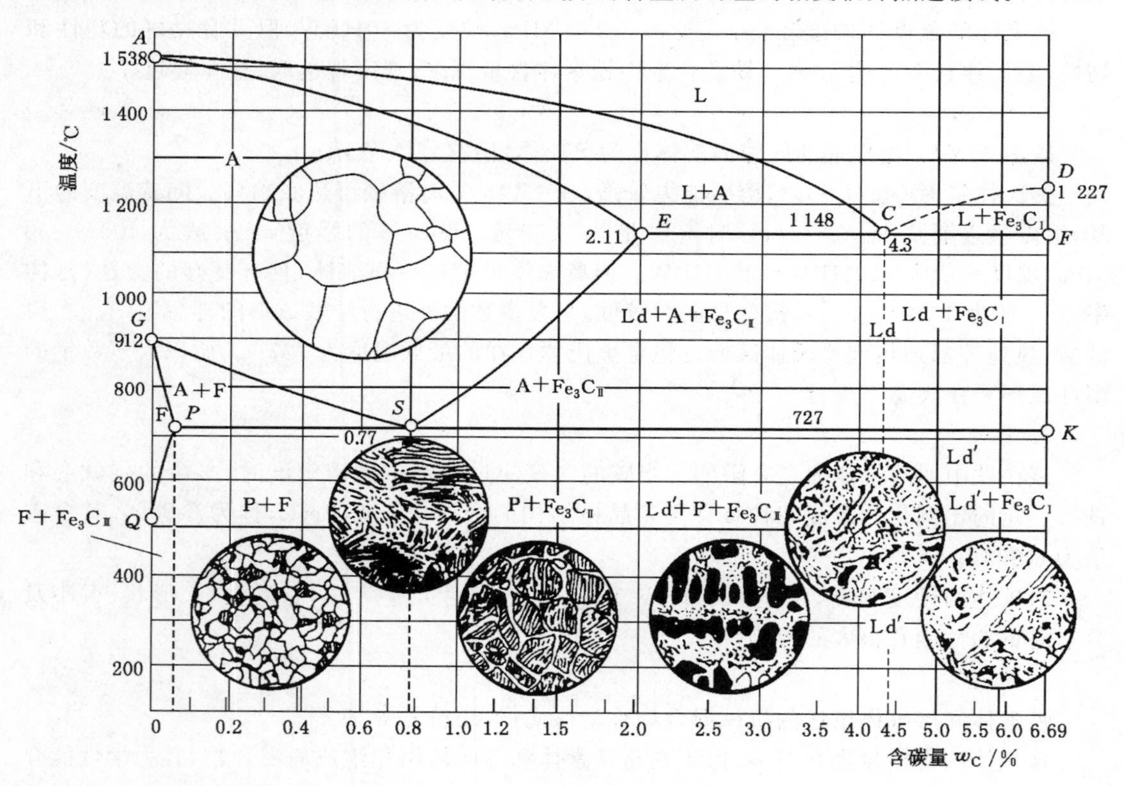

图 2-8　$Fe\text{-}Fe_3C$ 状态图

$Fe\text{-}Fe_3C$ 状态图中主要特性点的温度、符号、含碳量及意义在表 2-1 中列出。

表 2-1　$Fe\text{-}Fe_3C$ 状态图中的特性点

特性点	温度/℃	含碳量/％	特性点的意义
A	1 538	0	纯铁的熔点

续表 2-1

特性点	温度/℃	含碳量/%	特性点的意义
C	1 148	4.30	共晶转变点
D	1 227	6.69	渗碳体的熔点(理论值)
E	1 148	2.11	碳在 γ-Fe 中的最大溶解度
G	912	0	α-Fe 与 γ-Fe 同素异晶转变点
S	727	0.77	共析转变点
P	727	0.021 8	碳在 α-Fe 中的最大溶解度

$Fe\text{-}Fe_3C$ 状态图中的主要特性线如下:

(1) ACD 线——液相线。任何成分的铁碳合金在此线以上都处于液相。含碳量在 A、C 间的液态合金缓冷至 AC 线时,从液相中开始结晶出奥氏体;大于 4.3%的液态合金缓冷到 CD 线时,开始结晶出渗碳体。这种渗碳体称为一次渗碳体($Fe_3C_{Ⅰ}$)。

(2) $AECF$ 线——固相线。任何成分的铁碳合金缓冷到此线全部结晶为固相。

(3) ECF 线——共晶线。冷却至 1 148 ℃时,含碳量为 2.11%的铁碳合金在恒温下由液态会同时结晶出奥氏体 A 和渗碳体 Fe_3C,即发生共晶反应。反应产物是奥氏体和渗碳体的机械混合物莱氏体 Ld。含碳量在 2.11%~6.69%的铁碳合金均能发生共晶反应。

(4) PSK 线——共析线。奥氏体冷却时,在 727 ℃恒温下会同时析出铁素体 F 和渗碳体 Fe_3C,即发生共析反应,反应产物是铁素体和渗碳体的机械混合物珠光体 P。凡含碳量在 0.021 8%~6.69%之间的铁碳合金均可发生此反应,PSK 线常称为 A_1 线。

(5) GS 线——含碳量小于 0.77%的铁碳合金冷却时从奥氏体中析出铁素体的开始线,也是加热时铁素体转变为奥氏体的终了线,常称 A_3 线。

(6) ES 线——碳在奥氏体中的溶解度曲线,常称 A_{cm}线。在 1 148 ℃时,奥氏体的溶碳能力最大,为 2.11%。随着温度的降低,溶解度也沿此线降低,在 727 ℃时,溶碳量为 0.77%。含碳量大于 0.77%的铁碳合金,由高温缓冷到此线温度时,会从奥氏体中开始析出渗碳体,这种渗碳体称为二次渗碳体($Fe_3C_{Ⅱ}$)。

(三) 典型铁碳合金的结晶过程分析

在铁碳合金状态图中,含碳量小于 2.11%的铁碳合金称为钢,含碳量大于 2.11%的铁碳合金称为铸铁。

1. 共析钢的结晶过程

由图 2-8 所示铁碳合金状态图可知,含碳量 0.77%的铁碳合金(共析钢)自液态缓冷过程中,经过 ACD 线,开始结晶出奥氏体,液相和奥氏体共存;经过 $AECF$ 线,液相全部结晶为奥氏体;继续冷却经过 S 点,由奥氏体同时析出铁素体和渗碳体的机械混合物——珠光体;由 S 点直至室温,珠光体组织不再发生变化。共析钢室温下的组织为珠光体。

2. 亚共析钢的结晶过程

由图 2-8 所示铁碳合金状态图可知,含碳量小于 0.77%的铁碳合金(亚共析钢)自液态缓冷过程中,经过 ACD 线,开始结晶出奥氏体,液相和奥氏体共存;经过 $AECF$ 线,液相全部结晶为奥氏体;继续冷却经过 GS 线,开始由奥氏体析出铁素体,使剩余奥氏体中的溶碳量不断升高,冷却到 PSK 线时,剩余奥氏体中的含碳量也达到最高的 0.77%,则发生共析转变，剩余的奥氏体全部转变为珠光体；*PSK* 线以下至室温，合金组织不再发生变化。亚共析钢的室温组织为珠光体和铁素体。随含碳量的不同，珠光体和铁素体的相对量也不同。含碳量愈高，则珠光体的数量也就愈多。

3. 过共析钢的结晶过程

由图 2-8 所示铁碳合金状态图可知，含碳量 0.77%～2.11%的铁碳合金（过共析钢）自液态缓冷过程中，经过 *ACD* 线，开始结晶出奥氏体，液相和奥氏体共存；经过 *AECF* 线，液相全部结晶为奥氏体；继续冷却经过 *SE* 线，奥氏体的含碳量达到饱和，碳便以 Fe_3C 形式开始从奥氏体中析出，即二次渗碳体，析出的 Fe_3C 沿奥氏体晶界分布，继续冷却，奥氏体中的溶碳量降低，析出的二次渗碳体数量增多，冷至 *PSK* 线时，剩余的奥氏体发生共析转变，形成珠光体。*PSK* 线以下至室温，合金组织不再变化。室温下过共析钢的组织为珠光体和二次渗碳体。含碳量愈高，二次渗碳体的量也就愈多。

（四）铁碳合金状态图的应用

$Fe\text{-}Fe_3C$ 状态图在金属材料的研究和生产实践中均有重要实用价值，其应用如下。

1. 在选材方面的应用

根据 $Fe\text{-}Fe_3C$ 状态图可以推断铁碳合金的组织随成分、温度的变化规律。依据工件的工作条件及对性能的要求，可以借助状态图合理地选择材料。

2. 在铸造方面的应用

从 $Fe\text{-}Fe_3C$ 状态图中可以找出不同铁碳合金的熔点，从而可以确定合适的熔化浇注温度。靠近共晶成分的铸铁，熔点低，结晶温度区间小，其流动性较好，分散缩孔较少，可使缩孔集中，得到致密的铸件。因此，依据状态图可以确定所需铸铁成分及浇注温度，得到共晶成分的铸铁。

3. 在锻造方面的应用

奥氏体具有良好的塑性和压力加工性能，一般把钢加热到单相奥氏体区进行压力加工。为了避免钢材氧化严重，始锻、始轧温度不能过高；为了避免塑性过低而发生裂纹，终锻、终轧温度也不能过低。根据 $Fe\text{-}Fe_3C$ 状态图，可以正确地选择锻、轧温度范围。

4. 在热处理方面的应用

根据 $Fe\text{-}Fe_3C$ 状态图，可以确定各种热处理工艺的加热温度范围。

任务实施

（1）在学习建立结晶概念的基础上，掌握结晶的条件和了解结晶的过程。

（2）认识纯铁的同素异构转变，学习掌握铁碳合金的基本组织。

（3）探讨分析铁碳合金状态图，分析不同含碳量的铁碳合金在结晶过程中的组织转变。

练习与思考

（1）名词解释：结晶、过冷度、同素异构转变、铁素体、奥氏体、渗碳体、珠光体、莱氏体。

（2）简述结晶的条件和过程。

（3）以典型铁碳合金结晶过程分析为例，对照图 2-8，分析含碳量为 4.3%、2.11%～4.3%、4.3%～6.69%的铁碳合金结晶过程。

任务三　金属的热处理

知识要点

(1) 热处理的概念及意义。

(2) 钢的热处理原理,即钢在加热和冷却过程中的组织转变规律。

(3) 钢的常用热处理方法及应用。

技能目标

(1) 学会分析钢热处理过程中的组织转变规律与性能改善的关系。

(2) 掌握常用的钢热处理的工艺方法及应用特点。

任务导入

金属在轧制成型材之前或制造零件的过程中,需要在不改变材料化学成分和结构形状的前提下性能有所提升或改善,以满足材料或零件的使用要求,其中最常用的一种方法就是热处理。

任务分析

认识金属热处理的学习任务中所涉及热处理的原理,结合金属晶体的结晶知识去学习应用,更重要的是学习、了解钢的各种热处理工艺过程及其特点,为以后的应用和学习打下基础。

相关知识

一、热处理的概念及其应用

同一化学成分的材料,由于有不同的内部组织,也可以具有不同的性能。采用热处理的方法,可以改变金属内部组织,从而改善金属的性能。

热处理是通过控制热作用方式、速度和其他环境因素,调控金属的内部组织,使之朝人们所希望的方向变化,最终实现改善金属工艺性能或使用性能的工艺方法。

热处理技术已广泛应用于冶金和机械工业生产中,是金属材料和机械零件性能强化的主要手段之一。据初步统计,在机床制造中,一般60%～70%的零件要经过热处理;在汽车、拖拉机制造中,需要热处理的零件多达70%～80%;至于工具、模具及滚动轴承,则要全部进行热处理。

热处理只适用于固态下发生组织相变的材料,不发生固态相变的材料不能用热处理来强化。

二、钢的热处理原理

所谓钢的热处理,是指使钢在固态下经历加热、保温和冷却三个基本过程,以改变钢的内部组织结构,从而获得所需性能的一种加工工艺。

由铁碳合金状态图可知，钢在加热和冷却时发生组织转变，其临界温度如图 2-9 所示。

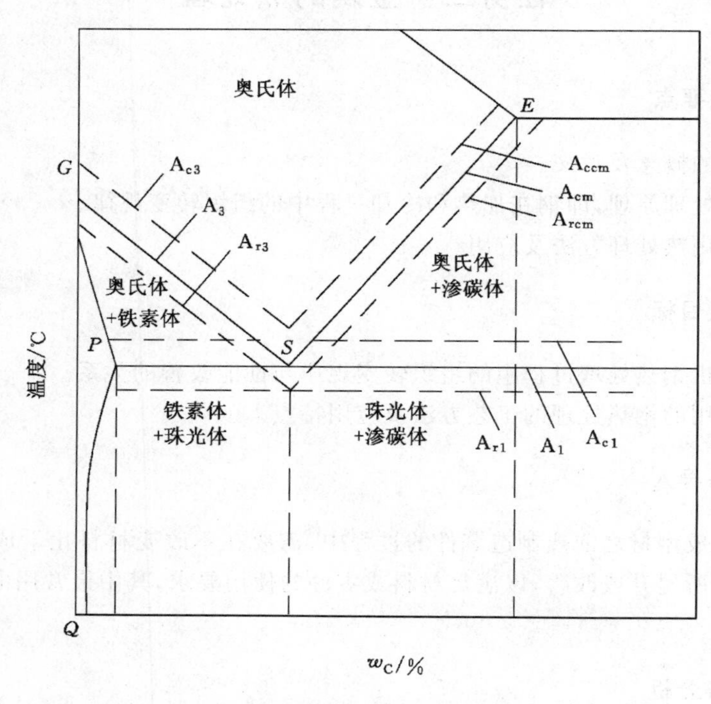

图 2-9　加热和冷却时钢的组织转变和临界温度

图中，A_1、A_3、A_{cm} 分别表示平衡条件下钢的临界温度，A_{c1}、A_{c3}、A_{ccm} 分别表示在加热时钢的临界温度，A_{r1}、A_r、A_{rcm} 分别表示冷却时钢的临界温度。

1. 钢在加热时的组织转变

大多数热处理工艺（如淬火、正火和普通退火等），其加热温度要高于钢的临界点 A_1 或 A_{cm}，目的是使钢件组织转变为晶粒细小、成分均匀的单一奥氏体组织，即奥氏体化。在加热、保温过程中，初始形成的奥氏体晶粒细小，保持细小的奥氏体晶粒可使冷却后的组织继承其细小晶粒，这样，钢件不仅强度高，且塑性和韧性均较好。但如果加热温度过高或保温时间过长，将会引起奥氏体晶粒急剧长大，最终影响钢件的性能。

2. 钢在冷却时的组织转变

钢的加热并不是最终目的，而冷却才是热处理的关键阶段。钢在加热后获得的奥氏体冷却到临界温度以下时，处于不稳定状态，它有自发地转变为稳定状态的倾向。处于未转变的、暂时存在的、不稳定的奥氏体称为过冷奥氏体。在热处理生产中，过冷奥氏体的冷却方式有以下两种：

一种是等温冷却方式，即将过冷奥氏体快速冷却到相变点以下某一温度进行等温转变，然后再冷却到室温，如图 2-10 中曲线 1 所示。

另一种是连续冷却方式，即将过冷奥氏体以不同的冷却速度连续地冷却到室温，使之发生转变的方式，如图 2-10 中曲线 2 所示。

(1) 过冷奥氏体的等温冷却转变

为了研究过冷奥氏体的等温转变，需要建立一个等温转变图(或称 C 曲线)，用它来描述过冷奥氏体在不同的过冷度条件下等温转变过程中，转变温度、转变时间、转变产物之间的关系。

图 2-11 所示为共析钢的 C 曲线，可将其分成 5 个区域：A_1 线以上是稳定的奥氏体区；曲线左边为过冷奥氏体区；曲线右边是奥氏体转变产物区；两曲线中间为过冷奥氏体＋转变产物的混合区；在 $M_s \sim M_f$ 之间为马氏体区。马氏体是过冷奥氏体以极快的冷却速度冷却到室温时形成的碳在 α-Fe 中的过饱和固溶体。M_s 是马氏体开始转变温度，M_f 是转变终了温度。

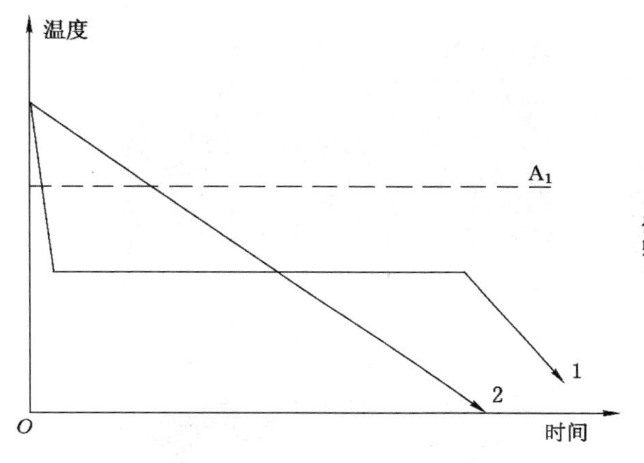

图 2-10　冷却方式示意图

1——等温冷却；2——连续冷却

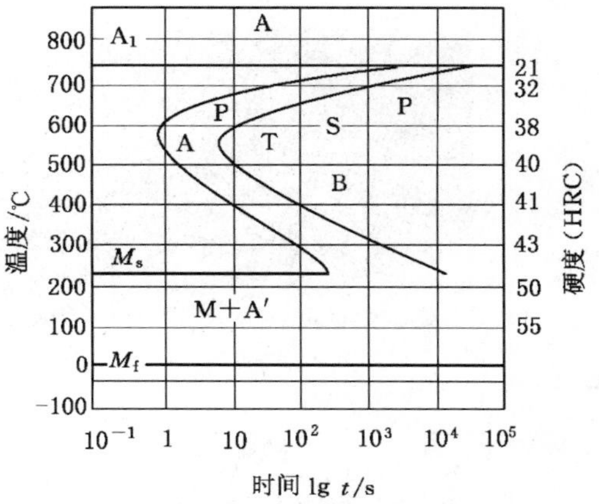

图 2-11　共析钢的等温转变图

共析钢的过冷奥氏体等温转变产物分析见表 2-2，共析钢等温转变产物的显微组织如图 2-12 所示。

表 2-2　　共析钢等温转变产物及性能

转变性质	转变产物		转变温度/℃	组织形态	性能
	名称	符号			
高温扩散型转变 (Fe、C 原子扩散) (A_1～550 ℃)	珠光体类型 ($Fe+Fe_3C$)	P	A_1～650	光学显微镜下呈粗层片状珠光体	片间距 ＞ 0.3 μm，17HRC～23HRC
		S	650～600	高倍光学显微镜下呈细层片状索氏体	片间距 0.1～0.3 μm，23HRC～32HRC
		T	600～550	电子显微镜下呈极细层片状托氏体	片间距 ＜ 0.1 μm，33HRC～40HRC
中温过渡型转变 (Fe 原子不能扩散，只有 C 原子做短距离扩散) (550 ℃～M_s)	贝氏体类型 (含碳过饱和的铁素体＋碳化物)	$B_上$	550～350	呈羽毛状的上贝氏体	硬度约为 45HRC，韧性差
		$B_下$	350～230	呈针叶状的下贝氏体	硬度约为 50HRC，韧性高，综合力学性能高

续表 2-2

转变性质	转变产物		转变温度/℃	组织形态	性能
	名称	符号			
低温非扩散型转变（Fe、C原子不能扩散）（$M_s \sim M_f$）	马氏体（C在α-Fe中的过饱和固溶体）	M	$M_s \sim M_f$ 230～50（非等温）	板条状马氏体（w_C < 0.2%）	硬度为50HRC～55HRC，韧性高
				片状马氏体（w_C > 1.0%），双凸透镜状	硬度约为60HRC，脆性大

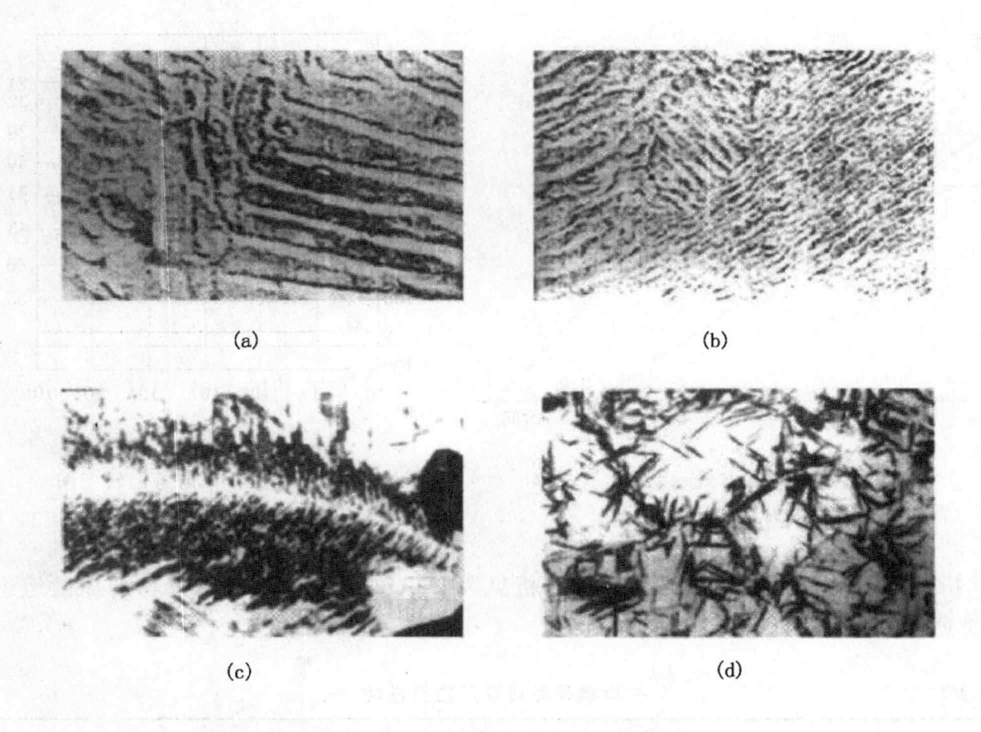

图 2-12　共析钢等温转变产物显微组织

(2) 过冷奥氏体的连续冷却转变

为了描述过冷奥氏体在连续冷却条件下的转变，需要建立一个连续冷却转变图。过冷奥氏体的连续冷却转变图是指钢经奥氏体化后，在经过不同的冷却速度连续冷却的条件下，获得的转变温度、转变时间、转变产物之间的关系曲线。

共析钢过冷奥氏体连续冷却转变图如图 2-13 所示。由图 2-13 可以看出，连续冷却转变曲线只有 P、M 转变区，无 B 转变区。P_s、P_f 为过冷奥氏体向珠光体转变的开始线和终了线，AB 线是珠光体的停止转变线，当冷却曲线与 AB 线相交时，过冷奥氏体不再发生珠光体类型的转变，未转变的过冷奥氏体直接冷却到 $M_s \sim M_f$ 之间进行马氏体转变。冷却曲线与 A 点相切的冷却速度 v_k 称上临界冷却速度（或称马氏体临界冷却速度），它是获得全部马氏体组织的最小冷却速度，v_k 愈小，钢件在淬火时愈易得到马氏体组织。v'_k 称为下临界冷却速度，它是获得全部珠光体型组织的最大冷却速度，v'_k 愈小，则退火所需要的时间就愈长。图中标出了不同冷却速度的冷却曲线。实验表明，按不同冷却速度连续冷却时，过冷奥氏体的转变产物接近于连续冷却曲线与等温转变曲线相交温度范围所发生的等温转变产物。

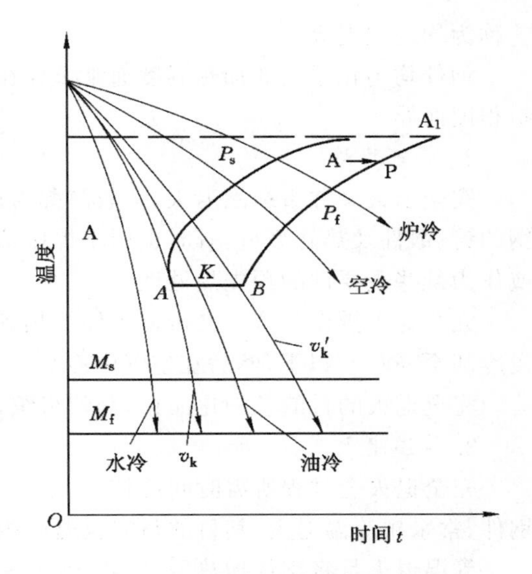

图 2-13　共析钢连续冷却转变图

共析钢连续冷却转变曲线较等温转变曲线向右下方移一些，并且没有贝氏体相变区域。由于连续冷却转变曲线的测定比较困难，所以生产实践中，常利用等温转变图来定性地分析钢在连续冷却时的转变情况。

三、钢的普通热处理

（一）退火

钢的退火一般是将钢材或钢件加热到临界温度以上适当温度，保温适当时间后缓慢冷却，以获得接近平衡的珠光体组织的热处理工艺。

钢件退火工艺种类很多，按加热温度可分为两大类：一类是在临界温度以上的相变重结晶退火，包括完全退火、等温退火、均匀化退火和球化退火等，另一类是在临界温度以下的退火，包括软化退火、再结晶退火及去应力退火等。图 2-14 给出了各种退火与 $Fe\text{-}Fe_3C$ 相图的关系。

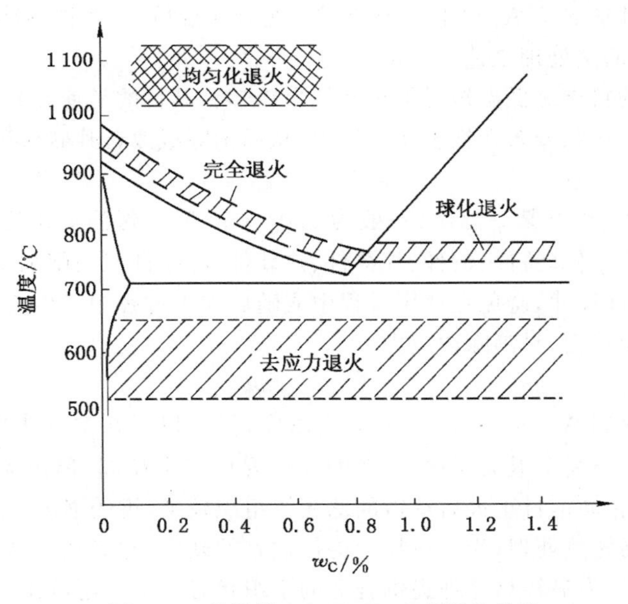

图 2-14　各类退火与 $Fe\text{-}Fe_3C$ 相图的关系

1. 均匀化退火

均匀化退火又称扩散退火。将金属铸锭、铸件或锻坯，在略低于固相线的温度下长期加热，消除或减少化学成分偏析及显微组织（枝晶）的不均匀性，以达到均匀化目的的热处理工艺称为均匀化退火。

钢件均匀化退火的加热温度通常选择在 A_{c3} 或 A_{ccm} 以上 150～300 ℃，具体视钢种和偏析程度而异。

2. 完全退火

完全退火又称重结晶退火，一般简称为退火。这种退火主要用于亚共析的碳钢和合金钢的铸、锻件及热轧型材，有时也用于焊接结构。一般常作为一些不重要工件的最终热处理或作为某些重要件的预先热处理。

完全退火操作是将亚共析钢工件加热到 A_{c3} 以上 30～50 ℃，保温一定时间后，随炉缓慢冷却至 600 ℃以下，然后在空气中冷却。

完全退火的目的是细化晶粒，均匀组织，降低硬度以利于切削加工，并充分消除内应力。

3. 等温退火

完全退火全过程所需时间比较长，生产率低。一般奥氏体比较稳定的合金钢和大型碳钢件，常采用等温退火，其目的与完全退火相同。

等温退火是将钢件加热至 A_{c3} 以上 30～50 ℃（亚共析钢）或 A_{cm} 以上 20～40 ℃（共析钢和过共析钢），保温适当时间后，较快地冷却到 A_{r1} 以下温度，等温一定时间，使奥氏体发生珠光体转变，然后再空冷至室温的退火工艺。它不仅大大缩短了退火时间，而且转变产物较易控制，同时由于工件内外都处于同一温度下发生组织转变，因此能获得均匀的组织和性能。

4. 球化退火

球化退火将钢件加热至 A_{c1} 以上 20～30 ℃，充分保温后，以缓慢的冷却速度冷却至 600 ℃以下，再出炉空冷的热处理工艺。

球化退火工艺的特点是低温短时加热和缓慢冷却。其目的是使珠光体内的渗碳体及二次渗碳体都呈球状或粒状分布在铁素体基体上，从而消除或改善片状渗碳体的不利影响。

5. 去应力退火

将钢件加热至 A_{c1} 以下某一温度（一般为 500～650 ℃），保温后缓冷到 200 ℃，再出炉空冷。其目的是消除工件（铸件、锻件、焊接件、热轧件、冷拉件及切削加工过程中的工件）的残余应力，以稳定工件尺寸，避免在使用过程中或随后加工过程中产生变形或开裂。去应力退火过程不发生组织转变，只消除内应力。

（二）正火

正火是将钢加热到 A_{c3}（或 A_{ccm}）以上适当温度，保温以后在空气中冷却得到珠光体类组织的热处理工艺。与完全退火相比，二者的加热温度基本相同，但正火冷却速度较快，转变温度较低。因此，相同钢材正火后获得的珠光体组织较细，钢的强度、硬度也较高。

正火可以作为预先热处理，为机械加工提供适宜的硬度，并能细化晶粒、消除应力、消除魏氏组织和带状组织，为最终热处理提供合适的组织状态。正火还可作为最终热处理，为某些受力较小、性能要求不高的碳素钢结构零件提供合适的力学性能。正火还能消除过共析钢的网状碳化物，为球化退火做好组织准备。对于大型工件及形状复杂或截面变化剧烈的工件，用正火代替淬火和回火可以防止变形和开裂。

正火处理的加热温度通常在 A_{c3} 或 A_{ccm} 以上 30～50 ℃，高于一般退火的温度。正火是较简单、经济的热处理方法。

（三）淬火与回火

钢的淬火与回火是热处理工艺中最重要也是用途最广泛的工序。淬火可以显著提高钢的强度和硬度。为了消除淬火钢的残余内应力，得到不同强度、硬度和韧性配合的性能，需要配以不同温度的回火。所以淬火和回火又是不可分割的、紧密衔接在一起的两种热处理工艺。淬火、回火作为各种机器零件及工具、模具的最终热处理是赋予钢件最终性能的关键性工序，也是钢件热处理强化的重要手段之一。

1. 钢的淬火

把钢加热到临界点 A_{c1} 或 A_{c3} 以上，保温后在淬火介质中以大于临界冷却速度（v_k）冷却，以得到不稳定状态的马氏体或下贝氏体组织的热处理工艺方法称为淬火。

淬火的目的一般有：提高工具、渗碳工件和其他高强度耐磨机器零件等的强度、硬度和耐磨性；结构钢通过淬火和回火之后获得良好的综合力学性能。

淬火时，最常用的淬火介质是水、盐水和油。

2. 钢的回火

回火是将淬火钢重新加热到低于临界温度 A_{c1}（加热时珠光体向奥氏体转变的开始温度）的适当温度，保温一段时间后冷却的金属热处理工艺。

淬火钢回火后的组织性能决定于回火温度，根据回火温度范围，可将回火分为三类。

（1）低温回火

低温回火的温度为 150～250 ℃，回火后的组织为回火马氏体。低温回火主要是为了降低钢的淬火内应力和脆性，同时保持钢在淬火后的高硬度（一般为 58HRC～64HRC）和耐磨性，常用于处理各种工具、模具、轴承、渗碳件及经表面淬火的工件。

（2）中温回火

中温回火的温度为 350～500 ℃，回火后的组织为回火托氏体。回火后具有较高的弹性极限和屈服极限，并具有一定的韧性。硬度一般为 35HRC～45HRC，主要用于各种弹簧的处理。

（3）高温回火

高温回火的温度为 500～650 ℃，回火后的组织为回火索氏体，硬度为 25HRC～35HRC。这种组织具有良好的综合力学性能，即在保持较高的强度同时，还具有良好的塑性和韧性，习惯上将淬火加高温回火相结合的热处理称作调质处理，简称调质。调质广泛用于处理各种重要的结构零件，如轴、齿轮等。也可作为要求较高的精密零件、量具等的预备热处理。

四、钢的表面淬火

在动载荷及摩擦条件下工作的机械零件（如齿轮、曲轴、凸轮轴、主轴等），它们表面承受着比芯部高的应力，并不断地被磨损，因此对零件的表面层提出了强化的要求，要求其表面具有高的强度、硬度、耐磨性和疲劳强度而芯部仍保持足够的塑性和韧性。在这种情况下，如果只从材料方面去解决是很困难的，所以生产中广泛采用了表面淬火的方法。

钢的表面淬火是一种不改变钢表面层化学成分，只改变表面层组织的局部热处理方法。它是通过快速加热，使钢表层奥氏体化，不等热量传至芯部，立即迅速冷却，这样可使表层获得硬而耐磨的组织，而芯部仍保持着原来塑性和韧性较好的退火、正火或调质状态的组织。由于表面淬火是局部加热，故能显著地减小淬火变形，降低能耗。按加热方法的不同，表面淬火可分为感应加热淬火、火焰加热淬火、接触电阻加热淬火、电解液淬火等。

五、钢的化学热处理

化学热处理是将钢件置于活性介质中，通过加热和保温，使介质分解析出某些元素的活性原子，并渗入工件表层，以改变其化学成分、组织和性能的热处理工艺。化学热处理与其他热处理相比较，其特点是不仅改变了钢的组织，而且改变了钢表层的化学成分。

化学热处理的主要作用是提高工件表面的硬度、耐磨性、疲劳强度、耐热性、耐蚀性和抗氧化性等。

化学热处理种类很多，按渗入元素的不同可分为渗碳、渗氮（氮化）、碳氮共渗、渗铝、渗硼、渗硅、渗铬等。

1. 钢的渗碳

渗碳是将工件置于渗碳介质中加热（900～950 ℃）并保温，使碳原子渗入工件表层的热处理工艺。

在机械制造业中，许多重要的零件如齿轮、凸轮、活塞销、摩擦片等，它们都是在交变载荷、冲击载荷、很大接触应力以及严重磨损条件下工作的，因此要求零件表面具有高的硬度和耐磨性，而芯部具有一定的强度和韧性。为满足上述性能要求，必须选用低碳钢或低碳合金钢进行渗碳，随后进行淬火和回火处理。渗碳层深度按使用要求一般为 0.5～2.0 mm，渗碳层碳的质量分数控制在 0.8%～1.1%范围内。根据渗碳所用的介质不同，渗碳可分为气体渗碳、固体渗碳和液体渗碳。

2. 钢的渗氮

它是在一定温度下（一般在 A_1 温度以下）使活性氮原子渗入工件表面的化学热处理工艺。其目的是提高表面硬度和耐磨性，并提高疲劳强度和耐蚀性。一般常对中碳合金钢进行渗氮，主要用于制造耐磨性和尺寸精度要求高的排气阀、精密机床丝杠、齿轮等零件。目前常用的渗氮方法主要有气体渗氮和离子渗氮。

3. 钢的碳氮共渗

碳氮共渗是将碳和氮原子同时渗入工件表面的一种化学热处理过程。碳氮共渗用钢大多数为低碳或中碳的碳钢和合金钢。为了提高表面硬度和芯部强度，工件经碳氮共渗后还要进行淬火和低温回火。碳氮共渗温度一般为 820～870 ℃，共渗后可以直接淬火，然后低温回火。由于共渗层较薄，目前生产中主要用于处理要求变形小、耐磨及抗疲劳的薄件及小件，如自行车、缝纫机及仪表零件，以及机床、汽车等要求耐磨的齿轮、蜗轮、蜗杆和轴类零件等。碳氮共渗的方法有液体碳氮共渗和气体碳氮共渗两种。

任务实施

（1）阅读“相关知识”并查阅有关资料，学习热处理的概念及热处理的意义与应用。

（2）阅读“相关知识”并查阅有关资料，学习钢的热处理原理，即钢在加热和冷却时的组织转变。

（3）阅读“相关知识”并查阅有关资料，学习钢的退火、正火、淬火和回火热处理工艺及应用常识。

（4）阅读“相关知识”并查阅有关资料，学习了解钢表面淬火的加热方法及应用。

（5）阅读“相关知识”并查阅有关资料，学习了解钢的化学热处理方法及应用。

练习与思考

(1) 钢热处理过程中加热和冷却处理的目的是什么？

(2) 请说明退火的定义、目的和分类。

(3) 请说明正火与退火处理的区别及应用。

(4) 请说明淬火处理的目的及淬火后的回火处理的分类及应用。

(5) 渗碳、渗氮处理的选材有什么区别？

项目三　常用金属材料

任务一　工 业 用 铁

知识要点

(1) 铁的冶炼。

(2) 生铁的分类。

(3) 常用生铁的种类及特点。

(4) 铸铁的种类及特点。

技能目标

掌握常用生铁、铸铁的种类、特点及用途。

任务导入

我们已经知道，铁作为一种金属元素，在地壳中的含量仅次于氧、硅和铝，居第四位。由于其比较活泼的金属性，在自然界，游离态(单质)的铁(纯铁)很难找到，可能只能从陨石中找到，分布在地壳中的铁都以化合态的形式存在于铁矿石中，如赤铁矿、磁铁矿、褐铁矿、菱铁矿和黄铁矿。我们也了解了其化合物的一些化学性质，那么作为一种金属材料的铁又是怎样的呢?

任务分析

认识生铁，主要是了解生铁的生产、分类及应用。对于机械零件常用的铸铁材料，除了学习材料的特性知识之外，更重要的是熟练查阅有关国家标准。

相关知识

一、铁的冶炼

工业铁的制备一般采用冶炼法。其中高炉冶炼法是以铁矿石为原料，与焦炭和助溶剂在高炉内反应，焦炭燃烧产生二氧化碳(CO_2)，二氧化碳与过量的焦炭接触就生成一氧化碳(CO)，一氧化碳和矿石内的氧化铁作用就生成金属铁。加入 $CaCO_3$ 在高温下生成 CaO 除去铁矿石中的 SiO_2，生成 $CaSiO_3$(炉渣)。

铁矿石是钢铁生产企业的重要原材料。中国的铁矿资源总量丰富，但矿石含铁品位较低，分布主要集中在辽宁、四川、河北等省份。世界铁矿资源主要集中在澳大利亚、巴西、俄罗斯、乌克兰、哈萨克斯坦、印度等国。被称为“全球吸铁石”的中国，2015 年全年进口铁矿石达 9.527 2 亿 t，其中澳大利亚铁矿石占中国进口铁矿石的 64%，巴西铁矿石占中国进口铁矿石的 20%。

高炉炼铁对环境的影响越来越受到重视，据资料，炼铁系统的污染物排放占钢铁企业总排放量的 2/3，主要污染物包括粉尘、炉渣、污水、废气。

高炉炼铁的主要产品是铁水（生铁），实际上是铁碳合金。2015 年全年，我国生铁产量达 69 141.3 万 t。

二、生铁

生铁是碳的质量分数超过 2%，且硅、锰、磷、铬及其他合金元素含量不超过规定极限值的铁碳合金，具体规定可查阅 GB/T 20932—2007。生铁在熔融状态下可进一步处理成钢或者铸铁。根据生铁中各化学成分含量与用途的不同，生铁可划分为以下几种。

（一）炼钢生铁

炼钢生铁化学成分的主要特点是含硅量一般小于 1.2%，是炼钢的主要原料。它是高炉连续铸钢炼铁的主要产品，它的产量占高炉生铁产量的 90%以上。在没有炼钢的炼铁厂家，铁水被铸成铁块，供没有炼铁的炼钢厂化铁炼钢。炼钢生铁的基本化学成分是铁（94%～95%），其余是碳、硅、锰、磷、硫 5 个常规元素，还有一些微量元素及某些特有元素。

炼钢生铁里的碳主要以碳化铁的形态存在。其断面呈白色，通常又叫白口铁。这种生铁性能坚硬而脆，不容易切削，不适合于机械加工，所以一般只能用作炼钢的原料，或铸造极少数要求硬度高、耐磨性好、不需进行切削加工的零件，如犁铧等。

生铁牌号中汉字或代号字母后标注的数字表示生铁中的含硅量，一般是表示含硅量的千分之几，具体见表 3-1。

表 3-1　炼钢生铁牌号及化学成分（摘自 YB/T 5296—2011）

牌号			L03（旧标 L04）	L07（旧标 L08）	L10
化学成分（质量分数）/%	C		＞3.50		
	Si		≤0.35	＞0.35～0.70	＞0.70～1.25
	Mn	一组	≤0.40		
		二组	＞0.40～1.00		
		三组	＞1.00～2.00		
	P	特级	≤0.100		
		一级	＞0.100～0.150		
		二级	＞0.150～0.250		
		三级	＞0.250～0.400		
	S	一类	≤0.030		
		二类	＞0.030～0.050		
		三类	＞0.050～0.070		

（二）铸造生铁

铸造生铁含硅量较炼钢生铁高，一般含硅量大于1.2%。有多种牌号，主要用于铸造生产。铸造生铁可分为球墨铸铁用生铁和普通铸造用生铁（其他铸造用生铁）。球墨铸铁用生铁中锰、硫、磷的含量要求更低一些，各项性能优于普通铸造用生铁，主要用于铸造球墨化铁铸件（在铸造时还要加入金属镁或稀土铁合金）。

1. 球墨铸铁用生铁

球墨铸铁用生铁不包括用生铁冶炼的球墨铸铁，其牌号由代表“球”字汉语拼音的首位字母Q和代表硅含量的数字组成，常用牌号和化学成分见表3-2。

表3-2　　球墨铸铁用生铁牌号及化学成分（摘自GB/T 1412—2005）

牌号			Q10	Q12
化学成分（质量分数）/%	C		≥3.40	
	Si		0.50～1.00	>1.00～1.40
	Ti	1档	≤0.050	
		2档	>0.050～0.080	
	Mn	1组	≤0.20	
		2组	>0.20～0.50	
		3组	>0.50～0.80	
	P	1级	≤0.050	
		2级	>0.050～0.060	
		3级	>0.060～0.080	
	S	1类	≤0.020	
		2类	>0.020～0.030	
		3类	>0.030～0.040	
		4类	≤0.045	

2. 铸造生铁

铸造生铁中的碳以片状的石墨形态存在。它的断口为灰色，通常又叫灰口铁。由于石墨质软，具有润滑作用，因而铸造生铁具有良好的切削、耐磨和铸造性能。但它的抗拉强度不够，故不能锻轧，只能用于制造各种铸件，如铸造各种机床床座、铁管等。

铸造生铁的牌号用“铸”或“Z”字附以两位阿拉伯数字表示，数字表示平均含硅量的千分之几，具体见表3-3。

表3-3　　铸造生铁牌号及化学成分（摘自GB/T 718—2005）

牌号		Z14	Z18	Z22	Z26	Z30	Z34
化学成分（质量分数）/%	C	≥3.30					
	Si	≥1.25～1.60	>1.60～2.00	>2.00～2.40	>2.40～2.80	>2.80～3.20	>3.20～3.60

续表 3-3

牌号			Z14	Z18	Z22	Z26	Z30	Z34
化学成分（质量分数）/%	Mn	1组	≤0.50					
		2组	＞0.50～0.90					
		3组	＞0.90～1.30					
	P	1级	≤0.060					
		2级	＞0.060～0.100					
		3级	＞0.100～0.200					
		4级	＞0.200～0.400					
		5级	＞0.400～0.900					
	S	1类	≤0.030					
		2类	≤0.040					
		3类	≤0.050					

（三）合金生铁

含硅、锰、镍或其他元素量特别高的生铁，叫合金生铁，如硅铁、锰铁等，常用作炼钢的原料。在炼钢时加入某些合金生铁，可以改善钢的性能。

三、铸铁

铸铁，是将铸造生铁（部分炼钢生铁）在炉中重新熔化，并加进铁合金、废钢、回炉铁、添加剂等，调整成分和采用不同的工艺而得到的铸造铁碳合金。根据其组织中石墨存在的形态分为普通灰口铸铁、球墨铸铁、蠕墨铸铁和可锻铸铁等。

1. 普通灰口铸铁

普通灰口铸铁也称灰铸铁。灰铸铁一般含碳量为2.5%～4.0%，含硅量为1.0%～2.0%，含锰量为0.5%～1.4%，含磷量为0.3%，含硫量为0.15%以下。由于其组织中的石墨呈片状，故其抗拉强度、抗疲劳强度很低，塑性和韧性很差；而抗压强度和硬度较好，铸造性能和切削加工性能优良，减振、吸振和耐磨、减摩性好，缺口敏感性低，不易产生应力集中。

灰铸铁价格便宜，以其自身的性能和价格优势，占各类铸铁件总产量的80%以上。广泛用于制作各种主要承受压应力、要求减振性和耐磨性好、缺口敏感性低的机械零件，例如机床床身、机架、结构复杂的箱体、导轨和缸体等。

灰铸铁的牌号常用"字母＋数字"的方法表示。例如HT200，其中字母"HT"表示"灰铁"二字的汉语拼音字首"H"和"T"，数字"200"表示最低抗拉强度为200 MPa（与铸件壁厚有关），称为最低抗拉强度为200 MPa的灰铸铁。常用灰铸铁的牌号有HT100、HT150、HT200、HT250等。具体牌号和力学性能，请查阅《灰铸铁件》（GB/T 9439—2010）。

2. 球墨铸铁

球墨铸铁其含碳量为3.6%～3.9%，含硅量为2.2%～2.8%，含锰量为0.6%～0.8%，含硫量小于0.07%，含磷量小于0.1%。它是在浇注前向灰铸铁成分的熔液中加入球化剂（例如金属镁、稀土镁合金）和孕育剂（例如硅铁合金、硅钙合金等），经球化处理后的铸铁。球墨铸铁里的碳以球状石墨的形态存在。其机械性能远胜于灰口铁，具有优良的铸造、切削加工和耐磨性能，有一定的弹性，所以球墨铸铁在铸造件中的应用仅次于灰铸铁。主要适用于制作强度要求较高、有一定交变载荷、形状复杂、难以机械加工成形的尺寸不太小的零件。例如齿轮、曲轴、连杆、凸轮轴、箱体等。

球墨铸铁牌号常用“字母＋数字-数字”的方法表示。例如QT450-10，其中字母“QT”表示“球铁”二字的汉语拼音字首“Q”和“T”，数字“450”表示最低抗拉强度为450 MPa，数字“10”表示最低断后伸长率为10％，称为最低抗拉强度为450 MPa，最低断后伸长率为10％的球墨铸铁。常用球墨铸铁的牌号有：QT500-7，QT600-3，QT700-2，QT900-2。具体牌号和力学性能，请查阅《球墨铸铁件》(GB/T 1348—2009)。

3. 蠕墨铸铁

蠕墨铸铁是近几十年才发展起来的一种新型高强度铸铁。蠕墨铸铁是在一定成分的铸铁熔液中加入少量的蠕化剂而炼成的。蠕化剂主要采用镁钛合金、稀土镁钛合金、稀土镁钙合金等。蠕墨铸铁组织中的碳主要以蠕虫状石墨形态存在，这样形态的石墨大大地减少了石墨对基体的破坏作用，使蠕墨铸铁的强度接近于球墨铸铁，并有一定的韧性和较高的耐磨性；同时又有灰铸铁一样的良好铸造性能和导热性；而铸造工艺要求和成本比球墨铸铁低。因此，蠕墨铸铁常用于制作强度和硬度较好，耐磨性、热导率较高的铸件，用于生产气缸、气缸套、钢锭模、液压阀、高压热交换器制动盘、钢珠研磨盘、重型机床床身和箱体等。

蠕墨铸铁牌号常用“字母＋数字”的方法表示。例如RuT380，其中字母“RuT”表示“蠕铁”二字的汉语拼音或字首“Ru”和“T”，数字“380”表示最低抗拉强度为380 MPa，称为最低抗拉强度为380 MPa的蠕墨铸铁。

4. 可锻铸铁

可锻铸铁亦称为玛钢，它是将炼钢生铁在高温下经过长时间的石墨化退火，使其中的渗碳体分解析出团絮状石墨组织的铸铁。由于团絮状石墨的表面积较小，对铸铁强度削弱作用不大，并且组织中碳、硅的含量相对较少，因此可锻铸铁的强度较灰铸铁高，耐腐蚀性、塑性和冲击韧性较好。可锻铸铁主要用于制作形状复杂而强度、冲击韧性较高，有振动载荷的小截面零件，如汽车、拖拉机的后桥壳，各种管接头、低压阀门及农机零件等。由于可锻铸铁生产周期较长、工艺复杂、成本较高、机械性能不及球墨铸铁，所以应用较少。值得一提的是，实际上可锻铸件并不可以锻造。

可锻铸铁按石墨化程度和组织分为黑心可锻铸铁、白心可锻铸铁和珠光体可锻铸铁三类。黑心可锻铸铁亦称铁素体可锻铸铁，其断面呈灰黑色；珠光体可锻铸铁其断面也呈灰黑色；白心可锻铸铁其断面呈灰白色。我国主要生产珠光体可锻铸铁和黑心可锻铸铁，白心可锻铸铁很少生产。可锻铸铁牌号常用“字母＋数字-数字”的方法表示。如KTH350-10，其中字母“KT”表示可锻铸铁的简称“可铁”二字的汉语拼音字首“K”和“T”，字母“H”表示“黑心”二字的汉语拼音字首“H”(若为字母“Z”则表示珠光体，字母“B”则表示白心)，数字“350”表示最低抗拉强度为350 MPa，数字“10”表示最低断后伸长率为10％，称为最低抗拉强度为350 MPa，最低断后伸长率为10％的黑心可锻铸铁。

任务实施

阅读教材中的相关内容，查阅有关国家标准，学习掌握生铁和铸铁的种类，特别是铸铁的牌号及性能特点。

练习与思考

(1) 查阅资料,了解生铁的冶炼工艺及环保措施。
(2) 生铁包括哪些种类? 各有什么用途?
(3) 查阅有关铸铁的国家标准,相互交流查阅的渠道和标准的内容。
(4) 常用的铸铁种类有哪些? 各自的性能特点是什么?

任务二　工业用钢

知识要点

(1) 钢的冶炼。
(2) 钢的分类及标准的检索。
(3) 机械零件常用钢的种类、特点、用途及标准检索。

技能目标

掌握工业常用钢标准的检索方法。

任务导入

我们制造机械零件的常用材料——钢,主要是由炼钢生铁经二次冶炼而成的,是含碳量小于2.11%的铁碳合金。因成分、组织等的不同,其性能、用途等各不相同,通常按照统一的国家、行业标准生产和使用。我们要使用它,就需要了解它的生产与使用标准。

任务分析

机械零件常用钢的种类、牌号、特点要了解,重点要掌握相应标准的检索方法和熟悉检索渠道,并要学会标准资料的应用。

相关知识

一、钢的冶炼

铁水(炼钢生铁)含C及S、P等杂质较多,影响铁的强度和脆性等,需要对铁水进行再冶炼,以去除上述杂质,并加入Si、Mn等有益元素,调整其成分,改善其性能。这种对铁水进行重新冶炼以调整其成分的过程叫炼钢。那么什么是钢呢? GB/T 13304.1—2008中是这样定义的:“以铁为主要元素、含碳量一般在2%以下,并含有其他元素的材料。”

工业生产中主要是以高炉炼成的生铁和直接还原炼铁法炼成的海绵铁以及废钢为原料,通过平炉、转炉或电炉熔化、脱磷、脱碳和合金化,然后在还原性的气氛中脱气、脱氧、脱硫,去除杂质和进行成分微调,在钢液的温度和成分达到所炼钢种的规定要求时出钢,钢水经过钢水包脱入钢锭模或连续铸钢机内经过冷凝等工艺得到钢锭(体积大)或连铸坯(体积小,厚度一般为150～250 mm),钢锭或连铸坯再经过轧制(分热轧和冷轧)而得到各种规格的钢材，如板材和长材等，供应市场。

钢材，不仅有良好的塑性，而且具有强度高、韧性好、易加工、抗冲击等性能，因此被大量生产和广泛利用。据《2015 年国民经济和社会发展统计公报》的数据：我国全年粗钢产量达 80 382.5 万 t，占全球粗钢产量的 49.5%，稳居世界第一。

二、钢的分类

按化学成分分为非合金钢、低合金钢和合金钢。具体请查阅 GB/T 13304.1—2008。

按质量等级和主要性能或使用特性分为普通质量级、优质级、特殊质量级，每一质量等级又按主要性能或使用特性分类，具体请查阅 GB/T 13304.2—2008。

按钢的含碳量分类：

低碳钢　　含碳量≤0.25%；

中碳钢　　含碳量 0.25%～0.6%；

高碳钢　　含碳量≥0.6%。

按用途分为结构钢、工具钢、特殊用途钢。

三、机械工业常用钢种

1. 碳素结构钢

这类钢含硫、磷杂质多，一般都制成型材、板材等，价格比较便宜，在能满足使用性能要求情况下应优先选用。

根据《碳素结构钢》(GB/T 700—2006)的规定，碳素结构钢的牌号由代表屈服点的字母、屈服点数值、质量等级符号、脱氧方法符号等四个部分按顺序组成。

例如，Q235AF，其各类符号意义如下：

Q 为钢材屈服强度“屈”字汉语拼音首位字母。

235 为屈服强度值，MPa。

A、B、C、D 分别为质量等级。

F 指沸腾钢，“沸”字汉语拼音首位字母；Z 指镇静钢，“镇” 字汉语拼音首位字母；TZ 指特殊镇静钢，“特镇” 两字汉语拼音首位字母。

在牌号组成表示方法中，“Z”与“TZ”符号予以省略。

碳素结构钢的化学成分及力学性能请查阅 GB/T 700—2006。

常用的牌号有 Q195、Q215、Q235、Q275 等。

2. 优质碳素结构钢

优质碳素结构钢是主要的机械制造用钢。这类钢含 S、P 等有害杂质少(含量不大于 0.035%)，质量较高。一般要经过热处理以提高其力学性能，常用来制造各种重要的机械零件。

根据含碳量不同，优质碳素结构钢又分为正常含锰量和较高含锰量两种。优质碳素结构钢的牌号中用两位数字表示其含碳量的万分数。含碳量较高的钢(0.7%～1.2%)在两位数字后标出锰元素符号，如“50Mn”。牌号中“F”表示沸腾钢，如“15F”。

优质碳素结构钢的牌号、成分、热处理及力学性能请查阅 GB/T 699—2015。

(1) 正常含锰量的钢指锰含量为 0.25%～0.8%。

这类钢的含碳量在 0.05%～0.8%之间，且产量高、价格低廉，应用最广泛。其牌号以含碳量的万分之几的两位数字表示。如 20 号钢表示含碳量为 0.20%。

10～30 号钢强度不高，但塑性好，具有良好的冷冲压性和焊接性能，常用来制造受力不大，而韧性、塑性要求较高的零件，如焊接容器、螺钉、螺母、杆件、轴套等。此外可以经过渗碳热处理，使其表面硬而耐磨，芯部有良好的韧性，用于制造齿轮、摩擦片等。

35～55 号钢具有一定的强度，又有较好的塑性，经过热处理可获得良好的综合力学性能，一般多用于受力较大的零件，如轴、齿轮、凸轮、水泵转子及减速器齿轮等，其中以 45 号钢应用最广泛。

60～85 号钢经适当热处理后，具有良好的弹性、耐磨性，故可用来做螺旋弹簧以及耐磨件等。

15～50 号钢也常用来做铸钢件，如大齿轮及绳轮等。

(2) 较高含锰量的钢指锰含量为 0.7%～1.2%。

这类钢含碳量一般在 0.17%～1.2%之间，因含锰量较高，所以强度和耐磨性都比正常含锰量钢好，并具有更优良的使用性能。

3. 碳素工具钢

碳素工具钢主要用于制造工具、量具和模具。这类钢的含碳量一般在 0.65%～1.35%之间，具有高的硬度、耐磨性及足够的韧性，全部是优质或高级优质钢。

碳素工具钢牌号用“碳”字汉语拼音之首字母“T”表示，并在其后附以数字来表示钢中平均含碳量的千分之几，如“T7”。高级优质碳素工具钢在牌号后加“A”，如“T7A”。

优质碳素工具钢和高级优质碳素工具钢的区别在于杂质 S、P 的含量不同。

碳素工具钢经适当热处理，可获得很高的硬度和耐磨性，GB/T 1298—2014 规定：经水淬火后，碳素工具钢的硬度(HRC)不小于 62。但是其热硬性差，只能用于制作一般温度下工作的工量具和模具等，如冲头、手锯锯条、丝锥、量规、锉刀、手锤等。

常用碳素工具钢的牌号有 T8、T10、T10A、T12 等。

4. 低合金高强度结构钢

低合金高强度结构钢是符合 GB/T 13304.1—2008 中的低合金钢化学成分的一类钢。它的含碳量小于 0.2%，含合金元素小于 3%，磷和硫的含量为 0.025%～0.045%。主要加入 Mn 等合金元素，提高了钢的强度和韧性。其屈服强度 σ_s 一般在 300 MPa 以上，延伸率约为 21%，特别是良好的低温韧性，保证了构件能在较低的温度下使用。与同样含碳量的普通碳钢相比，低合金高强度结构钢具有良好的综合机械性能。它一般被轧制成钢板、钢带、型钢和棒钢，并进行正火或淬火加回火热处理后供应，可以直接当成毛坯用来制作成品，既简化了生产工艺又降低了成本，还节约了资金。

这类钢属于建造用钢，主要用于制造桥梁、船舶、车辆、锅炉、高压容器、石油化工管道、大型钢结构件等。用它来代替碳素结构钢，可大大减轻结构重量，节省钢材，降低费用，保证使用可靠，延长构件使用寿命，增大钢材的使用范围。

具体牌号、化学成分和力学性能，请查阅 GB/T 1591—2008，工程实际中常用的低合金高强度结构钢有 Q345、Q390、Q420、Q460、Q500、Q550、Q620、Q690 等。

5. 合金钢

合金钢是指钢中除含硅和锰作为合金元素或脱氧元素外，还含有其他合金元素(如铬、镍、钼、钒、钛、铜、钨、铝、钴、铌、锆等)，有的还含有某些非金属元素(如硼、氮等)的钢，也即符合 GB/T 13304.1—2008 中的合金钢化学成分的钢。它不仅合金元素含量高，且严格控制硫、磷等有害杂质的含量，属于优质钢和高级优质钢。根据合金元素的不同，并采取适当的加工工艺，分别具有高强度、高韧性、耐磨、耐腐蚀、耐低温、耐高温、无磁性等特殊性能。

合金钢按特性和用途可分为合金结构钢、合金工具钢、特殊性能钢等。具体化学成分和性能参数请查阅相关标准。常用牌号举例如下：

合金结构钢(GB/T 3077—2015)：20Mn2、40Mn2、20Cr、40Cr、30CrMo、40CrNi。

合金工具钢(GB/T 1299—2016)：9SiCr、4CrW2Si、Cr12MoV、5CrMnMo、3Cr2Mo。

不锈钢和耐热钢(GB/T 20878—2007)：17Cr18Ni9、12Cr18Ni9、12Cr21Ni5Ti、30Cr13。

弹簧钢(GB/T 1222—2016)：65Mn、55SiMnVB、50CrVA。

高碳铬轴承钢(GB/T 18254—2016)：GCr4、GCr15、GCr15SiMn、GCr18Mo。

高速工具钢(GB/T 9943—2008)：W18Cr4V、W12Cr4V5Co5、W6Mo5Cr4V2。

任务实施

(1) 学习了解钢的冶炼知识和我国的钢产业状况。

(2) 根据“相关知识”中提供的钢分类国家标准号 GB/T 13304.1—2008 和 GB/T 13304.2—2008，通过网络检索相关标准，并与同学交流检索结果。

(3) 阅读并掌握“相关知识”中的机械常用钢种类及特点、用途，根据关键词或相应的标准号，通过网络检索相应的国家或行业标准，并与同学分享检索结果。

练习与思考

(1) 检索并写出牌号为 Q275、45、T12 各钢种的化学成分、力学性能和用途。

(2) 检索并写出牌号为 Q460、40Cr、9SiCr、W18Cr4V 各钢种的化学成分、力学性能和用途。

(3) 比较第(1)和第(2)两题中各钢种的化学成分、热处理状态、力学性能之间的差异，并分析其中的缘由。

任务三 常见的有色金属及合金

知识要点

(1) 铜及铜合金的性能特点及用途。

(2) 铝及铝合金的性能特点及用途。

(3) 钛及钛合金的性能特点及用途。

技能目标

掌握工业常用有色金属标准的检索方法。

任务导入

钢铁是机械结构零件的主要材料，但是随着机械工业和材料工业的发展，有色金属材料的应用也越来越广泛，尤其是在航空工业领域的应用得到快速的发展，因此需要我们去认识有色金属材料。

任务分析

认识常见的有色金属及合金，主要是了解常用的有色金属材料的特性及用途，熟悉搜索、查阅相关国家标准资料的途径和方法。

相关知识

一、铜及铜合金

铜是人类最早使用的金属，铜在地壳中的含量约为 0.01%，自然界中有少量的天然铜，大多数以化合物存在于铜矿石中，工业生产主要通过熔炼得到铜。

（一）纯铜

纯铜是一种玫瑰红色的金属，表面形成氧化铜膜后，外观呈紫红色，故常称紫铜。它是通过电解方法制取的，故也称电解铜。纯铜的熔点为 1 083 ℃，密度为 8.9 g/cm^3。工业中使用的纯铜铜的含量为 99.5%～99.95%。

纯铜具有高的电导性、热导性及良好的塑性和耐蚀性，但强度较低（σ_b＝200～250 MPa），不能通过热处理强化，只能通过冷加工变形强化。

纯铜中的杂质对铜的性能有很大影响。主要杂质有铅、铋、氧、硫、磷等。杂质使电导性降低。

纯铜广泛用于制造电线、电缆、电刷、铜管以及作为配制合金的材料。

（二）铜合金

纯铜因其强度低而一般不能作为结构材料，工业中广泛使用的是铜合金，常用的铜合金有黄铜、白铜和青铜，具体牌号请查阅《铜及铜合金牌号和代号表示方法》（GB/T 29091—2012）。这里只简单介绍铜合金的种类、性能特点及用途。

1. 黄铜

黄铜是以锌为主要合金元素的铜合金，按其化学成分可分为普通黄铜和特殊黄铜两大类。

（1）普通黄铜

普通黄铜是铜和锌组成的二元合金，锌加入铜中提高了合金的强度、硬度和塑性，并且改善了铸造性能。工业黄铜中的含锌量一般不超过 47%。

黄铜的抗蚀性能较好，与纯铜接近。有较强的耐磨性能。常用来制作阀门、水管、散热器、弹壳等。

（2）特殊黄铜

为了改善黄铜的力学性能、耐蚀性能或某些工艺性能（如切削加工性、铸造性等），在铜锌合金中加入其他合金元素（如铅、锡、铝、锰、硅等）即可形成特殊黄铜，如铅黄铜、锡黄铜、铝黄铜等。

加铅可改善黄铜的切削加工性和提高耐磨性，加锡主要是为了提高耐蚀性。铝、镍、锰、硅等元素均能提高合金的强度和硬度，还能改善合金的耐蚀性。

特殊黄铜可分为压力加工用和铸造用两种，前者加入的合金元素较少，使之能溶入固溶

体中，以保证有足够的变形能力。后者因不要求有很高的塑性，为了提高强度和铸造性能，可加入较多的合金元素。

2. 白铜

白铜是以镍为主要添加元素的铜基合金，呈银白色，有金属光泽。当把镍熔入铜里，含量超过16%以上时，产生的合金色泽就变得洁白如银，镍含量越高，颜色越白。白铜中镍的含量一般为25%。

纯铜加镍能显著提高强度、耐蚀性、硬度、电阻和热电性，并降低电阻率温度系数。因此白铜的机械性能、物理性能都异常良好，延展性好、硬度高、色泽美观、耐腐蚀、富有深冲性能，被广泛使用于造船、石油化工、电器、仪表、医疗器械、日用品、工艺品等领域，并且还是重要的电阻及热电偶合金。

3. 青铜

除黄铜和白铜以外的其他铜合金习惯上都称青铜，其中含有锡的称锡青铜，不含锡的则称无锡青铜(也称特殊青铜)。常用青铜有锡青铜、铝青铜、铍青铜、铅青铜等。

(1) 锡青铜是以锡为主加元素的铜合金。锡青铜最主要的特点是耐蚀、耐磨和弹性好，锡青铜在大气、海水和蒸汽等环境中的耐蚀性优于纯铜和黄铜。铸造锡青铜流动性差，缩松倾向大，组织不致密，因此凝固时体积收缩率很小，适合于浇注外形尺寸要求严格的铸件。锡青铜多用于制造轴承、轴套、弹性元件，以及耐蚀、抗磁零件等。

(2) 铝青铜是以铝为主加元素的铜合金。铝青铜的力学性能受铝含量影响很大，实际应用的铝青铜的铝含量为5%～12%。铝含量5%～7%的铝青铜适于冷加工，而铝含量在10%左右的铝青铜是铸造性能很好的铜合金。铝青铜的耐蚀性和耐磨性优良，力学性能优于黄铜和锡青铜。

(3) 铍青铜是以铍为主加元素(铍含量1.7%～2.5%)的铜合金。由于铍在铜中的溶解度随温度变化很大，因而铍青铜有很好的固溶时效强化效果，时效后σ_b可达1 250～1 400 MPa。铍青铜不仅强度大、疲劳抗力高、弹性好，而且耐蚀、耐磨、导电、导热性能优良，还具有无磁性、受冲击时无火花等优点，但价格较贵。主要用于制造精密仪器或仪表的弹性元件、耐磨零件以及塑料模具等。

(4) 铅青铜多作耐磨材料使用，在高压及高速工作条件下，有高的抗疲劳强度；与其他耐磨合金比较，在冲击载荷的作用下开裂倾向小，并且有较高的热导性。铅青铜被广泛用来制造高载荷的轴瓦，是一种重要的轴承合金。

二、铝及铝合金

铝是地壳中含量最丰富的金属元素，在自然界，铝以化合态的形式存在于各种岩石或矿石里，主要以铝硅酸盐矿石存在，还有铝土矿和冰晶石。由于铝化物的氧化性很弱，铝不易从其化合物中被还原出来，因此铝作为金属材料生产应用是比较迟的。当今，工业上铝的生产是由铝的氧化物与冰晶石共熔电解制得的，属于高耗能行业。

(一) 纯铝

纯铝是银白色金属，具有面心立方晶格，熔点为660 ℃，密度为2.7 g/cm^3，是一种轻金属材料。纯铝的电导性、热导性高，仅次于银和铜，其电导率约为铜的64%。纯铝在空气中具有良好的抗蚀性，这是因为铝和氧的亲和能力很大，在空气中能在表面生成一层致密的Al_2O_3薄膜，保护了内部金属不被腐蚀。纯铝的气密性好，磁化率低，接近于非磁性材料。

纯铝的强度、硬度很低($\sigma_b=80\sim100$ MPa,20HBS),但塑性很高($A=50\%$、$Z=80\%$)。通过加工硬化可提高纯铝的强度($\sigma_b=150\sim250$ MPa),但塑性有所降低。

纯铝可分为高纯度铝及工业纯铝两大类,前者供科研及特殊需求用,纯度可达99.996%~99.999%。工业纯铝纯度为99.7%~99.8%。常见的杂质有铁和硅,铝中所含杂质愈多,其电导性、抗腐蚀性和塑性就愈差。

工业纯铝主要用于制作导电体,如电线、电缆,以及要求具有导热和抗大气腐蚀性能但对强度要求不高的一些用品和器具,如通风系统零件、电线保护导管、垫片和装饰件等。

(二)铝合金

纯铝的强度低,不能用来制造承受载荷的结构零件,向铝中加入适量的硅、铜、镁、锰等合金元素,可得到具有高强度的铝合金,若再进行冷变形加工或热处理,可进一步提高强度。由于铝合金的比强度(即强度与其密度之比)高,胜过很多合金钢,又具有良好的耐蚀性和切削加工性,所以已成为理想的结构材料,广泛用于机械制造、运输机械、动力机械及航空工业等方面,飞机的机身、汽车的发动机等常以铝合金制造,以减轻自重。

铝合金可分为变形铝合金和铸造铝合金两大类。变形铝合金可将合金熔融铸成锭子后,再通过压力加工(轧制、挤压、模锻等)制成半成品或模锻件,具有良好的塑性变形能力。铸造铝合金可将熔融的合金直接铸成形态复杂的甚至是薄壁的成形件,具有良好的铸造性能。

1. 变形铝合金

变形铝合金按照其主要性能特点分为防锈铝、硬铝、超硬铝及锻铝等。

(1) 防锈铝合金

防锈铝合金中主要合金元素是锰和镁。这类合金锻造后耐蚀性好,塑性好。锰在铝中能通过固溶强化提高铝合金的强度,但其主要作用是提高铝合金的耐蚀能力。镁对铝合金的耐蚀性损害较小,而且具有较好的固溶强化效果,尤其是能使合金的密度降低,使制成的零件比纯铝还轻。

在航空工业上防锈铝合金应用甚广,适于制造焊接的零件、管道、容器以及铆钉等。

各种防锈铝合金均属不能热处理强化的合金,若要求提高合金强度,可施以冷压力加工,使它产生加工强化。

(2) 硬铝合金

硬铝基本上是Al-Cu-Mg合金,还含有少量的锰。锰的加入主要是为了改善合金的耐蚀性,也有一定的固溶强化作用,但锰的析出倾向小,故不参与时效强化过程。按照所含合金元素数量的不同和热处理强化效果的不同,可将硬铝合金再分为以下三类:

① 合金硬铝。这类硬铝合金中镁、铜含量较低,因而具有很好的塑性,但强度也低,可进行淬火自然时效处理。这类合金的时效速度较慢,为合金淬火后进行铆接创造了良好条件,使铆钉不致在铆接中因迅速时效强化而引起开裂。故这类合金主要用来做铆钉,有"铆钉硬铝"之称。

② 标准硬铝。这是一种应用最早的硬铝,其中含有中等数量的合金元素,可进行淬火自然时效处理。这类合金主要用于制作各种半成品,如轧材、锻材、冲压件等,也可以制作螺旋桨的叶片及大型铆钉等重要零部件。

③ 高合金硬铝。这类硬铝中含有较多的铜和镁等合金元素,具有更高的强度和硬度,

但塑性和承受冷热压力加工的能力较差。高合金硬铝可以制作航空模锻件和重要的销轴等。

(3) 超硬铝合金

① Al-Zn-Mg-Cu 系合金:这是强度最高的一种铝合金。这种合金经过适当的淬火和在 120 ℃左右的人工时效之后可以获得很高的力学性能。

② Al-Li 合金:含锂的铝合金被认为是很有潜力的结构材料,特别是在航空航天方面,在铝合金中每加入 1%的锂可使密度减少约 3%,弹性模量增加约 6%。

(4) 锻铝合金

锻铝是用于制作形状复杂的大型锻件的铝合金。它具有良好的铸造性能、良好的锻造性能和较高的力学性能。目前锻铝多为 Al-Mg-Si-Cu 系和 Al-Cu-Mg-Ni-Fe 系合金。前者是在 Al-Mg-Si 系基础上加入 Cu 和少量 Mn。

2. 铸造铝合金

用来制造铸件的铝合金称为铸造铝合金(简称铸铝)。铸造铝合金熔点较低,流动性好,可以浇注成各种形状复杂的铸件。

根据主要合金元素的不同,铸造铝合金可分为四类,即 Al-Si 系、Al-Cu 系、Al- Mg 系、Al-Zn 系。

(1) 铝硅合金具有优良的铸造性能,如流动性好、收缩及热裂倾向小、密度小、有足够的强度、耐蚀性能好等。广泛用于制造内燃机的活塞、气缸体、气缸套、风扇叶片、电机、仪表外壳及形状复杂的薄壁零件。

(2) 铝铜合金具有较高的耐热强度,可制作高温(300 ℃以下)条件工作的零件。但铸造性能差,抗蚀性也不好,目前大部分被其他合金所取代。

(3) 铝镁合金的特点是密度小(小于 2.55 g/cm^3),耐蚀性能好,强度高,但铸造性能差,易产生热裂和缩松,多应用于承受冲击、振动载荷和腐蚀条件下工作的零件,如泵用零件等。

(4) 铝锌合金强度较高,但耐蚀性能差,若加入适量的锰、镁,可适当提高耐蚀性。另外工艺性好,可用于在铸态下直接使用的零件,如汽车、飞机、仪表及医疗器械等的零件。

三、钛及钛合金

钛是一种银白色过渡金属,由于在自然界中存在分散并难于提取,常被认为是一种稀有金属。钛的密度为 4.506~4.516 g/cm^3(20 ℃),高于铝而低于铁、铜,但比强度位于金属之首。其熔点一般为 1 668 ℃。钛的导热性和导电性能较差,近似或略低于不锈钢。钛具有可塑性,高纯钛的延伸率可达 50%~60%,断面收缩率可达 70%~80%,但强度低,不宜作为结构材料。但在常温下,钛表面易生成一层极薄的致密的氧化物保护膜,可以抵抗强酸甚至王水的作用,表现出优良的抗腐蚀性。

钛中杂质的存在对其机械性能影响极大,特别是间隙杂质(氧、氮、碳)可大大提高钛的强度,显著降低其塑性。钛作为结构材料所具有的良好机械性能,就是通过合金化而实现的。

钛加入合金元素后可改善加工性能和力学性能,常加的合金元素有 Al、V、Mn、Cr、Mo 等,按照成分和在室温时的组织不同,根据《钛及钛合金牌号和化学成分》(GB/T 3620.1—2016),钛和钛合金可分为工业纯钛、α 型和近 α 型钛合金、β 型和近 β 型钛合金、α-β 型钛合金。

(1) 工业纯钛:纯度达99.5%以上。其强度主要取决于间隙元素氧、氮的含量。它在海水中具有高的抗腐蚀性能,但在无机酸中较差。一般用于制造在－253～350 ℃温度下工作的、受力不大的各种板材零件或锻件,石油化工热交换器,飞机蒙皮等,以及制造铆钉线材和管材,也可制造医疗器械。

(2) α型钛合金:钛中加入了Al、Sn等元素,有良好的高温强度和抗氧化性、焊接性、耐蚀性。常用于制造500 ℃以下工作的飞船、火箭的低温高压容器,航空发动机叶片和管道,导弹燃料缸等。

(3) β型钛合金:钛中加入了Mn、V、Mo、Cr等元素,热处理后强度较高,塑性也较好,而且具有良好的加工性,但耐热性稍差,焊接性不良。常用于制造350 ℃以下工作的飞机压气机叶片、弹簧和紧固件等。

(4) α-β型钛合金:钛中加入了Al、Se、Mo、Mn、Cr等元素,可通过热处理强化,加工性能良好,但高温强度低于α型钛合金。α-β型钛合金焊接性很差,很少用于焊接结构。它是国际上一种通用型钛合金,其用量占钛合金总消耗量的50%左右。在航空工业上多用于制作压气机叶片、盘和紧固件等。

钛合金制成客机比其他金属制成同样重的客机可多载旅客100多人。钛合金制成的潜艇,既能抗海水腐蚀,又能抗深层压力,其下潜深度比不锈钢潜艇增加80%,同时,钛无磁性,不会被水雷发现,具有很好的反监视作用。

钛具有"亲生物"性。在人体内,能抵抗分泌物的腐蚀且无毒,对任何杀菌方法都适应。因此被广泛用于制造医疗器械,制造人造髋关节、膝关节、肩关节、肘关节、头盖骨、骨骼固定夹等。当新的肌肉纤维环包在这些"钛骨"上时,这些钛骨就开始维系着人体的正常活动。

近年来,各国正在开发低成本和高性能的新型钛合金,积极开发高温钛合金、高强高韧钛合金、医用钛合金等,努力使钛合金进入具有巨大市场潜力的民用工业领域。

任务实施

阅读"相关知识"的内容,搜索查阅有关国家标准资料,积累铜及铜合金、铝及铝合金、钛及钛合金的材料知识。

练习与思考

(1) 铜合金分为哪几类? 主要性能特点分别是什么? 各有什么用途?

(2) 铝合金分为哪几类? 主要性能特点分别是什么? 各有什么用途?

(3) 钛合金分为哪几类? 主要性能特点分别是什么? 各有什么用途?

项目四　液态成形工艺

液态成形是指将液态(或熔融态、浆状)材料注入一定形状和尺寸的铸型(或模具)型腔中,凝固后获得固态毛坯或零件的方法。本项目主要介绍金属的铸造成形工艺。用铸造方法得到的金属件称为铸件。铸件一般是零件的毛坯,毛坯经过机械加工后可获得尺寸精度较高而表面粗糙度较低的合乎设计要求的零件。

在材料成形工艺发展过程中,铸造是历史上最悠久的一种工艺,在我国,从殷商时期开始就有了青铜器铸造技术。河南安阳出土的商代祭器后母戊鼎,重达832.84 kg,长、高都超过1 m。北京明代永乐青铜大钟重达46.5 t,钟高6.75 m,钟体内遍铸经文,敲击时尾音长达2 min以上,传播距离达20 km。外形和内腔如此复杂、重量如此巨大、质量如此高的青铜大钟,若不采用铸造方法,是难以通过其他方法制造的。直到今天,铸造成形工艺仍然是毛坯生产的基本方式之一。之所以获得如此广泛的应用与铸造生产的诸多优点有关:

(1) 可以生产形状复杂,特别是内腔复杂的铸件,如箱体、气缸体、机座等。

(2) 适用范围广。铸造方法可以生产小到几克大到数百吨的铸件,铸件壁厚可从0.5 mm到1 m左右。各种金属材料及合金都可以用铸造方法制成铸件,而且,对于某些脆性材料,只能用铸造才能成形。在大件生产方面,铸造的优越性更为突出。

(3) 生产成本低。铸造用原材料来源广,废品、废材料可以重新利用,且设备投资少。

(4) 铸件的形状和尺寸与零件形状很相近,因此,加工余量小,节省了金属材料和加工费用。精密铸件甚至可省去切削工序,直接作为零件使用。

当然,铸造生产也存在一些缺点,如尺寸精度不高,表面质量差;易产生气孔、砂眼、缩孔、缩松等缺陷;对相同材料,铸件性能不如锻件好。另外,铸造生产的工序多,劳动条件相对较差。由于铸件的力学性能较差,所以承受动载荷的重要零件一般不采用铸件作毛坯。

任务一　铸造的概念及原理(工艺流程)

知识要点

(1) 铸造的概念。

(2) 铸造的工艺流程。

技能目标

(1) 掌握铸造的定义。

(2) 熟悉铸造的工艺流程。

任务导入

铸造技术的应用十分广泛，在各类机械工业中，铸件所占比例很大。在机床、内燃机、重型机器中，铸铁重量占70%～90%；在风机、压缩机中占60%～80%；在农业机械中占40%～70%；在汽车中占20%～30%。既然铸造成形方法应用如此广泛，那么，究竟什么是铸造？铸造具有什么样的成形特点？铸造的基本原理（工艺流程）又是怎样的？

任务分析

学习铸造成形方法，首先我们要学习铸造的概念，熟悉铸造的基本原理（工艺流程），初步认识铸造工艺方法，为后续开展铸造方法的学习打下基础。

相关知识

一、铸造定义及分类

将熔化的金属液体浇注到制备好的铸型型腔中，经过凝固冷却后获得与机械零件形状、尺寸相适应的铸件的成形方法，称为铸造。

铸造生产的方法很多，按铸型材料、造型方法和浇注工艺的不同，一般将铸造分为砂型铸造和特种铸造两大类。砂型铸造是以型砂为主要造型材料制备铸型的铸造工艺方法，它具有适应性广、生产准备简单、成本低廉等优点，是应用最广也是最基本的的铸造方法；特种铸造是除砂型铸造以外的其他铸造方法的总称。常用的特种铸造方法有金属型铸造、压力铸造、熔模铸造、离心铸造等。特种铸造一般具有铸件质量好或生产率高等优点，具有很大的发展潜力。

二、铸造的工艺流程

下面以砂型铸造为例，介绍铸造成形的工艺流程。砂型铸造具有不受合金种类、铸件尺寸和形状的限制，操作灵活，设备简单，准备时间短等优点，适用于各种单件及批量生产。砂型铸造是铸造生产的最基本的方法。目前，我国用砂型铸造方法生产的铸件占全部铸件量的90%以上。砂型铸造的基本工艺流程如图4-1所示。

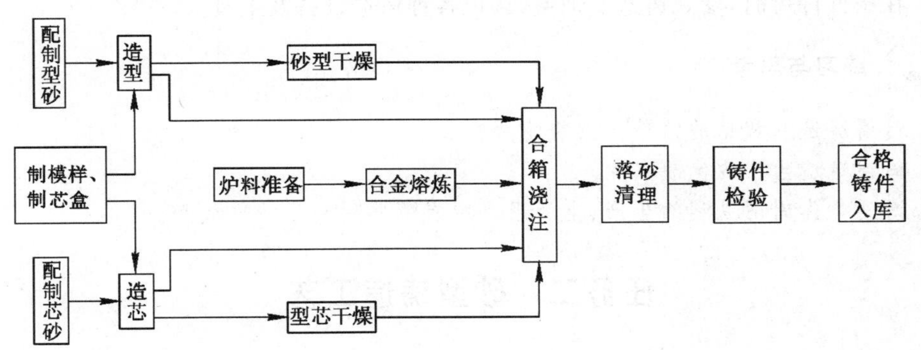

图4-1　砂型铸造的工艺流程

图4-2所示为某个套筒铸件的砂型铸造过程示意图。以图中零件为例，采用铸造成形方法生产时：① 首先分析零件图纸，并依据图纸设计铸造木模与芯盒，其中木模是为了在后

续造型时形成具有零件外形轮廓的铸造型腔，而芯盒用于制备型芯，填充在型腔中，在铸造过程中形成铸件的轴、孔等腔体结构；② 对型砂进行前期处理并混合均匀、加热烘干等；③ 使用木模进行铸型造型，选择合适的分型面，设计浇注系统和冒口，并将型芯置于铸型中的相应位置，合箱；④ 熔炼金属，进行浇注；⑤ 取出铸件，清理落砂；⑥ 机械加工后获得零件成品；⑦ 检验，入库。

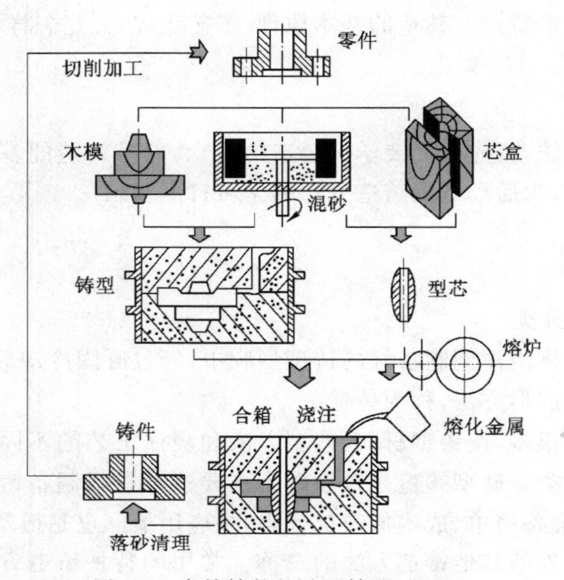

图 4-2　套筒铸件的砂型铸造过程

任务实施

(1) 理解什么是铸造，了解铸造方法在古代、现代生产生活中的重要性。

(2) 以“铸造”为关键词搜索观看有关铸造的网络视频资料，增加对铸造这种材料成形方法的直观认识。

(3) 在条件许可时，参观铸造实训室，认识各种铸造设备及工具。

练习与思考

(1) 何谓铸造？常见的铸造方法有哪些？

(2) 简述铸造生产的优缺点。

(3) 请列举你周围见到的生产、生活用具中有哪些用到了铸造成形。

任务二　砂型铸造工艺

知识要点

(1) 型砂和芯砂。

(2) 铸型的组成。

(3) 模样和芯盒的制造。

(4) 浇注系统与冒口。

技能目标

(1) 了解造型材料,熟悉铸型的组成。

(2) 了解模样和芯盒的制造方法。

(3) 了解浇注系统与冒口。

任务导入

砂型铸造法作为铸造工艺方法中最基本、最重要、应用最为广泛的方法,是我们首先需要学习的铸造方法。砂型铸造设备简单,操作方便,适应性强。目前,我国采用砂型铸造方法生产的铸件占全部铸件量的90%以上。砂型铸造作为一种基础的铸造方法,可操作性强,条件具备时可在金工实训中开展,通过实训进一步加深对这种铸造方法的理解和掌握。采用砂型铸造时,需要进行一系列相关准备工作,现在我们就来学习这方面的知识。

任务分析

学习砂型铸造成形方法,首先需要了解用于制造铸型的造型材料,用于制造型腔的模样和用于制造型芯的芯盒等各个主要工具,熟悉铸型的组成部分,然后再学习砂型铸造的浇注系统和冒口。

相关知识

一、造型材料——型砂和芯砂

造型材料是铸造生产中非常重要的组成部分。据统计,每生产1 t合格铸件约需2.5～10 t造型材料。它不仅消耗量大,而且其质量好坏直接影响铸件的质量和成本,因此,必须合理地选用和配制造型材料。砂型铸造用的造型材料主要是用于制造砂型的型砂和用于制造型芯的芯砂。

1. 型砂的组成

型砂通常由原砂、黏结剂和水按比例混合而成。有时还加入少量如煤粉、植物油、木屑等附加物。原砂的主要成分是石英(SiO_2)。石英颗粒坚硬,耐火温度可高达1 710 ℃。砂中SiO_2含量愈高,耐火性愈好。

黏结剂的作用是把砂粒黏结起来。型砂中常用的黏结剂有黏土、膨润土、水玻璃、糖浆、植物油及合成树胶等。生产上使用哪一种黏结剂,视铸件的要求而定。

为了改善砂的性能,有时还加入特殊的附加物。常用的有煤粉和木屑。煤粉的作用是在高温下燃烧形成气膜,防止铸件粘砂;而加入木屑能使型砂的退让性提高。紧实后的型砂结构如图4-3所示。

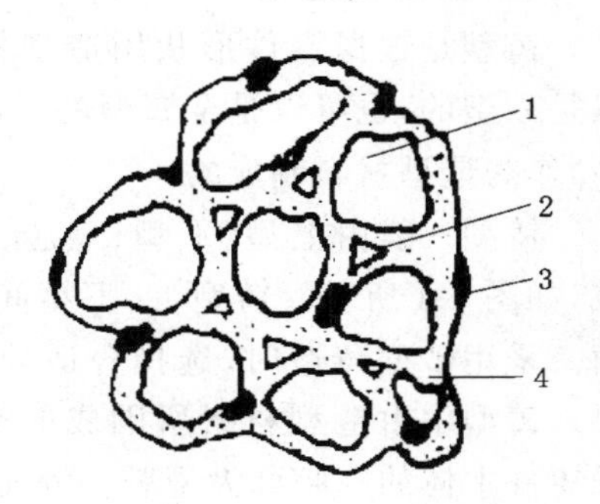

图4-3　型砂的组成

1——砂粒;2——空隙;3——附加物;4——黏结膜

2. 芯砂的组成

型芯是由芯砂制作的。把型芯置于砂型中，能使铸件形成与型芯形状相同的空腔。由于型芯受到金属液体的压力和高温，所以要求型芯必须具有比砂型更高的强度、耐火性、退让性等，因此，在配制芯砂时常常需要加入特殊的黏结剂，如亚麻油、桐油、松香、糊精、水玻璃等。

3. 砂型及芯砂的基本性能

型砂及芯砂应具有下列主要性能：

(1) 可塑性。型(芯)砂在外力作用下能做相应的变形，去除外力后仍能保持变形后的形状，这种性能称为可塑性。可塑性好，便于制造形状复杂的砂型(芯)，且造出的砂型形状准确，轮廓清晰，铸件表面质量较高。可塑性与黏土和水分的比例有关，含黏土多，水分适当，则可塑性好。

(2) 强度。在外力作用下能保持砂型不变形和不损坏的能力叫强度。型砂强度不足时会造成塌箱、冲砂和砂眼等缺陷。一般情况下，黏土含量多和捣实程度紧，砂粒分散并细小，强度则高。

(3) 透气性。砂型能透过气体的能力叫透气性。金属溶液浇入砂型后，在高温作用下会产生大量的气体。如果透气性不好，气体排不出，就会形成气孔等缺陷。型砂颗粒大、圆、均匀且黏土少，水分适当，捣砂松，则透气性好。

(4) 耐火性。在高温液态金属作用下，型砂不软化、不熔化的性能叫耐火性。耐火性差，型砂将烧结在铸件表面形成硬皮，造成加工困难。耐火性主要与砂子的化学成分有关，砂子中 SiO_2 含量愈高，杂质愈少，则耐火性愈好。

(5) 退让性。铸件在凝固冷却时都会发生收缩。铸件收缩时型(芯)砂可以被压缩的性能称为退让性。退让性差，铸件收缩受阻，就会使铸件产生内应力，甚至发生变形或裂纹。用黏土作为黏结剂的砂型或型芯，退让性较差。为了提高退让性，常在型砂中加入能烧结的附加物，如木屑和焦炭粒等。

为了弥补因型砂耐火性不足而造成的铸件表面粘砂并降低铸件表面粗糙度，常在砂型和型芯的表面涂刷一层涂料。铸铁件常用石墨粉、黏结剂和水调制而成的涂料；铸钢件砂型涂料则采用石英粉、白云石粉、耐火黏土和水调制而成。

二、铸型的组成

铸型是根据零件形状用造型材料制成的，铸型可以是砂型的，也可以是金属型的。砂型是由型砂(型芯砂)作为造型材料制成的。

铸型一般由上型、下型、型芯、型腔和浇注系统组成，如图 4-4 所示。铸型上、下型间的接合面称为分型面。采用砂型铸造时，选择合适的分型面位置十分重要。铸型中由造型材料所围成的空腔部分，即用于形成铸件本体的空腔称为型腔。液态金属通过浇注系统流入并充满型腔，产生的气体从排气孔或冒口处排出砂型。金属液经冷却凝固后最终形成所需铸件。铸型的质量好坏直接影响成形铸件质量。

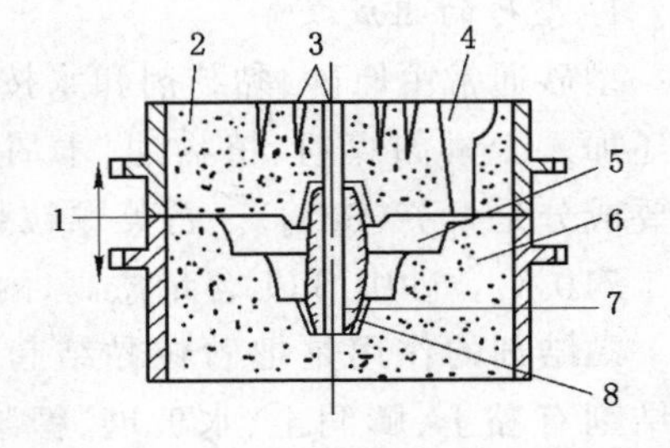

图 4-4 铸型装配图

1——分型面；2——上型；
3——出气孔；4——浇注系统；
5——型腔；6——下型；
7——型芯；8——芯头、芯座

三、模样和芯盒的制造

模样是铸造生产中必要的工艺装备，由模样形成铸型中的型腔；而对具有内腔的铸件，铸造时铸件的内腔由埋在铸型中的砂芯形成，而砂芯的制备需要用到芯盒。因此，模样和芯盒是完成铸型造型必不可少的工艺装备。

制造模样和芯盒常用的材料有木材、金属和塑料。在单件、小批量生产时广泛采用木质模样和芯盒，在大批量生产时多采用金属或塑料模样、芯盒。金属模样与芯盒的使用寿命高达 10 万～30 万次，塑料的使用寿命最多几万次，而木质的仅 1 000 次左右。为了保证铸件质量，在设计和制造模样和芯盒时，必须先设计出铸件工艺图，然后根据工艺图的形状和大小，制造模样和芯盒。在设计工艺图时，要考虑以下问题：

（1）分型面的选择。分型面是上、下砂型的分界面，选择分型面时必须使模样能从砂型中取出，并使造型方便和有利于保证铸件质量。

（2）拔模斜度。为了易于从砂型中取出模样，凡垂直于分型面的表面，都应做出 0.5°～4°的拔模斜度。

（3）加工余量。铸件需要加工的表面，均需留出足够的加工余量。

（4）收缩量。铸件冷却时要收缩，模样的尺寸应考虑铸件收缩的影响。通常用于铸铁时尺寸加大 1%；用于铸钢时尺寸加大 1.5%～2%；用于铝合金铸件时尺寸加大 1%～1.5%。

（5）铸造圆角。铸件上各表面的转折处，都要做成过渡性圆角，以利于造型并提高铸件成品率。

（6）芯头。有砂芯的砂型，必须在模样上做出相应的芯头。

图 4-5 所示是压盖零件的铸造工艺图及相应的模样、芯盒图。从图中可以看到模样的外形特征与零件图并不完全相同。

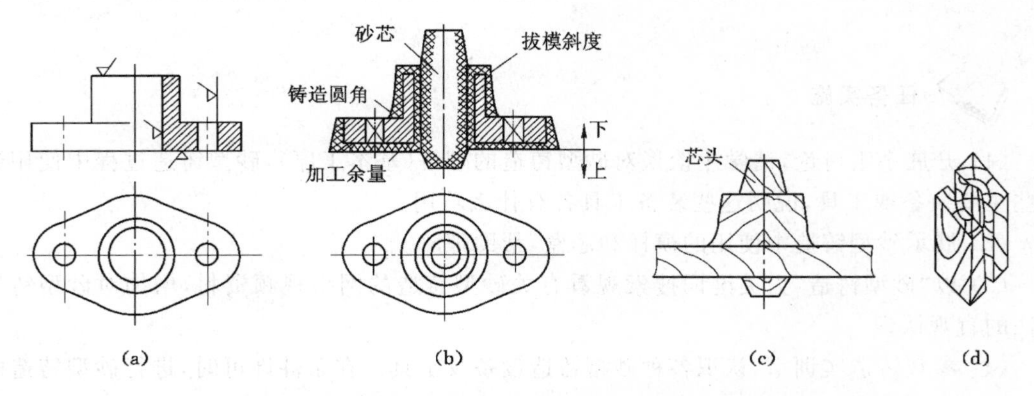

图 4-5　压盖零件的铸造工艺图及相应的模样、芯盒图

四、浇注系统和冒口

1. 浇注系统

将金属液体引入型腔的一系列通道称为浇注系统。它的主要作用是使金属液体能连续、平稳地进入型腔，防止冲坏砂型、型芯，并阻挡熔渣和砂粒及其他杂质进入型腔内。浇注系统通常由外浇口、直浇口、横浇口和内浇口等组成，如图 4-6 所示。

（1）外浇口的作用是减缓金属液体对砂型的冲击，承纳浇包倒出的金属液体并阻挡金

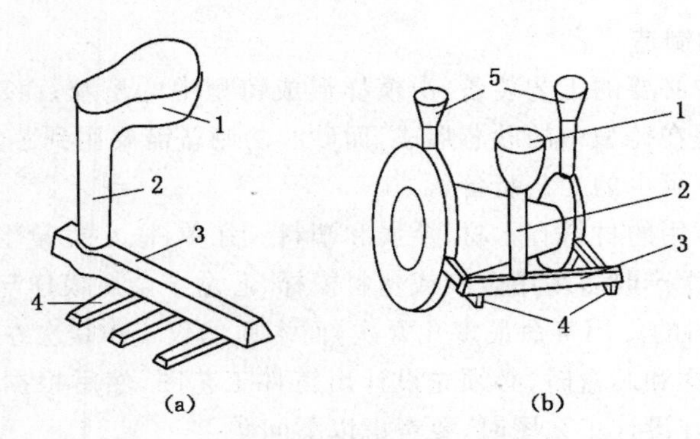

图 4-6　浇注系统的组成

1——外浇口;2——直浇口;3——横浇口;4——内浇口;5——冒口

属液体中的熔渣进入直浇口。一般大型铸件用盆形外浇口[图 4-6(a)],中、小型铸件用漏斗形外浇口。

(2) 直浇口的作用是调节金属液体流入型腔的速度并产生一定的充填压力,其形状一般是一个有锥度的圆柱形。

(3) 横浇口是连接直浇口和内浇口的水平通道,其作用是进一步阻挡熔渣进入型腔。

(4) 内浇口的作用是将金属液体平稳地导入型腔,控制充型的速度和方向。内浇口是直接将金属导入型腔的通道,所以,它的位置、形状、大小和数量对铸件质量都有较大影响。

2. 冒口

大多数冒口的主要作用是补充铸件收缩时所需要的金属液体,避免铸件产生缩孔,同时还有排气、集渣和调节温度等作用。冒口一般设置在铸件最后凝固部分的上方,如图 4-6(b)所示。

任务实施

(1) 开展小组讨论,请学生谈谈对砂型铸造的理解(基本工序),砂型铸造过程中使用到哪些主要装备或工具,说明这些装备工具各有什么功用。

(2) 展示砂型铸造中使用的模样和芯盒,帮助理解。

(3) 以“砂型铸造”为关键词搜索观看有关砂型铸造的网络视频资料,增加对砂型铸造方法的直观认识。

(4) 参观铸造实训室,认识各种砂型铸造设备及工具。在条件许可时,进行砂型铸造的实训。

练习与思考

(1) 什么是砂型铸造? 砂型铸造工艺有哪些基本工序?

(2) 什么是造型材料? 型砂应具备哪些功能?

(3) 什么是浇注系统? 冒口有何作用?

(4) 什么是铸型? 由哪几部分组成?

(5) 什么是模样和芯盒? 各有什么作用?

任务三 金属的熔炼与浇注

知识要点

(1) 金属的熔炼。

(2) 铸型手工造型方法。

(3) 制芯、合型浇注、铸件的落砂和清理。

(4) 铸件常见的缺陷及分析。

技能目标

(1) 了解金属的熔炼过程。

(2) 掌握铸型的手工造型方法。

(3) 熟悉制芯与合箱过程。

(4) 熟悉金属的浇注方法。

(5) 了解铸件的落砂和清理及铸件常见的缺陷和分析。

任务导入

熔炼工艺是铸件生产过程中一个有机组成,金属的熔炼是获得金属液的过程。国内外现已开展各种精炼技术研究以提高金属液的纯净度,从而为获得优质铸件奠定基础。可见,金属的熔炼也是铸造过程中至关重要的一环。那么,金属的熔炼过程是怎样的?熔炼后的金属液是如何进行浇注的?浇注前还有哪些相关的准备工作?

任务分析

在了解金属熔炼的同时学习铸型的手工造型、制芯、合型方法,完成浇注前的准备工作;然后开始金属液浇注方法的学习;最后是铸件取出后的落砂与清理工作,完成一个完整的铸造过程的学习。在铸件入库前还需进行检验,学习识别常见的铸造缺陷并进行分析,找准原因以便进行工艺改进。

相关知识

一、铸铁的熔炼

铸铁的熔炼是铸铁件生产的重要环节。铸铁熔炼的目的是为了获得有一定化学成分和温度的铁水。铸铁的熔化设备有很多种,最常用的是冲天炉。它设备简单,可连续操作,生产率高,成本低,操作方便,一般中小型制造厂都可以制造。

1. 冲天炉的构造

冲天炉的结构如图 4-7 所示,由以下几部分组成:

(1) 支撑部分。包括炉基、炉腿、炉底板和炉底门。支撑部分的作用是支持炉身和炉料的重量,打炉时便于清理炉内残料,修炉时便于出入操作。

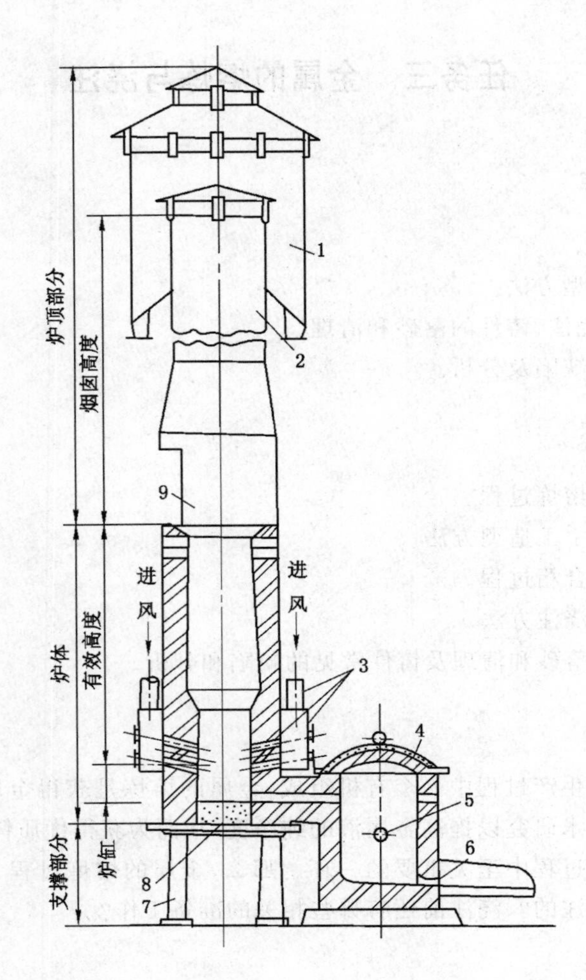

图 4-7 冲天炉主要结构示意图

1——除尘器；2——烟囱；3——送风系统；4——前炉；5——出渣口；

6——出铁口；7——支柱；8——炉底板；9——加料口

（2）炉体部分。由炉底、炉缸和炉身组成。炉体外壳一般用钢板焊成。

（3）炉顶部分。由烟囱和火花罩组成。

（4）前炉。其作用是储存铁水，并使铁水温度和成分均匀，减少铁水与焦炭接触的时间，避免铁水增碳和增硫，同时使铁水和炉渣能很好地分开。前炉与炉体连接的通道为过桥，用耐火材料砌成。在前炉正对过桥的位置上设有观察孔，便于观察铁水与炉渣流经过桥的情况，并通过此孔用钢钎清理过桥。前炉的下部开有出铁口、出铁槽、出渣口及出渣槽。

（5）送风系统。送风系统的作用是将鼓风机送来的风合理地送入炉内，促进底焦燃烧。它由风管、风箱和风口几部分组成。

（6）加料系统。由加料吊车、送料机和加料桶组成。其作用是使炉料按一定比例和重量依次分批地从加料口送入炉内。

（7）检测系统。包括风量计和风压计。

2. 炉料

冲天炉的炉料有金属料、燃料及溶剂等。

（1）金属料：由新生铁、回炉铁（废铸铁，浇、冒口等）、废钢和少量铁合金（硅铁、锰铁等）按一定比例配制而成。新生铁是金属料的主要成分，约占 40%～60%；回炉铁是为了利用废料，降低成本；废钢的加入，可使铁水中含碳量降低并能提高其力学性能；铁合金用于调整铁水化学成分或配制合金铸铁。

（2）燃料：主要是焦炭。焦炭的燃烧程度直接影响铁水的成分和温度。一般要求焦炭灰分少，发热量高，硫、磷含量低。冲天炉每批炉料中的金属料和焦炭重量的配制比例——铁焦比一般为 10∶1。

（3）溶剂：溶剂的作用是使炉料中的金属氧化物及夹杂物、焦炭中的灰分形成熔点低、密度小、流动性好的炉渣，便于从铁水中分离排除。常用的溶剂有石灰石（$CaCO_3$）和萤石（CaF_2）。加入量为每批金属炉料重量的 3%～4%。

3. 冲天炉的熔炼过程

冲天炉的操作方法是否得当，关系到铸件质量的好坏。其操作步骤如下：

（1）修炉与烘炉。冲天炉在每次熔化结束后，由于部分炉衬已被破坏，所以必须进行修理，修理后要进行烘干（包括前炉）。

（2）点火与加底焦。在炉缸内装入木柴，点燃后装入部分底焦，然后分批装入底焦至规定的高度。

（3）加料。加料顺序为：底焦→溶剂→金属料→底焦→溶剂→金属料……加至加料口为止。

（4）鼓风与熔化。装满炉料后，开始鼓风。底焦燃烧产生的高温使金属料溶化并经出铁口流出，这时应用泥塞堵住出渣口和出铁口。

（5）出渣与出铁。先打开出渣口出渣，然后打开出铁口放出铁水。

（6）打炉。在熔化结束前停止加料，待最后一批铁水出炉后停止鼓风，并打开炉底门放出炉内余料，炉冷后再准备下一次熔化。

二、造型

造型是利用型砂制造铸型的过程。制造方法有手工造型和机器造型两种。

手工造型一般用于单件或小批量生产，机器造型主要用于大批量生产。常用的手工造型方法介绍如下。

1. 整模造型

采用整体模样来造型的方法称为整模造型。它的型腔全部位于一个砂箱内，分型面为一个平面，如图 4-8 所示。由于模样是在一个砂箱内，可避免合箱错位而带来的铸件错箱等缺陷，同时，整模制造比较容易，铸件精度较高。它适用于形状比较简单的零件。

2. 分模造型

分模造型是将模样沿最大截面分为两半，分别置于上、下砂箱中进行造型。图 4-9 为分模造型示意图。这种方法造型容易，起模方便，适用于生产形状较复杂的铸件以及带孔铸件，是生产中应用最为广泛的造型方法。

3. 挖砂造型

有些铸件虽没有平整平面，但在要求用整模造型时，可将下半型中阻碍起模的型砂挖掉，

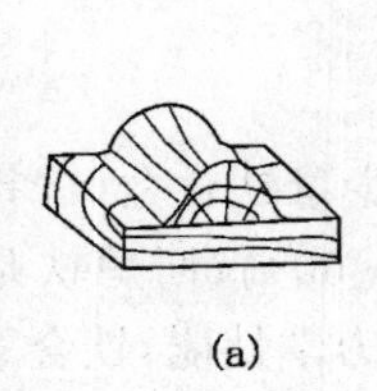

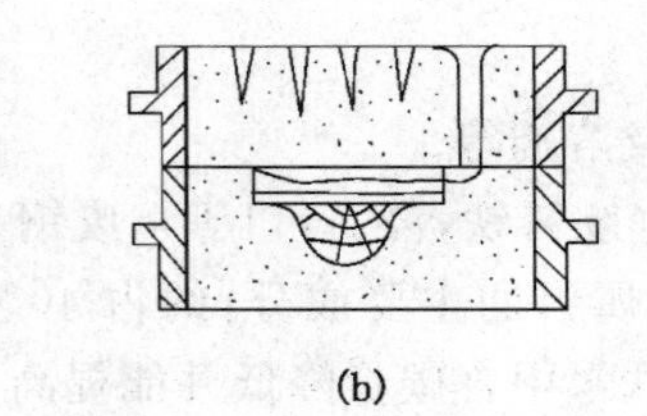

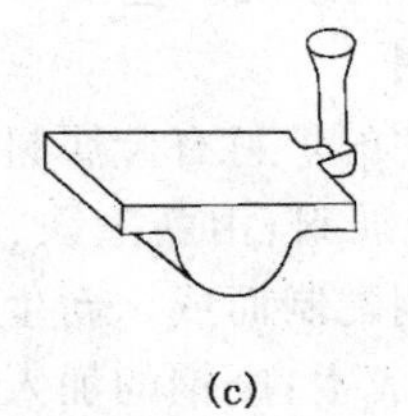

(a) (b) (c)

图 4-8　整模造型

(a) 木模；(b) 造型；(c) 落砂后的铸件

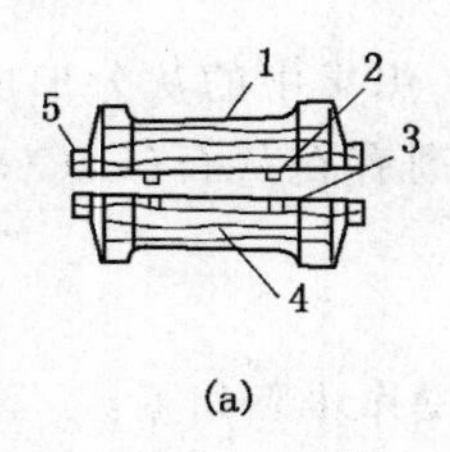

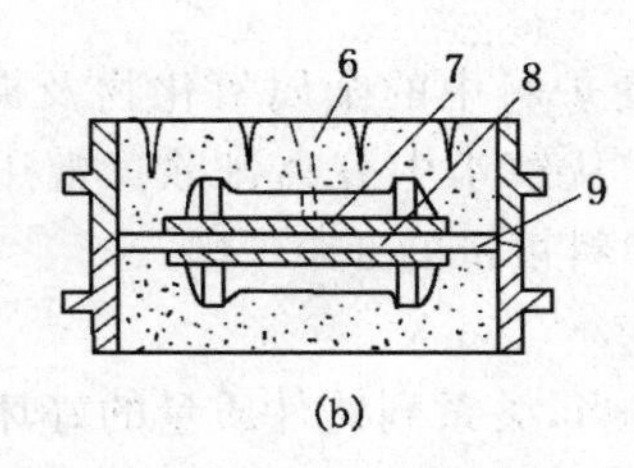

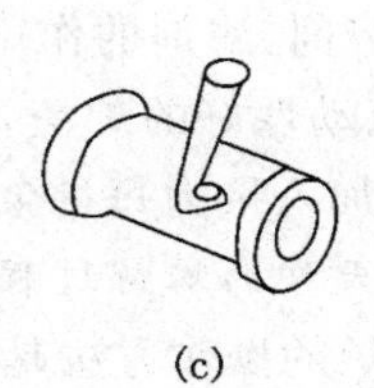

(a) (b) (c)

图 4-9　分模造型

(a) 模型分成两半；(b) 造型；(c) 落砂后的铸件

1——上半模；2——销钉；3——销钉孔；4——下半模；

5——型芯头；6——浇口；7——型芯；8——型芯通气孔；9——排气道

使起模顺利，这种方法称为挖砂造型。图 4-10 所示为手轮挖砂造型示意图。由于挖砂造型具有不平的分型面，造型时生产率低且要求的技能高，所以一般只适用于单件或小批量生产。

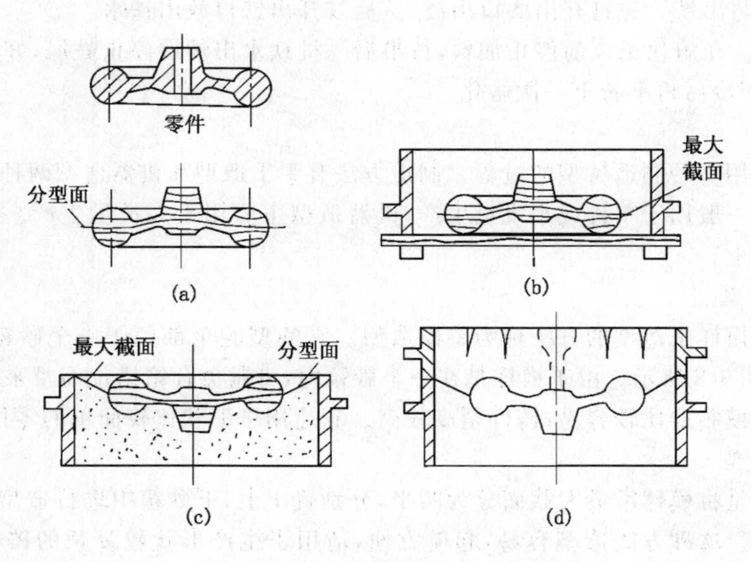

图 4-10　挖砂造型

(a) 手轮坯模样的分型面不平，不能分成两半模；(b) 放置模样，先造出下型；

(c) 翻转，挖出分型面；(d) 造上型，起模合型

4. 活块造型

将模样上阻碍起模的部分制成活块，在取出模样主体时活块仍留在砂型中，然后再用工具自侧面取出活块，这种造型方法称为活块造型，如图 4-11 所示。这种方法操作水平要求高，活块易错位，影响铸件精度，生产率低，只适用于单件和小批量生产。

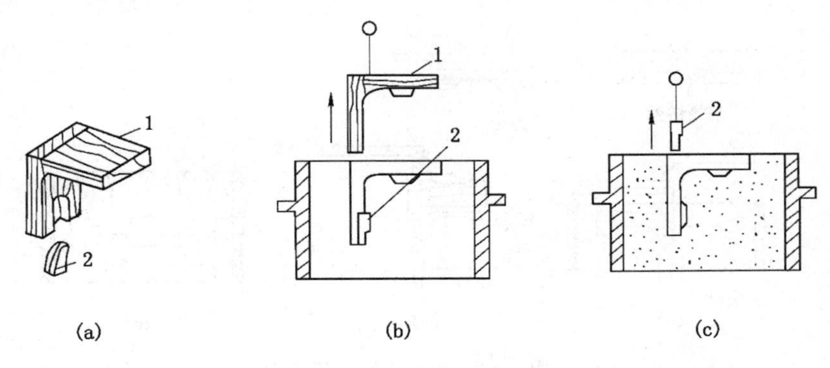

图 4-11　活块造型

(a) 模样；(b) 取出模样主体；(c) 取出活块

1——模样主体；2——活块

5. 三箱造型

当铸件形状复杂，需要用两个分型面时，可用三个砂箱造型，称为三箱造型，如图 4-12 所示。三箱造型生产率低，要求工人技术水平较高，并且必须具有高度适中的中箱，因此，在设计铸件及选择铸件分型面时，应尽量避免使用三箱造型。

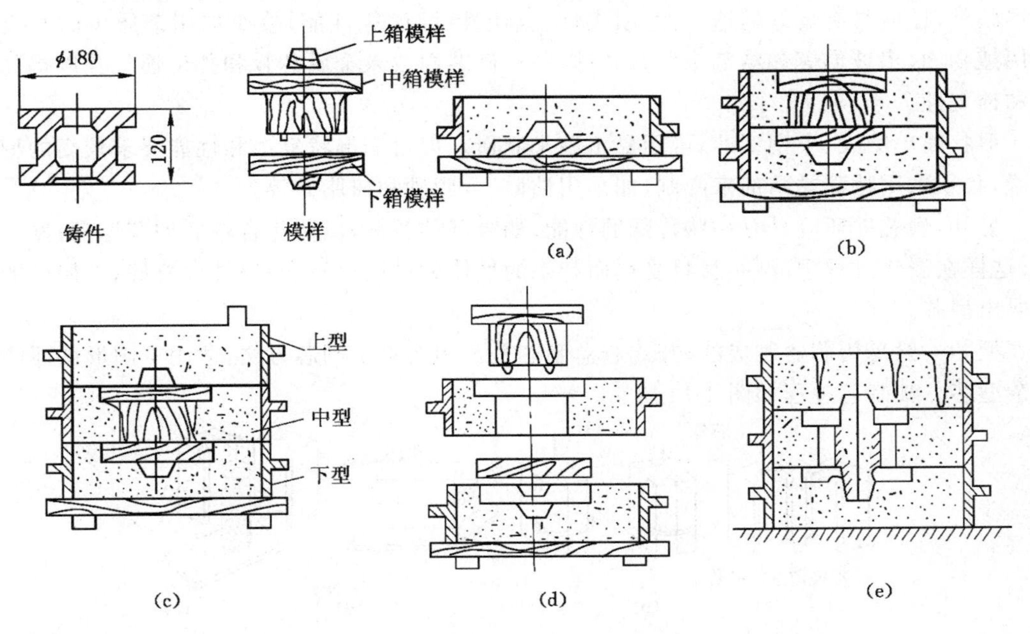

图 4-12　三箱造型

(a) 造下型；(b) 造中型；(c) 造上型；(d) 取模；(e) 合箱

6. 刮板造型

用刮板来代替实体模样制造铸型的造型方法称为刮板造型，如图 4-13 所示。应用刮板造型可显著地降低成本，节省制模材料，缩短准备时间。铸件尺寸愈大，这些特点就愈突出。刮板造型广泛用于制造批量小、尺寸较大的回转体铸件，如带轮、飞轮、齿轮等。

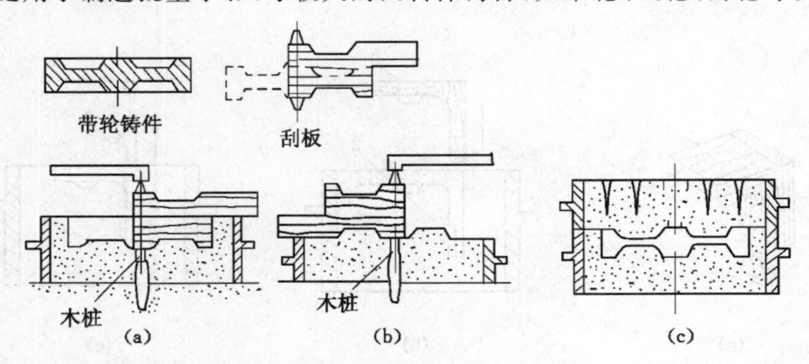

图 4-13　带轮铸件刮板造型

(a) 刮制下箱砂型；(b) 刮制上箱砂型；(c) 合箱

三、制芯

为获得铸件的内腔或局部外形，用芯砂或其他材料制成的安放在型腔内部的铸型组元称为型芯。绝大部分型芯是用芯砂制成的。砂芯的质量主要依靠配置合格的芯砂及采用正确的造芯工艺来保证。

浇注时砂芯受高温液体金属的冲击和包围，因此除了要求砂芯具有与铸件内腔相适应的形状外，还应具有良好的透气性、耐火性、退让性、强度等性能，故要选用杂质少的石英砂和用植物油、水玻璃等黏结剂来配置芯砂，并在砂芯内放入金属芯骨和扎出通气孔以提高强度和透气性。

形状简单的大、中型型芯，可用黏土砂来制造。但对于形状复杂和性能要求较高的型芯来说，必须采用特殊黏结剂来配制，如采用油砂、合脂砂和树脂砂等。

另外，型芯砂还应具有一些特殊的性能，如吸湿性要低，以防止合箱后型芯返潮；发气要少，这样在浇注过程中，型芯材料受热而产生的气体就可以尽量少；出砂性要好，以便于清理时取出型芯。

型芯一般是用芯盒制成的，开式芯盒制芯是常用的手工制芯方法，适用于圆形截面的较复杂型芯。其制芯过程如图 4-14 所示。

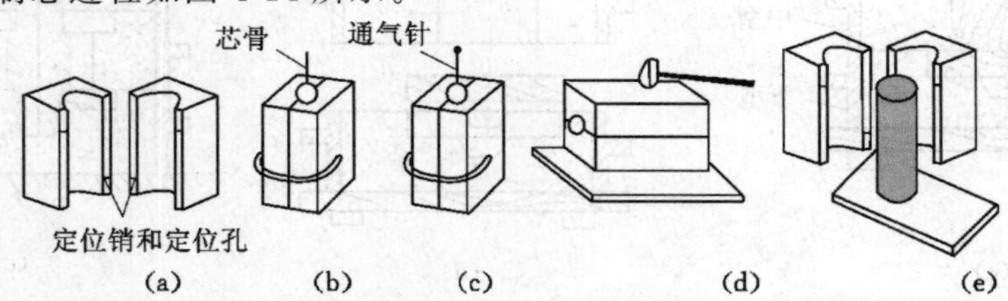

图 4-14　对开式芯盒制芯

(a) 膜准备芯盒；(b) 夹紧芯盒，依次放入芯砂、芯骨、舂砂；

(c) 刮平、扎通气孔；(d) 松开夹子，轻敲芯盒；(e) 打开芯盒，取出砂芯，上涂料

四、合型(箱)

将上型、下型、型芯、浇口杯等组合成一个完整铸型的操作过程称为合型,又称合箱。合型是制造铸型的最后一道工序,直接关系到铸件质量。即使铸型和型芯的质量很好,若合型操作不当,也会引起气孔、砂眼、错箱、偏芯、飞边和跑火等缺陷。合型工作过程如下。

1. 铸型的检验和装配

下芯前,应先清除型腔、浇注系统和型芯表面的浮砂,并检查其形状、尺寸,以及排气道是否畅通。下芯应平稳、准确。然后导通砂芯和砂型的排气道;检查型腔主要尺寸;固定型芯;在芯头和砂型芯座的间隙处填满泥条或干砂,防止浇注时金属液进入芯头而堵死排气道。最后,合箱。

2. 铸型的紧固

为避免由于金属液作用于上砂箱引发的抬箱力而造成缺陷,装配好的铸型需要紧固。单件小批生产时,多使用压铁压箱,压铁重量一般为铸件重量的3～5倍。成批大量生产时,可以使用压铁、卡子或螺栓紧固铸型。紧固铸型时应注意用力均匀、对称;先紧固铸型,再拔去定位销;压铁应压在砂箱箱壁上。铸型紧固后即可浇注,待铸件冷凝后,清除浇口、冒口便可获得铸件。

五、合金的浇注

将液体金属浇入铸型的过程称为浇注。掌握正确的浇注方法,不仅能减少废品,而且是保证安全生产的必要条件。

浇注过程中最重要的是控制好浇注温度和浇注速度。

1. 浇注温度

浇注温度的高低,对铸件质量影响很大。温度低,金属液体流动性不好,容易产生浇不足和冷隔。温度高,流动性好,有利于溶渣上浮和排除,减少铸件夹渣,增强金属液体充满型腔的能力,这对薄壁铸件尤为重要。但温度过高,会造成缩孔和气孔,晶粒粗大,使其力学性能降低。浇注温度的高低应根据铸件的形状、壁厚以及金属的种类来决定。

2. 浇注速度

浇注速度越快,越容易充满铸型。但速度太快易发生冲砂和抬箱现象。浇注速度太慢,铸件容易出现浇不足和冷隔。一般薄件采用快速浇注;而对于厚壁件,为防止缩孔产生,采用先慢后快,最后再慢的方法。

六、铸件的落砂和清理

1. 落砂

将铸件自砂型中取出的过程称为落砂。浇注完成后,铸件必须冷却至一定的温度以下才能落砂。落砂过早,会使铸件产生内应力、变形甚至开裂,铸铁件还易形成白口,造成切削困难。铸铁件一般要冷至450 ℃以下方可落砂。

2. 清理

铸件落砂后需进行清理。清理工序包括:去除铸件上的浇口、冒口,去除砂芯,清除内外表面的粘砂、飞边及毛刺等。

铸件清理后,应根据产品的技术要求进行检验,合格即可转入下道工序或入库。

七、铸件常见的缺陷及分析

对铸件质量的检验,除了检查铸件是否有缺陷及其影响程度外,更主要的是找出造成缺陷的原因,以便采取相应措施。表 4-1 为常见铸件缺陷及产生的原因分析。

表 4-1　　常见铸件缺陷及其产生的主要原因

序号	缺陷名称	缺陷特征	产生的主要原因
1	气孔	在铸件内部、表面或近表面处,有大小不等的光滑孔眼,形状有圆的、长的及不规则的,有单个的,也有聚集成片的	砂型舂得太紧或透气性差。型砂太湿或起模、修型时刷水太多。型砂通气孔堵塞或型芯未烘干。浇注系统不正确,气体排不出去
2	缩孔	在铸件厚断面处出现形状不规则、孔内粗糙不平、晶粒粗大、呈倒锥形的孔	冒口设置得不正确。合金成分不合格,收缩过大。浇注温度过高。铸件的结构设计不合理,无法进行补缩
3	缩松	在铸件内部微小而不连贯的缩孔,聚集在一处或多处,晶粒粗大,各晶粒间存在很小的孔眼,水压试验时渗水	壁间连接处热节点太大,冒口设置不正确。合金成分不合格,收缩过大。浇注温度过高,浇注速度太快
4	砂眼	在铸件内部或表面有充满砂粒的孔眼(孔形不规则)	由于铸型被破坏,型砂卷入液态金属中而形成
5	渣眼	在铸件内部或表面有充满熔渣的孔眼,孔形不规则,孔眼不光滑	由于液态金属的熔渣进入型腔而形成
6	粘砂	在铸件表面上,全部或部分粘着一层难以除掉的砂粒,使表面粗糙不易加工	砂型舂得太松。浇注温度过高。型砂耐火性不好,砂粒太大。未刷涂料或刷的涂料太薄
7	夹砂	在铸件表面上,有一层金属瘤状物或片状物,表面粗糙,在金属瘤片和铸件之间夹有一层型砂	型砂受热膨胀,表层鼓起或开裂,液态金属渗入开裂的砂层中而造成。浇注温度过高,浇注速度太慢。砂型局部过紧,水分过多。内浇口过于集中,铸件结构不合理,使砂型局部烧烤严重等
8	冷隔	铸件上有未完全融合的缝隙,接头处边缘圆滑	浇注温度太低,浇注时断流或浇注速度太慢,浇口太小或浇口位置不当
9	热裂	在高温下形成裂缝,裂缝短,缝隙宽,形状曲折不规则,开裂处金属表皮氧化,呈蓝色	铸件结构设计不合理,厚薄差别大。化学成分不当,收缩大,如铸铁中含硫、磷过高。砂型(芯)退让性差,阻碍铸件收缩。浇注系统开设不当,使铸件各部分冷却及收缩不均匀,造成过大的内应力。落砂(打箱)过早。落砂时激冷铸件
10	冷裂	是在较低温度下形成的。裂纹细小,较平直,分叉少,缝内干净,裂纹处表现不氧化,并发亮	
11	浇不足	铸件未浇满,形状不完整	浇注温度太低。浇注速度太慢或浇注时发生中断。浇入的液体金属量不够或压力太小。浇口太小或未开出气口。铸件结构不合理,如局部太薄或表面太大
12	偏芯	由于型芯变形或发生位移而造成铸件内腔的形状和尺寸不合格	型芯变形。下芯时放偏。型芯没固定好,浇注时被冲偏等
13	错箱	铸件在分型面处错移	合箱时上、下型未对准。定位销或泥记号不准。造型时上、下模型未对准

任务实施

（1）向学生展示造型中使用的模样和芯盒，帮助学生理解造型、制芯的方法。

（2）观看砂型铸造的造型、合型及浇注过程的网络视频资料。

（3）在条件许可时，进行砂型铸造的实训，以加深对造型、合箱、金属液浇注、落砂清理等知识点的理解。

练习与思考

（1）简述冲天炉的铸铁熔炼过程。

（2）请列举常见的造型方法并说明。

（3）合型过程中的注意事项有哪些？

（4）简述浇注过程中最重要的两个因素。

任务四 铸造工艺设计

知识要点

（1）铸件工艺图。

（2）浇注位置选择。

（3）分型面选择。

（4）铸件工艺参数。

技能目标

（1）明确铸件工艺图的作用。

（2）掌握铸件工艺图所涉及的主要内容：浇注位置选择、分型面确定及铸件工艺参数。

任务导入

铸件工艺图是在零件图上用各种工艺符号及参数表示出铸造工艺方案的图形，是对某一具体零件的铸造过程的详细说明，对于指导铸件的实际生产十分重要。为了顺利完成铸件生产，需要严格执行铸造过程中的各个工艺设计、工艺参数；同时，工艺设计与工艺参数制定也需要依靠工艺图进行表达和传递。工艺图所涉及的内容主要有铸件浇注位置的选择、分型面的确定以及铸件工艺参数的制定等。

任务分析

铸造工艺设计包含了铸件铸造过程中的各个环节，最终依靠铸件工艺图进行表达。学习掌握并识别铸件工艺图中的各种工艺符号及参数是我们能够进行铸造生产并保证铸件质量的前提；同时，铸造工艺设计所涉及的主要内容也需要认真理解并掌握，以培养我们制定铸造工艺方案的能力。

相关知识

为了保证铸件的质量，提高生产率，降低成本，在铸造生产前必须进行铸造工艺设计。其设计程序为：零件图→铸件图→铸造工艺图→铸型装配图→工艺卡片→工艺装备设计。本任务主要讨论与绘制工艺图有关的基本设计内容和方法。

一、铸造工艺图

铸造工艺图是在零件图上用各种工艺符号及参数表示出铸造工艺方案的图形，是指导模样设计、生产准备、铸型制造和铸件检验的基本工艺文件。工艺图包括浇注位置，铸型分型面，型芯的数量、形状、尺寸及其固定方法，冒口和冷铁的尺寸和布置，加工余量，收缩率，浇注系统，起模斜度等。图 4-15 所示是衬套铸造工艺图。图 4-16 所示为支架铸造工艺图。

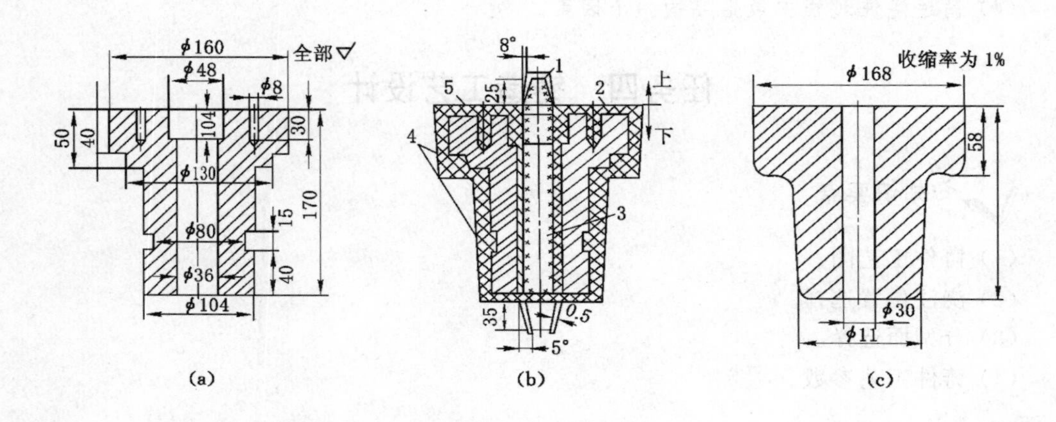

图 4-15 衬套铸造工艺图

(a) 衬套零件图；(b) 铸造工艺图；(c) 铸件图

1——型芯头；2——分型面；3——型芯；4——起模斜度；5——加工余量

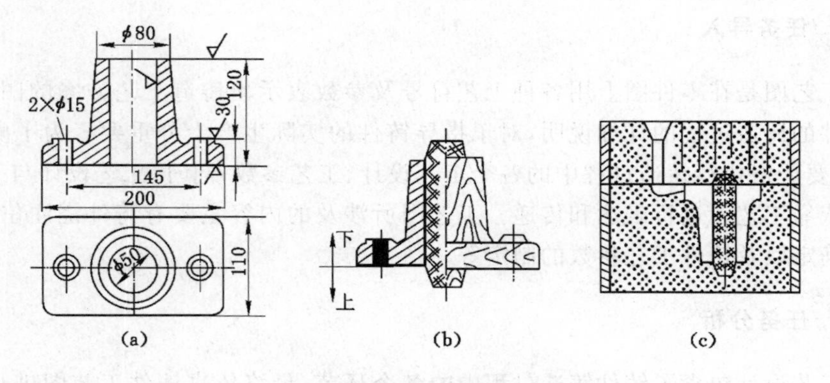

图 4-16 支架铸造工艺图

(a) 支架零件图；(b) 铸造工艺图(左)和模样图(右)；(c) 合箱图

铸造工艺符号及表达方法，见表 4-2。

表 4-2　　常用的铸造工艺符号及其表示方法

名　称	符　号	说　明
分型面	上 下	用蓝线或红线和箭头表示
机械加工余量	上 下	用红线画出轮廓，剖面处全涂以红色（或细网纹格）。加工余量用数字表示。有起模斜度时，一并画出
不铸出的孔和槽		用红“×”表示。剖面处涂以红色（或以细网纹格表示）
型　芯	2# 1#	用蓝线画出芯头，注明尺寸。不同型芯用不同剖面线。型芯应按放置顺序编号
活　块	活块	用红线表示，并注明“活块”
型芯撑		用红色或蓝色表示
浇注系统		用红线绘出，并注明主要尺寸
冷　铁	冷铁	在剖面上用蓝色或绿色线条表示，并要涂满，注明“冷铁”

注：有关型芯头间隙、型芯通气道等，本表从略。

二、选择浇注位置

铸件在铸型中所处的位置，称为铸件浇注位置。选择原则如下：

（1）铸件重要加工面和主要工作面应朝下或置于侧面。铸件在凝固过程中，气体、密度小的夹杂物和砂粒等易上浮，因而铸件上表面的质量比较差。例如，机床的导轨面是重要的工作面和加工面，要求组织致密均匀，不允许有表面缺陷，因此应将导轨面置于下面进行浇注，如图 4-17 所示。铸件有两个以上重要加工面时，应将较大面朝上，对朝上的表面采取增大加工余量的方法保证质量。对于表面质量要求均匀一致的轮状类和圆筒类零件，应采用立浇位置来保证质量。图 4-18 为起重机卷筒的立浇方式示意图。

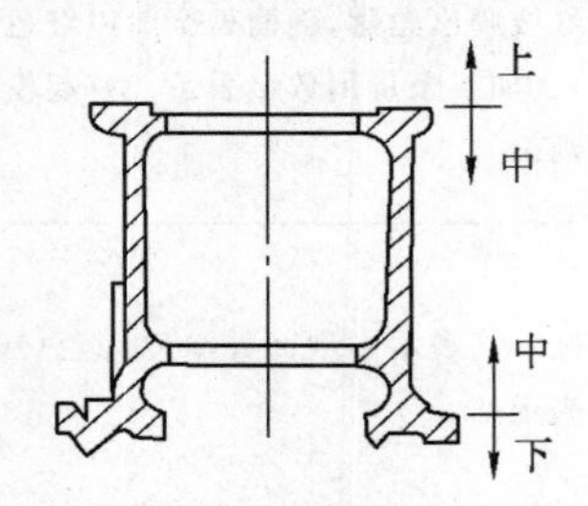

图 4-17 机床床身的浇注位置

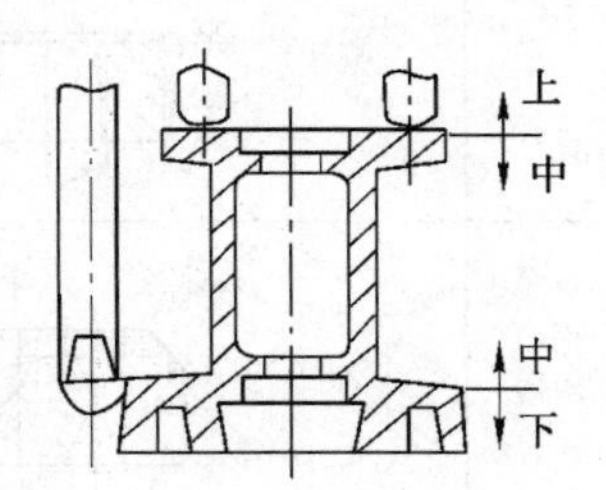

图 4-18 起重机卷筒的浇注位置

（2）铸件的大平面尽可能向下，以防止平面上形成气孔、砂眼等缺陷。图 4-19 所示为大平板的浇注位置选择。

（3）铸件的薄壁部分应放在铸型的下部和侧面，以避免造成浇不足、冷隔等缺陷。图 4-20 所示为电机端盖浇注位置。

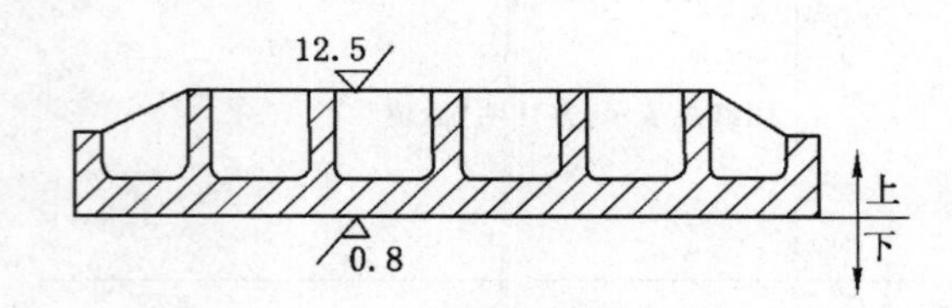

图 4-19 大平板浇注位置

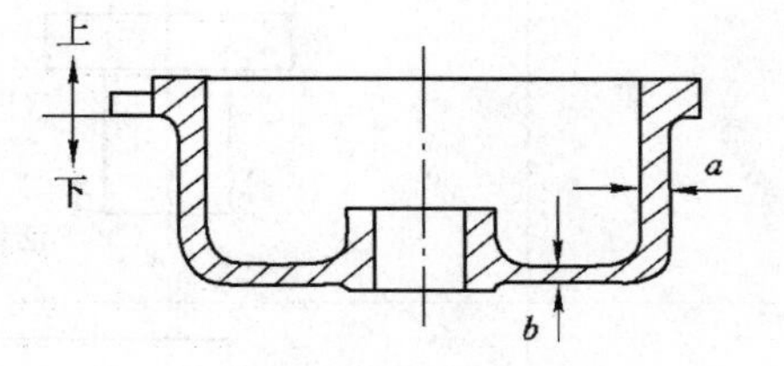

图 4-20 电机端盖的浇注位置

三、选择分型面

分型面是指分开铸型便于取出模样所确定的工艺面。它的选择是否合理，对造型的难易程度和铸件精度以及提高生产率都有较大的影响。通常按下列原则选择分型面：

（1）应使铸件具有最少的分型面。分型面的多少决定造型和砂箱的数目，多一个分型面就要增加一个砂箱，也就多增加一些误差，使造型复杂并影响铸件精度。如铸件只有一个分型面，就可采用工艺简便的两箱造型方法。图 4-21 为套筒件由三箱造型改为两箱造型示意图。

（2）分型面应尽量采用平直面。在手工造型时，选择平直分型面可以简化模具制造及造型工艺；选择曲折分型面，需采用较复杂的挖砂或假箱造型。图 4-22 所示为起重臂铸件的两种分型面方案。

（3）应该尽量使铸件的全部或大部分放在同一砂箱内，或把加工面和加工基准面放在

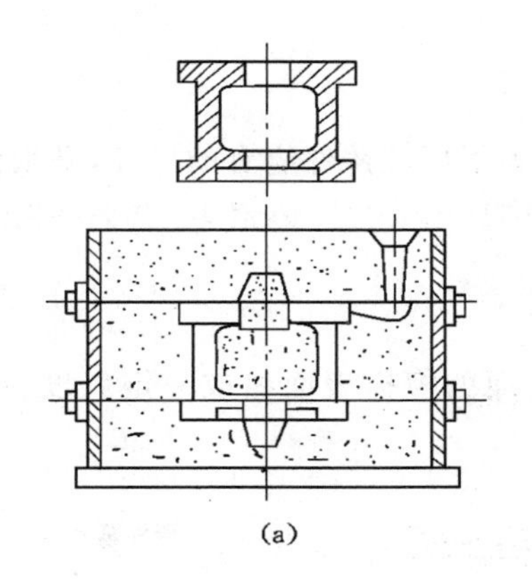

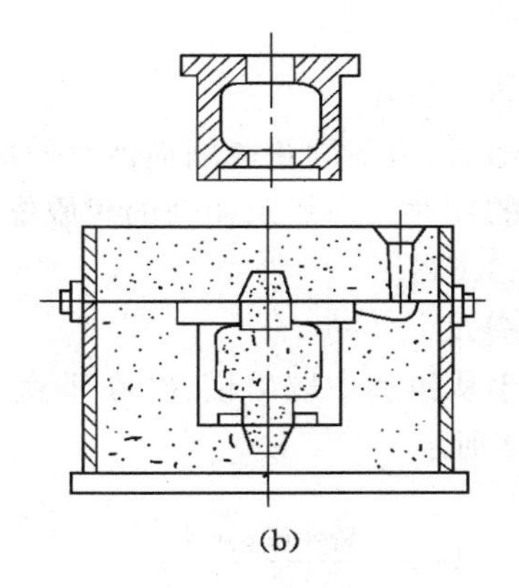

图 4-21　套筒件分型面的选定

(a) 两个分型面;(b) 一个分型面

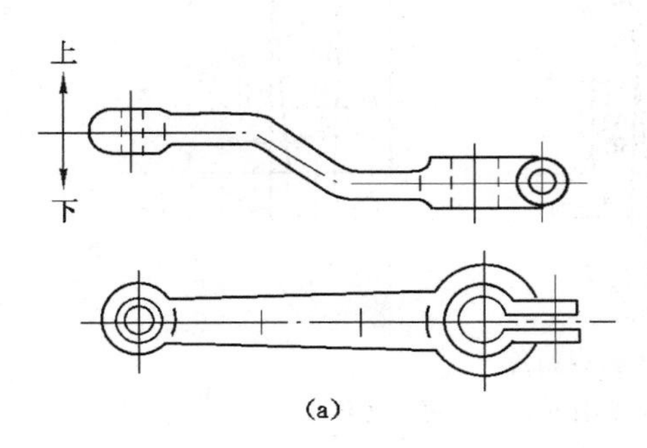

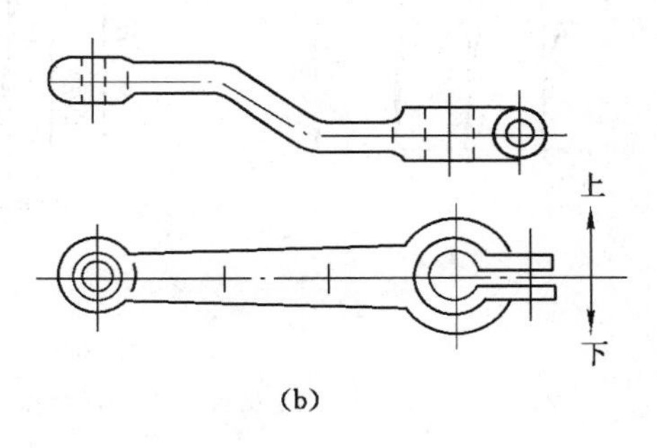

图 4-22　起重臂分型面的选定

(a) 不合理选择;(b) 合理选择

同一砂箱中,以保证铸件的精度,也便于造型和合箱。图 4-23 所示是轮毂的两种分型面选择方案。由于 $\phi 161$ 外圆的加工是以 $\phi 278$ 为基准的,分型面 A 可将 $\phi 161$ 与 $\phi 278$ 放在同一砂箱,保证了同心度,有利于切削加工;分型面 B 则容易错箱而使 $\phi 161$ 外圆加工余量不够,所以选择分型面 A 合理。

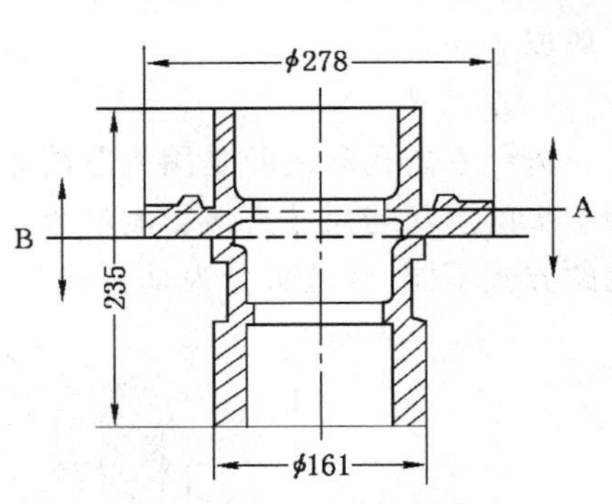

图 4-23　轮毂分型面的选定

四、工艺参数的确定

在铸造工艺方案确定以后,为了使绘制的铸造工艺图能够保证铸件的形状和尺寸,还应根据零件图的形状、尺寸和技术要求,确定铸件的工艺参数。

1. 机械加工余量

铸件进行机械加工时被切去的金属层厚度,称为机械加工余量。制造模样时,必须在需要加工表面适当增大尺寸。加工余量的大小,取决于合金的种类、铸件尺寸、生产批量、加工面与基准面的距离和浇注位置等因素。余量过大,浪费材料,增加加工工时和生产成本;余量过小,有可能达不到应有的尺寸和精度,使铸件报废。对于铸件上的孔、槽,为了节省材料,减少加工量,应尽可能铸出。若孔径太小,不易保证质量,则可以不铸出,留给机械加工完成。

2. 收缩率

铸件冷却后，由于固化收缩而使尺寸减小。为了保证铸件应有的尺寸，必须使模样的尺寸大于铸件的尺寸。一般灰铸铁的线收缩率为 0.7%～1.0%，铸钢为 1.5%～2.0%，有色金属为 1.0%～1.6%。

3. 起模斜度

为了便于从铸型中取出模样，在垂直于分型面的模样表面做成一定斜度，称为起模斜度，如图 4-24 所示。

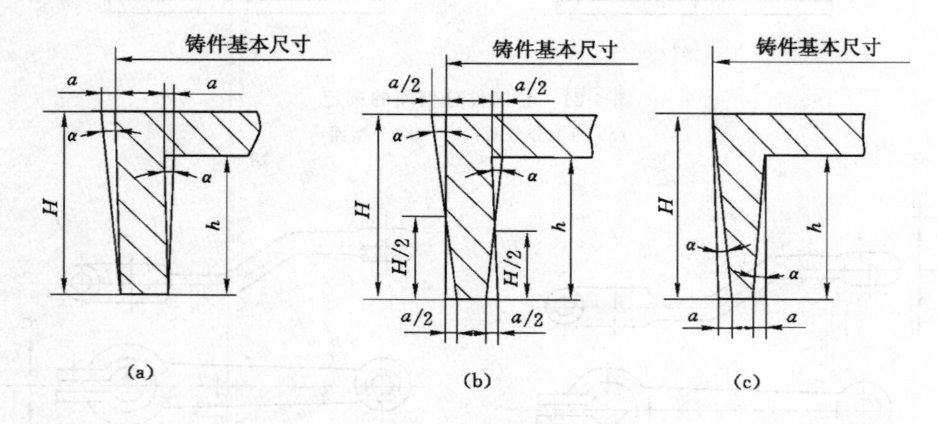

图 4-24　铸件起模斜度

(a) 增加铸件尺寸；(b) 增加和减小铸件尺寸；(c) 减小铸件尺寸

起模斜度的大小应视铸件壁的高度而定，一般取 15′～3°。高度愈小，斜度愈大。

为了使型砂便于从模样内腔脱出，以形成自带型芯，铸件内壁的起模斜度应比外壁大，一般取 3°～10°。

4. 型芯头

铸件上的孔和内腔是用型芯铸造出来的。型芯在铸型内靠型芯头定位、固定和排气，故型芯头的形状与尺寸直接影响型芯在铸型中装配的工艺性和稳定性。根据型芯在铸件中固定的方式不同，型芯头分为垂直型芯头和水平型芯头两种结构，如图 4-25 所示。

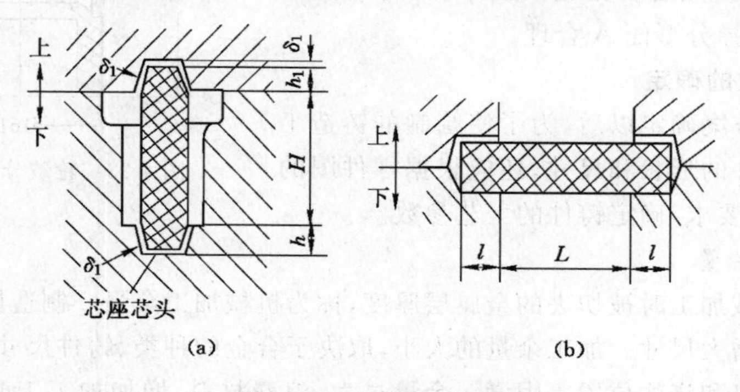

图 4-25　型芯头的形式

(a) 垂直型芯头；(b) 水平型芯头

为了增加型芯的稳定性和可靠性，通常垂直型芯头的下芯头斜度小而长，上芯头的斜度大而短。型芯头与铸型的型芯头座之间应留有1～4 mm的间隙，便于合箱和装配。

水平型芯头的长度主要取决于型芯头的截面尺寸和型芯长度。为了便于下芯及合箱，铸型上的型芯座应留有一定的斜度。

任务实施

(1) 开展小组讨论，请学生谈谈对铸造工艺图的认识。

(2) 通过典型案例的分析，使学生对于浇注位置、分型面以及铸造工艺参数的选择与确定熟练掌握。

练习与思考

(1) 铸造工艺图有何作用？工艺图包含了哪些信息？

(2) 如何正确选择浇注位置和分型面？

(3) 铸造工艺参数的确定原则有哪些？

任务五 铸件的结构工艺性

知识要点

(1) 铸造工艺对结构的要求。

(2) 铸造性能对结构的要求。

技能目标

掌握铸造工艺及铸造性能对铸件结构的工艺性影响。

任务导入

为了保证铸件的成形质量、生产效率，除了上述任务中讲述的选择合适的浇注位置，正确的分型面以及确定合适的铸造工艺参数外，对于铸件本身的结构也提出了要求，包括铸造工艺、铸造性能两方面对铸件结构的工艺性要求。

任务分析

在设计铸造工艺方案时，除了满足了包括浇注位置、分型面以及铸造工艺参数等的正确选择外，铸件本身结构对于铸造成形效果的影响也应成为考虑的因素。

相关知识

铸件结构工艺性是指铸件的结构满足铸件工艺要求的程度。铸件结构的设计是否合理，对于铸件的质量、生产效率和生产成本有着很大的影响。

在设计铸件结构时，除了应满足零件力学性能要求和机械加工工艺要求外，还必须满足

铸造的制模、制芯、合箱装配、清理以及合金铸造性能对铸造结构的要求，力求使工艺过程简单并防止或减少产生铸造缺陷，保证铸件的质量。因此，铸造的结构应满足以下要求。

一、铸造工艺对结构的要求

1. 铸件外形应力求简单，结构紧凑

图 4-26 所示轴承座铸件，图 4-26(a)所示结构形式需采用分模造型；图 4-26(b)所示为改进后的结构形式，可采用整模造型，简化了制模和造型方法。

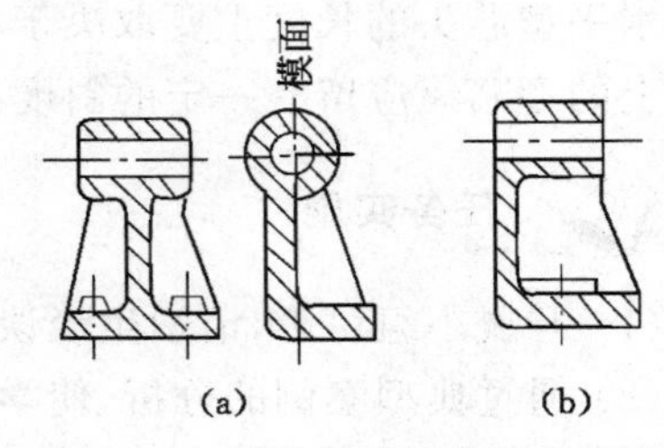

图 4-26　轴承座的两种造型方法

(a) 需采用分模造型；(b) 可采用整模造型

2. 分型面要少且平直

分型面应尽量少，最好采用平直分型面，少用曲面，使制模和造型更简便，同时可保证铸件有较好的精度，见图 4-21 和图 4-22。

3. 起模应方便

起模的方向应设计出结构斜度，见表 4-3。如图 4-27 所示，图 4-27(b)在垂直于分型面的非加工面设计出斜坡，这样便于起模且易保持砂型，结构合理；图 4-27(a)无此斜坡，不合理。

表 4-3　　铸件的结构斜度

斜度 $a:h$	角度 β	适用范围
1∶5	11°30′	h<25 mm 的铸钢和铸铁件
1∶10	5°30′	h=25～500 mm 的铸钢和铸铁件
1∶20	3°	
1∶50	1°	h>500 mm 的铸钢和铸铁件
1∶100	30′	有色合金铸件

铸件的凸块、凹缘和凹槽布置应不阻碍起模。图 4-28(a)所示铸件上的凸块阻碍起模，当单件、小批量生产时，可采用活块造型；在大批量生产时，应将结构改为图 4-28(b)所示的形式。改进后的结构便于起模，也不需要采用活块造型。

图 4-29(a)所示为铸件上的凹缘或凹槽与分型面不垂直也不平行，难于起模；图 4-29(b)所示为改进后的结构。

4. 铸件的内腔设计应合理

铸件的孔，以及箱体、床身和立柱等铸件有复杂的内腔，都要采用型芯来形成。制作型芯会使生产周期延长，增加成本，并给装配合箱带来困难，因此，设计铸件内腔时应注意以下几点：

(1) 尽量不用或少用型芯

不用或少用型芯能节省制造芯盒、造芯、烘芯的工艺和材料，并可避免造芯过程中的变形以及装配合箱的误差，提高铸件精度，所以，铸件的内腔应尽量简单，不用或少用型芯。图

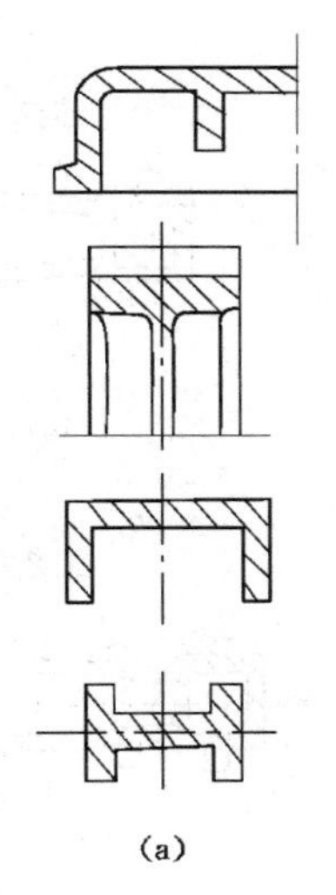

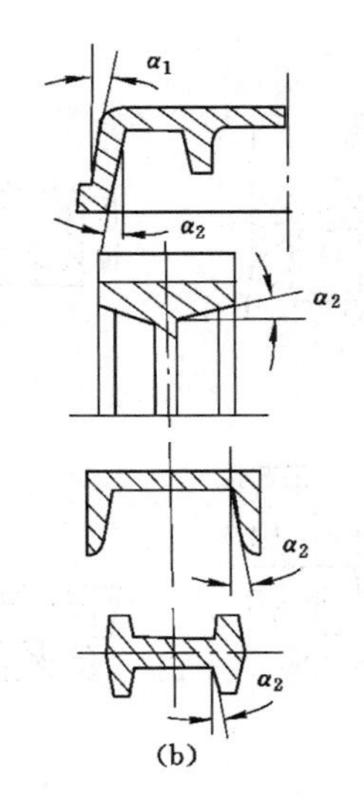

图 4-27　铸件的结构斜度

(a) 无起模斜度；(b) 有起模斜度

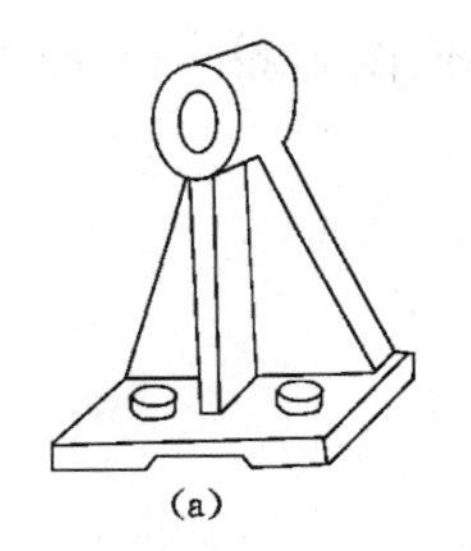

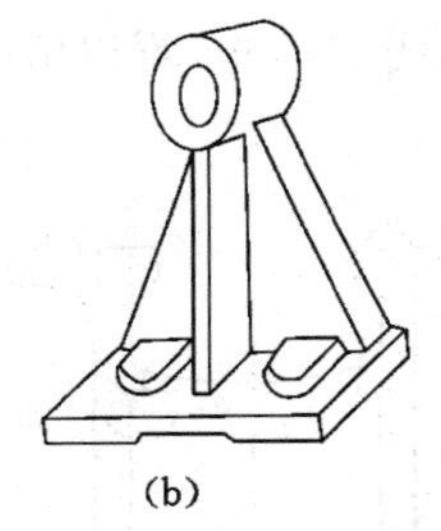

图 4-28　铸件上凸块的改进

(a) 改变前；(b) 改变后

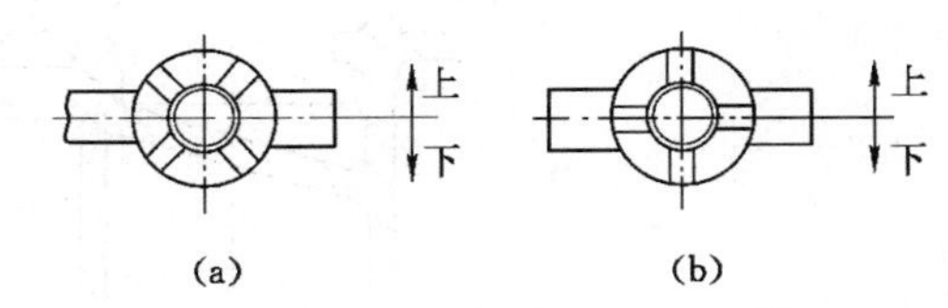

图 4-29　凹缘、凹槽布置

(a) 改变前；(b) 改变后

4-30 所示为支柱的结构，改为工字截面[图 4-30(b)]后，可省去型芯，并不影响零件本身的功用。

(2) 应使铸型中型芯定位准确、安放稳固及排气通畅

型芯的定位、安放、排气主要是依靠型芯头。具有复杂内腔的大型铸件，应该有足够数量和大小的型芯头来定位和固定型芯，必要时可采用工艺孔来加强型芯的固定和排气。如图 4-31(a)所示，2# 和 3# 型芯中只有一个芯头，不稳定。

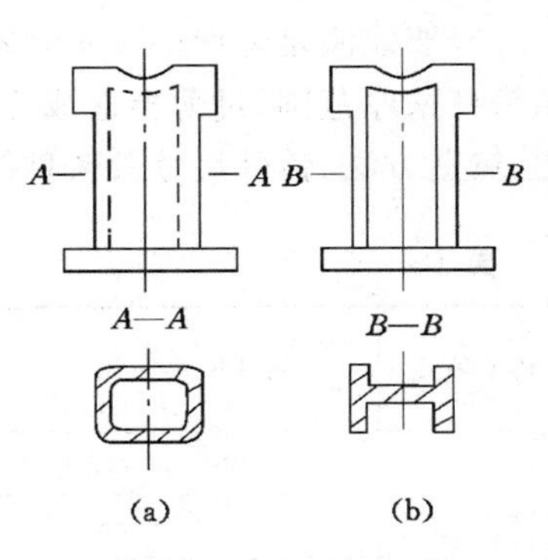

图 4-30　支柱铸件的两种结构

(a) 框形截面；(b) 工字形截面

应尽量避免采用吊芯和悬臂芯，如图 4-31(b)所示。采用吊芯和芯撑固定型芯时，芯撑最后留在铸件中，易形成气孔、焊接不良等缺陷。图 4-31(b′) 为改进后的结构，合箱时砂型在下箱，且型芯支撑稳固，便于合箱。图 4-31(c)所示 2# 型芯为悬臂状，必须用芯撑作辅助支撑。改为图 4-31(c′) 后采用工艺孔加强型芯固定，不但去掉芯撑，还可通过

工艺孔排气。

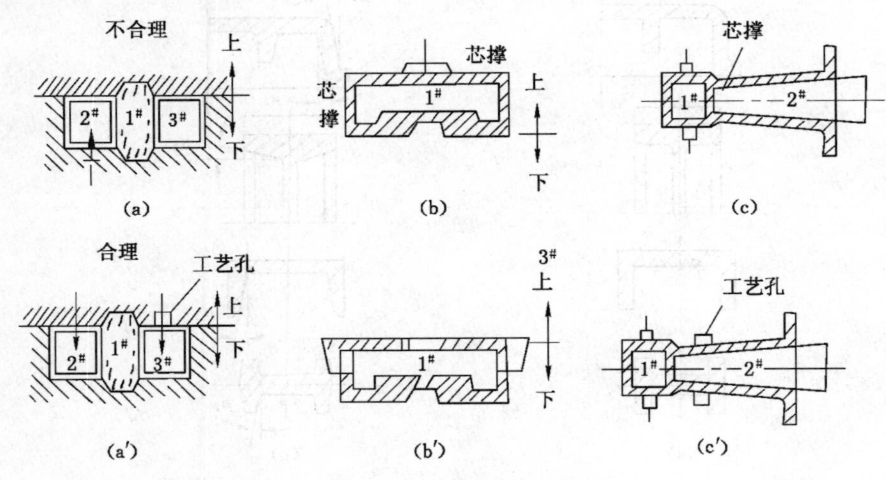

图 4-31　型芯固定方案

（3）铸件结构应便于清砂

图 4-32 所示为机床床身结构，图 4-32(a)为封闭式结构，难以清砂；图 4-32(b)为改进后结构，清砂容易。

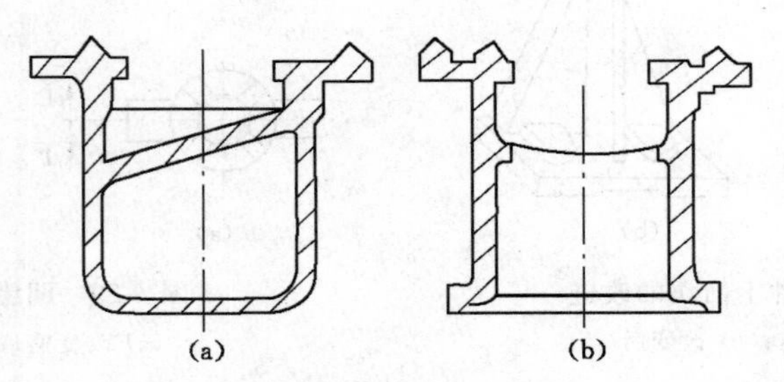

图 4-32　机床床身结构

二、铸造性能对结构的要求

1. 铸件的壁厚应适当

只要能满足强度的要求，铸件的壁厚应尽量设计得薄些。但每种铸造合金都有其适宜的铸件壁厚范围，过薄会造成冷隔或浇不足等缺陷。铸件的最小壁厚主要取决于合金的种类、铸造方法、铸件尺寸及铸件结构特点，其值可参考表 4-4。

表 4-4　铸件最小壁厚

铸型种类	铸件尺寸/mm×mm	最小允许壁厚/mm					
		铸　钢	灰铸铁	球墨铸铁	可锻铸铁	铝合金	铜合金
砂　型	200×200 以下	6～8	5～6	6	4～5	3～3.5	3～5
	200×200～500×500	10～12	6～10	12	5～8	4～6	6～8
	500×500 以上	18～25	15～20	—	—	5～7	15～20

续表 4-4

铸型种类	铸件尺寸/mm×mm	最小允许壁厚/mm					
		铸　钢	灰铸铁	球墨铸铁	可锻铸铁	铝合金	铜合金
金属型	70×70 以下	5	4	—	2.5～3.5	2～3	3
	70×70～150×150	—	5	—	3.5～4.5	4	4～5
	150×150 以上	10	6	—	—	5	6～8

注：① 结构复杂的铸件或灰铸铁牌号高时，选取上限。

② 如有特殊需要，在改善铸造条件下，灰铸铁最小壁厚可不大于 3 mm；可锻铸铁小于 3 mm。

2. 铸件的壁厚应尽量均匀

铸件壁厚不均匀会导致局部的金属积聚，使得铸件各部分冷却速度不一致，易产生缩孔及裂纹等缺陷。图 4-3(a)所示的壁厚差过大，图 4-33(b)为改进后的结构，防止了铸造缺陷的产生。

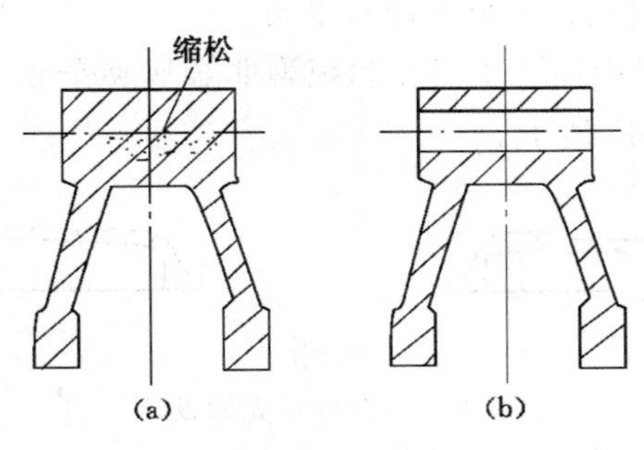

图 4-33　铸件壁厚设计方案

(a) 改进前；(b) 改进后

3. 铸件壁的连接应合理

铸件壁与壁连接或转角处，由于厚薄不均容易产生内应力、缩孔、缩松等缺陷，因此设计时应注意防止壁厚的突然变化，避免尖角和大的金属积聚。

4. 铸件应有结构圆角

为了防止铸件因应力集中而产生裂纹，减少粘砂等缺陷，铸件相交表面都应做成圆角过渡，这个圆角称为铸造圆角。铸造圆角可以在模样上做出，也可在修型时修整出来。圆角是铸件结构的基本特征，其圆弧半径的大小与相邻间的壁厚有关。表 4-5 为铸造内圆角半径。

表 4-5　　铸造内圆角半径 R 值　　单位：mm

$\frac{a+b}{2}$	≤8	9～12	12～16	16～20	20～27	27～35	35～45	45～60
铸铁	4	6	6	8	10	12	16	20
铸钢	6	6	8	10	112	16	20	25

5. 铸件凝固时能自由收缩，防止内应力过大而产生裂纹

如图4-34所示，轮状铸件，如飞轮和带轮，应尽可能做成弯曲轮辐或带孔的板状轮辐，借轮辐的微量变形来减少内应力，从而避免拉裂。

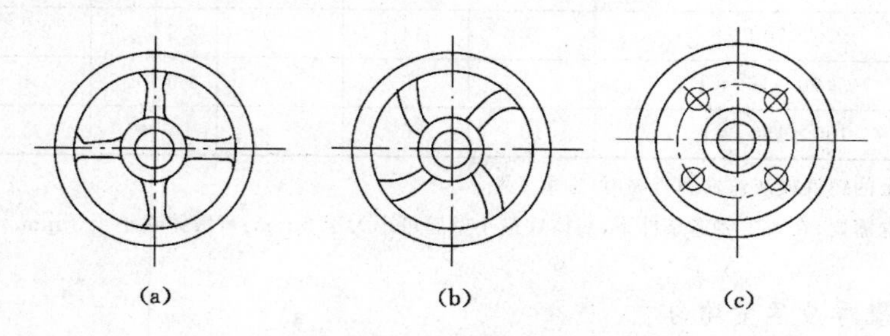

图4-34 轮辐的结构

(a) 直轮辐(不合理)；(b) 弯轮辐(合理)；(c) 带孔的板状轮辐(合理)

6. 在浇注位置上部应避免出现较大的水平面

铸件上部出现较大水平面易产生气孔和积聚非金属夹杂物等，因而在浇注位置上部应避免较大的水平面，如图4-35所示。

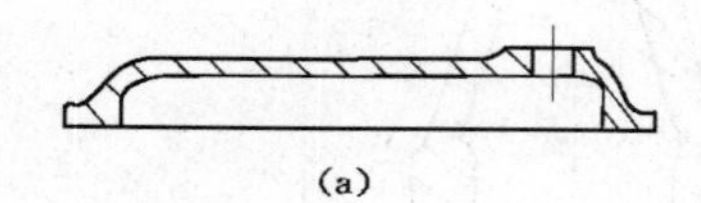

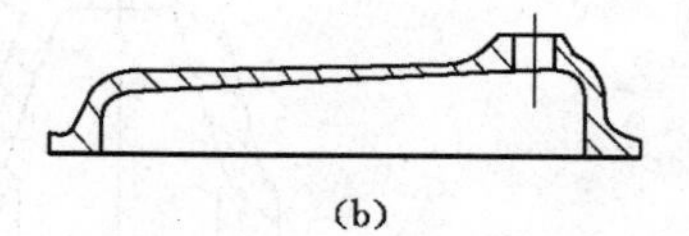

图4-35 薄壁罩壳的设计

(a) 工艺性不好；(b) 工艺性好

任务实施

(1) 开展小组讨论，请学生谈谈什么是铸件结构工艺性好或不好。

(2) 通过典型案例分析，培养学生设计工艺性好的铸件结构。

练习与思考

(1) 铸造工艺对铸件结构有哪些要求？

(2) 铸造性能对铸件结构有哪些要求？

任务六 特种铸造

知识要点

各种特种铸造工艺。

技能目标

了解各种特种铸造工艺。

任务导入

除了传统的应用广泛的砂型铸造外，其他各种特种铸造工艺也先后出现，具有不同的特点和应用场合，并且，特种铸造还具有一些砂型铸造所无法达到的优点。那么，这些特种铸造方法分别有哪些呢？各有什么特点？

任务分析

在学习了传统砂型铸造工艺的基础之上，进一步学习其他的特种铸造工艺，了解各种铸造工艺方法。

相关知识

除砂型铸造以外的其他铸造方法称为特种铸造。特种铸造的方法很多，应用较多的有金属型铸造、熔模铸造、压力铸造、离心铸造等。

一、金属型铸造

将液态金属浇入金属制成的铸型获得铸件的方法称为金属型铸造。

1. 金属型的结构

金属型的结构根据分型面的位置不同，可分为垂直分型式、水平分型式、复合分型式等多种结构，如图 4-36 所示。其中垂直分型式的金属型便于开设浇口和取出铸件，易于实现机械化生产，应用广泛。

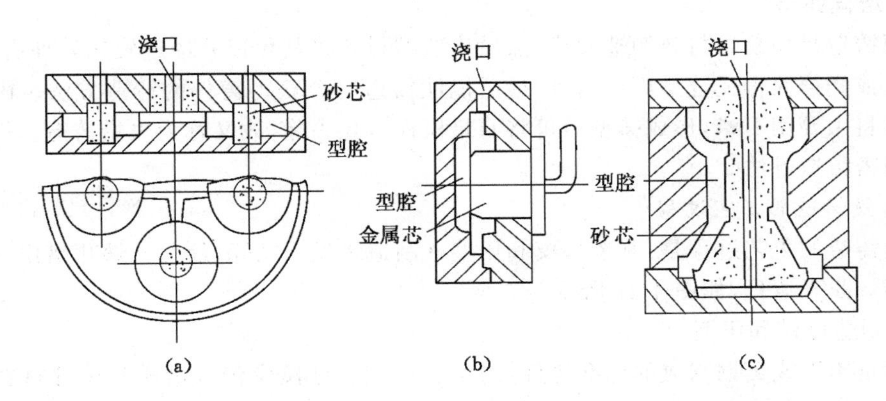

图 4-36　金属型铸造种类

(a) 水平分型式；(b) 垂直分型式；(c) 复合分型式

金属型的材料多用灰铸铁和铸钢。由于金属型没有良好的透气性，为了排出型腔内部的气体，应在金属型的分型面上开设许多的通气槽。为了使铸件能在高温下从铸型中取出，一般要设置顶出铸件的机构。

铸件的内腔可用金属型芯或砂芯来获得。金属型芯通常只用于有色金属铸件。

2. 金属型铸造的特点

金属型铸造与砂型铸造相比，有以下特点。

(1) 优点

① 金属模型可以连续重复使用多次,从而实现了一型多铸,节省了大量的造型材料和时间,提高了生产效率,改善了劳动条件。

② 铸件有较高的精度和较低的表面粗糙度,一般精度可达 IT14～IT12,表面粗糙度 Ra 值为 12.5～6.5 μm,故加工余量小。

③ 金属模型导热性好,铸件冷却速度快,晶粒细小,提高了铸件的力学性能。

(2) 缺点

① 制造成本高,生产准备周期长,只适宜大批量生产。

② 无退让性和透气性,铸件易产生裂纹、气孔等缺陷。

③ 导热快,使金属的流动性降低,故易产生浇不足、冷隔和夹渣等缺陷。对于铸铁件,还易产生白口组织。

在铸造生产中,为了保护铸型,延长其使用寿命,获得高质量的铸件,金属型在浇注前一般需进行预热,并且在铸腔表面喷刷涂料,以调节铸型的导热速度和保护铸型表面不受损伤。常用石英粉、耐火泥或石墨粉等掺入水玻璃、亚硫酸盐溶液等材料配制成涂料。为防止铸件产生裂纹,提高劳动生产率,应使铸件提前出型。

3. 金属型铸造的应用

金属型一般适用于大批量生产的有色金属铸件,如煤电钻及液压泵壳体、发电机活塞等铝合金铸件。

由于黑色金属浇注温度比较高,易损坏铸型,因此,黑色金属使用金属型铸造不如有色金属使用金属型铸造广泛。

二、熔模铸造

熔模铸造是用易熔材料制造模样,然后用造型材料将其包覆并经过硬化处理后,将易熔模样熔化或烧掉获得无分型面的铸型,最后浇注铸造合金获得铸件的铸造方法。由于制作模样的材料主要用石蜡,形成铸型后可将石蜡模样熔化去除,故又称为失蜡铸造。熔模铸造是一种精密铸造方法。

1. 熔模铸造的工艺过程

熔模铸造的工艺过程是:制造母模和压型→制造蜡模→结壳、硬化→熔化蜡模→焙烧→填砂浇铸→脱壳清理,如图 4-37 所示。

(1) 制造母模和压型

母模是用钢或黄铜制成的标准铸件[图 4-37(a)]。母模应包含蜡模和铸件材料的双重收缩量。它用来制造压型。压型常用钢、铝合金或易熔合金制成。压型是制蜡模的专用工具,要求压型有很高的尺寸精度和低的表面粗糙度,以保证蜡模的质量。压模一般由两半型或多块组成[图 4-37(c)]。

(2) 制蜡模

蜡模常用 50%的石蜡、50%的硬脂酸配制,熔化后压入压型,冷凝后取出则得到蜡模[图 4-37(e)]。为了提高生产率,可将数个蜡模焊在一根蜡制的浇注系统上,组成蜡模组[图 4-37(f)]。

(3) 结壳

将制好的蜡模组浸入用水玻璃和石英粉配成的涂料中,取出后在其上撒下一层石英砂,

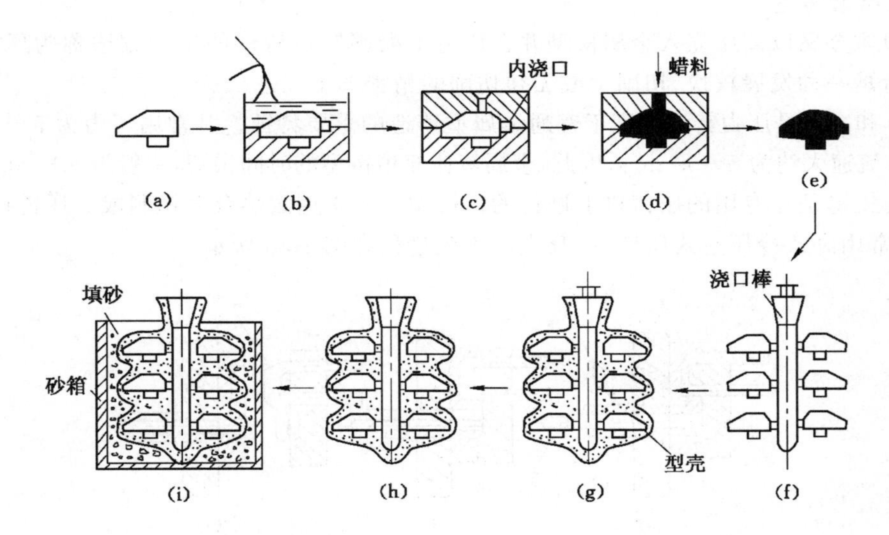

图 4-37　熔模铸造工艺过程

(a) 母模；(b) 制造压型；(c) 制造蜡模；(d) 注蜡；(e) 单个蜡模；
(f) 粘成蜡模组；(g) 蜡模粘砂结壳；(h) 脱蜡焙烧；(i) 填砂浇注

再放入氯化铵溶液中硬化。如此重复至结成 5～10 cm 厚度的硬壳[图 4-37(g)]。

(4) 脱蜡

把结壳后的蜡模放入 85～95 ℃的热水中将蜡料熔化，熔化后的蜡料从浇口中流出[图 4-37(h)]。

(5) 焙烧

为了排除残余蜡料，并提高壳型的强度和稳定性，将其放入 800～950 ℃的加热炉中进行焙烧。

(6) 浇注

为了防止在浇注金属液体时壳型破裂和变形，常将壳型放置于砂箱中用干砂填紧，然后进行浇注[图 4-37(i)]。

2. 熔模铸造的特点和应用范围

(1) 优点

① 熔模铸造由于是用尺寸精度高、表面粗糙度低的压型和熔模制成无分型面的铸型来浇注铸件的，故能浇出尺寸精度达 IT14～IT11、表面粗糙度 Ra 值为 12.5～6.3 μm 的复杂形状的铸件，其加工余量小，甚至不需切削加工，节省了金属材料和加工工时。

② 适用于各种铸造合金，特别是形状复杂难以切削加工的高熔点合金。

(2) 缺点

① 工艺复杂，生产成本高，不易实现机械化。

② 铸件重量受到限制。

熔模铸造主要是用于中、小型形状复杂，精度要求高或难以进行切削加工的零件，如汽轮机叶片、切削刀具、枪支零件、摩托车零件等。

三、压力铸造

将液体金属以高压充入金属模型并在压力下凝固制得铸件的生产方法称为压力铸造。压力铸造是一种发展较快、切削少或无须切削的精密加工工艺。

高压和高速是压力铸造区别于普通金属型铸造的重要特征。其常用压力为5～15 MPa。金属液体流速大约为5～50 m/s，因此，金属液体充填铸型的时间很短，一般为0.1～0.2 s。

压力铸造是在专用的压铸机上进行的。铸型一般采用耐热合金钢制成。压铸机种类较多，一般常用卧式冷压室式压铸机，其生产工艺过程如图4-38所示。

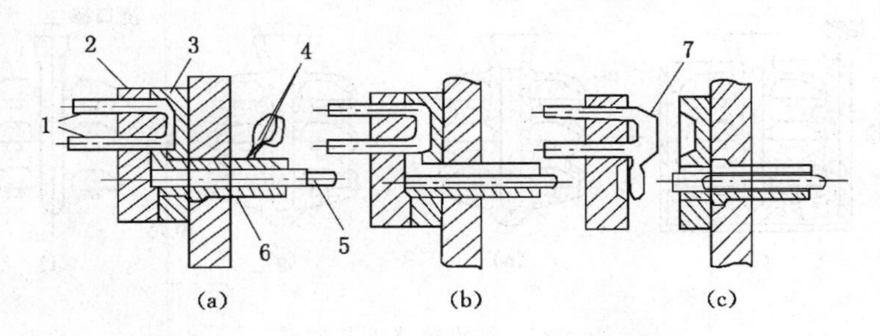

图4-38 压力铸造工艺过程示意图

(a) 合型，浇入金属液体；(b) 离压充型；(c) 开型，顶出铸件

1——顶杆；2——动型；3——静型；4——金属液体；5——活塞；6——压缩室；7——铸件

1. 压力铸造的生产工艺

压力铸造利用压铸机产生的高压将液体金属压入压型的型腔中，并在压力下完成凝固。其主要工序为：闭合压型→压入金属→打开压型→顶出铸件，如图4-38所示。

2. 压力铸造的特点及应用范围

压力铸造是一种先进的铸造技术，与其他铸造方法相比，有以下特点：

(1) 铸件的力学性能高

由于铸件是在高压下结晶凝固的，金属的冷却速度快，因此铸件的晶粒细密，力学性能比砂型铸造可提高15%～40%。

(2) 能压铸出极其复杂、薄型的铸件

能直接压铸出螺纹、齿形、花纹及镶嵌件。图4-39所示为青铜芯压铸锌铸件。

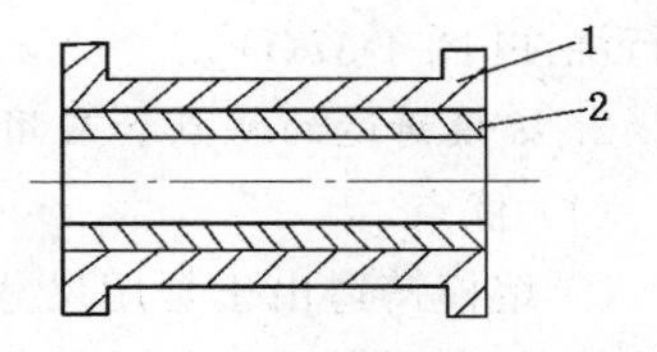

图4-39 青铜芯压铸锌铸件

1——锌型；2——青铜芯

(3) 铸件尺寸精度高，表面粗糙度小

压铸件的尺寸精度可达到IT13～IT11，表面粗糙度 Ra 值可达3.2～0.8 μm，可以少切削加工或不切削加工。

(4) 生产效率高，易实现自动化

如国产卧式冷压室压铸机的工作循环次数可达30～240次/h。

(5) 铸件内部易产生气孔和缩松

由于金属液体在型腔中流速太快，易形成涡流，并将气体卷入金属内形成许多小气孔，因此，压铸件不能进行大余量切削加工，以免气孔暴露，降低铸件的使用性能。有气孔的压铸件也不能进行热处理或在高温下工作，因为在高温时气孔内气体会膨胀，会使工件表面鼓包或变形。此外，压铸件凝固快，不易进行补缩。

（6）宜大批量生产

压铸机投资大，结构复杂，制模生产准备时间长，故成本高，不宜小批量生产。

压力铸造主要适用于有色金属及合金的小型薄壁和中小型复杂铸件的大批量生产，在汽车、拖拉机、仪器仪表、电信器材、航空和日用五金等行业都获得广泛应用。近年来也应用于铸铁、碳钢、不锈钢等黑色金属，并成功地压铸出一些壁薄、结构较复杂的零件，如液压装置的转子、定子及圆锥齿轮等。

四、离心铸造

离心铸造是将液体金属浇入高速旋转的铸型中，使金属液体在离心力的作用下充填铸型并凝固获得铸件的铸造方法。

离心铸造可用金属型，也可用砂型。离心铸造机按旋转轴在空间的位置分为立式和卧式两种，如图 4-40 所示。

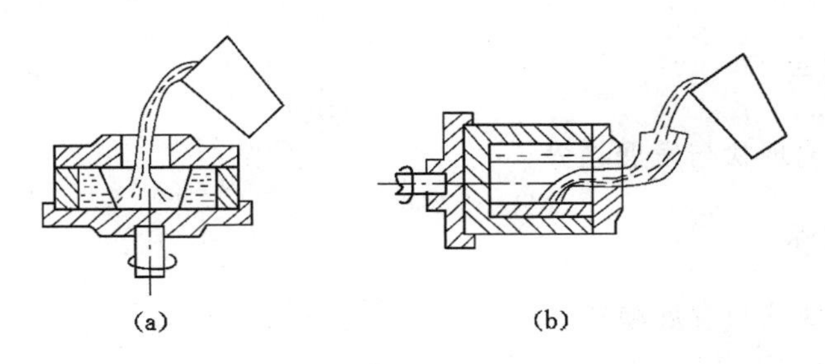

图 4-40　离心铸造示意图

（a）立式离心铸造；（b）卧式离心铸造

立式离心铸造如图 4-40(a)所示。铸型绕竖直轴旋转，铸件的内表面呈抛物面。它主要用于制造高度较小的盘类铸件。

卧式离心铸造如图 4-40(b)所示。铸型绕水平轴旋转，铸件壁厚均匀，适用于制造较长的圆筒类铸件。

1. 离心铸造的优点

（1）铸件组织细密，力学性能较好。由于铸件在离心力作用下完成浇注和凝固，金属液体中的气体、熔渣等密度小的夹杂物都集中到铸件的内表面，因此，铸件组织致密，无缩孔、气孔、夹渣等缺陷。

（2）当铸件为圆形中空件时，可以省去型芯，同时不用浇注系统，节省了金属材料。

（3）可浇注流动性较差的合金铸件，并可铸造双层金属铸件和薄型铸件。

2. 离心铸造的缺点

（1）内孔表面质量差。离心力的作用，使密度小的非金属夹杂物都集中到铸件的内表面，所以，内孔尺寸不精确，表面粗糙，增加了机械加工量。

（2）容易产生密度偏析，因此，对成分易偏析的合金不宜使用。

3. 应用范围

离心铸造适用于铸造空心回转体的铸件，如输油管、煤气管、水管、气缸管、活塞环等要求组织致密的铸件，以及浇注双层金属铸件等。

任务实施

以"特种铸造"为关键词搜索观看有关铸造的网络视频资料，增加对各种特种铸造成形方法的认识。

练习与思考

(1) 什么是熔模铸造？它与金属型铸造比较有何特点？

(2) 离心铸造和压力铸造各有何特点？它们主要适用于什么范围？

任务七 铸造技术现状与发展趋势

知识要点

国内外铸造工艺现状与发展趋势。

技能目标

了解铸造工艺现状与发展趋势。

任务导入

面对全球信息技术的飞速发展，机械制造业尤其装备制造业的现代化水平高速提升，中国铸造业将如何紧跟时代发展？如何实现信息化时代背景下的铸造新技术发展？国外的铸造业水平如何？我国与世界发达国家的铸造业水平差距几何？这些都是我们关注的。

任务分析

了解我国铸造技术发展现状，把握现代铸造技术发展趋势，有助于认清我们自己，振兴和发展中国铸造业。

相关知识

一、国外铸造技术发展现状

国外发达国家总体上铸造技术先进、产品质量好、生产效率高、环境污染少，原辅材料已形成商品化、系列化供应。生产普遍实现机械化、自动化、智能化(计算机控制、机器人操作)。铸铁熔炼使用大型、高效、除尘、微机测控、外热送风无炉衬水冷连续作业冲天炉，普遍使用铸造焦，冲天炉或电炉与冲天炉双联熔炼，采用氮气连续脱硫或摇包脱硫使铁液中硫含量达 0.01%以下，熔炼合金钢精炼多用 AOD (Argon Oxygen Decarburization，氩氧精炼法)、VOD(Vacuum Oxygen Decarburization，真空吹氧脱碳法)等设备，控制钢液中 H、O、N 等元素含量。在重要铸件生产中，对材质要求高，采用先进的无损检测技术有效控制铸件质量。普遍采用液态金属过滤技术，广泛应用合金包芯线处理技术，使球铁、蠕铁和孕育铸铁工艺稳定、合金元素收得率高、处理过程无污染，实现了微机自动化控制。

铝基复合材料被广泛重视并日益转向工业规模应用，如汽车驱动杆、缸体、缸套、活塞、连杆等各种重要部件都可用铝基复合材料制作；在汽车向轻量化发展的进程中，用镁合金材料制作各种重要汽车部件的量已仅次于铝合金。

采用热风冲天炉、两排大间距冲天炉和富氧送风，电炉采用炉料预热、降低熔化温度、提高炉子运转率、减少炉盖开启时间，加强保温和实行微机控制优化熔炼工艺。在球墨铸铁件生产中广泛采用小冒口和无冒口铸造。铸钢件采用保温冒口、保温补贴，工艺出品率由60%提高到80%。考虑人工成本高和生产条件差等因素而大量使用机器人。

在大批量中小铸件的生产中，大多采用微机控制的高密度静压、射压或气冲造型机械化、自动化高效流水线湿型砂造型工艺，砂处理采用高效连续混砂机、人工智能型砂在线控制专家系统，制芯工艺普遍采用树脂砂热、温芯盒法和冷芯盒法。熔模铸造普遍用硅溶胶和硅酸乙酯作黏结剂的制壳工艺。

成功地采用 EPC 技术(Expendable Casting Process，消失模铸造)大批量生产汽车气缸体、缸盖等复杂铸件，生产率达 180 型/h。在工艺设计、模具加工中，采用 CAD/CAM/RPM 技术；在铸造机械的专业化、成套化制备中，开始采用 CIMS 技术(Computer/Contemporary Integrated Manufacturing Systems，计算机/现代集成制造系统)。铸造生产全过程主动、从严执行技术标准，铸件废品率仅 2%～5%；标准更新快(标龄 4～5 a)；普遍进行 ISO 9000、ISO 14000 等认证。

重视开发使用互联网技术，纷纷建立自己的主页、站点。铸造业的电子商务、远程设计与制造、虚拟铸造工厂等飞速发展。

二、我国铸造技术发展现状

总体上，我国铸造领域的学术研究并不落后，很多研究成果居国际先进水平，但转化为现实生产力的有限。国内铸造生产技术水平高的仅限于少数骨干企业，行业整体技术水平落后，铸件质量不高，材料、能源消耗较高，经济效益较差，劳动条件有待改善，污染严重。近年开发推广了一些先进熔炼设备，开始引进 AOD、VOD 等精炼技术、设备，提高了高级合金铸钢的内在质量。

金属基复合材料研究有进步，短纤维、外加颗粒增强、原位颗粒增强研究都有成果，但较少实现工业应用。环保执法力度日渐加强，迫使铸造业开始重视环保技术。

商品化 CAE 软件已上市。一些大中型铸造企业开始在熔炼方面用计算机技术，控制金属液成分、温度及生产率等。

铸造业互联网发展快速，部分铸造企业开展网上电子商务活动，如一些铸造模具厂实现了异地设计和远程制造。铸造专家系统研究虽然起步晚，但进步快，先后推出了型砂质量管理专家系统、铸造缺陷分析专家系统、自硬砂质量分析专家系统、压铸工艺参数设计及缺陷诊断专家系统等。

机械手、机器人在落砂、铸件清理、压铸及熔模铸造生产中开始应用。

三、我国铸造技术发展趋势

1. 铸造合金材料

以强韧化、轻量化、精密化、高效化为目标，开发铸铁新材料；开发薄壁高强度灰铸铁件制造技术、铸铁复合材料制造技术(如原位增强颗粒铁基复合材料制备技术等)、铸铁件表面或局部强化技术(如表面激光强化技术等)；研制耐磨、耐蚀、耐热特种合金新材料；开发铸造合金钢新品种(如含氮不锈钢等性能价格比高的铸钢材料),提高材质性能、利用率,降低成本,缩短生产周期。

开发优质铝合金材料,特别是铝基复合材料。研究铝合金中合金化元素的作用原理及铝合金强化途径;研究降低合金中 Fe、Si、Zn 含量,提高合金强韧性的方法及合金热处理强化的途径;研究力学性能更好的锌合金、变质处理和热处理技术。开发镁合金、高锌铝合金及黑色金属等新型压铸合金。开发铸造复合新材料,如金属基复合材料、母材基体材料和增强强化组分材料;加强颗粒、短纤维、晶须非连续增强金属基复合材料、原位铸造金属基复合材料研究;开发金属基复合材料后续加工技术;开发降低生产成本、提高材料再利用率和减少环境污染的技术;拓展铸造钛合金应用领域、降低铸件成本。开展铸造合金成分的计算机优化设计,重点模拟设计性能优异的铸造合金,实现成分、组织与性能的最佳匹配。

2. 铸造原辅材料

建立新的与高密度黏土型砂相适应的原辅材料体系,根据不同合金、铸件特点、生产环境,开发不同品种的原砂、少/无污染的优质壳芯砂;将湿型砂黏结剂发展重点放在新型煤粉及取代煤粉的附加物开发上。

开发酚醛-酯自硬法、CO_2-酚醛树脂法所需的新型树脂,提高聚丙烯酸钠-粉状固化剂-CO_2 法树脂的强度,改善吸湿性,扩大应用范围;开展酯硬化碱性树脂自硬砂的原材料及工艺、再生及其设备的研究,以尽快推广该树脂自硬砂工艺;开发高反应活性的树脂及与其配套的廉价新型温芯盒催化剂,使制芯工艺由热芯盒法向温芯盒、冷芯盒法转变,以节约能源、提高砂芯质量。

加强对水玻璃砂吸湿性、溃散性研究,尤其是应大力开发旧砂回用新技术,尽最大可能再生、回用铸造旧砂,以降低生产成本、减少污染、节约资源消耗。

开发树脂自硬砂组芯造型,在可控气氛和压力下充型的工艺和相关材料,加强国产特种原砂与少/无污染高溃散树脂的开发研究,以满足生产薄壁高强度铝合金缸体、缸盖的需要。提高覆膜砂的强韧性,改善覆膜砂的溃散性,改善覆膜砂的热变形性,提高覆膜砂的硬化速度。

建立与近无余量精确成形技术相适应的新涂料系列——有机和无机系列非占位涂料,用于精确成形铸造生产。

在铸造生铁质量改善和采用脱硫技术的前提下,改进球化剂配方,降低镁、稀土含量,提高球化效果;开发特种合金用球化剂及特种工艺用球化剂。

增加孕育剂品种,开发针对性强的孕育剂,提高孕育剂粒度的均匀性。开发新型脱硫剂。开发适应铝合金的精炼剂和精炼-变质一体化熔剂。

推动计算机专家系统在型砂等造型材料质量管理中的应用。

3. 合金熔炼

发展 5 t/h 以上大型冲天炉并根据需要采用外热送风、水冷无炉衬连续作业冲天炉;推行冲天炉-感应炉双联熔炼工艺;推广采用先进的铁液脱硫、过滤技术,配备直读光谱仪、碳当量快速测定仪、定量金相分析仪及球化率检测仪,应用微机技术于铸铁熔体热分析等。开发新的合金孕育技术(如迟后孕育等),推广合金包芯线技术,提高球化处理成功率,降低铸件废品率并提高铸件综合性能。

采用氩气搅拌、AOD、VOD等精炼技术，提高钢液的纯净度、均匀度与晶粒细化程度，减少合金加入量，提高铸件强韧性，减轻铸件重量与降低废品率。

铝合金铸件生产中，着重解决无污染、高效、操作简便的精炼技术、变质技术、晶粒细化技术和炉前快速检测技术。引进和消化先进精炼技术，提高铝合金熔炼水平。

4. 砂型铸造

大力改善铸件内在、外部质量(如尺寸精度与表面粗糙度)，减少加工余量，进一步推广应用气冲、高压、射压和挤压造型等高度机械化、自动化、高密度湿砂型造型工艺是今后中小型铸件生产的主要发展方向。

开发三乙胺冷芯盒法抗湿性及抗铸件脉纹技术，以节约黏结剂、减少污染、减少铸件缺陷、降低生产成本。

改进和提高垂直分型无箱射压造型机和空气冲击造型机的性能、控制系统的功能，同时对造型线辅机应按通用化、系列化原则进行开发，提高配套水平。抓紧开发适合于形状复杂模样造型或多品种批量生产所需要的个性化、实用型气流-压实造型机。

提高砂处理设备的质量、技术含量、技术水平和配套能力，尽快开发包括旧砂冷却装置和适于运送旧砂的斗式提升机在内的技术，努力提高砂处理系统的设计水平。

研制多样化、使用效果好、寿命长的树脂自硬砂成套设备，增加品种，提高性能。

优先推广树脂自硬砂、冷芯盒自硬工艺、温芯盒法及壳型(芯)法；开发无污染或少污染的黏结剂、催化剂、硬化剂及配套的防污染技术，开发能消除树脂砂铸件缺陷的材料和树脂砂复合技术。

开发精确成形技术和近精确成形技术，大力发展可视化铸造技术，推动铸造过程数值模拟技术CAE向集成、虚拟、智能、实用化发展；基于特征化造型的铸造CAD系统将是铸造企业实现现代化生产工艺设计的基础和前提，新一代铸造CAD系统应是一个集模拟分析、专家系统、人工智能于一体的集成化系统。采用模块化体系和统一数据结构，且与CAM/CAPP/ERP/RPM等无缝集成；促使铸造工装的现代化水平进一步提高，全面展开CAD/CAM/CAE/RPM、反求工程、并行工程、远程设计与制造、计算机检测与控制系统的集成化、智能化与在线运行，催发传统铸造业的革命性进步。

5. 信息化

开发既分散又集成、形式多样的适用于铸造生产各方面(如设计、制造、诊断、监督、规划、预测、解释及教学等)需要的计算机专家系统，并在生产使用中不断完善，向多功能、高效率、实用化目标发展，使之与铸造CAD/CAPP/CAE/CAM集成；开发适应中国国情的铸造行业MRP-Ⅱ(制造资源计划)系统，并进一步向ERP(企业资源计划)发展。推行计算机集成制造系统(CIMS)，借助计算机网络、数据库集成各环节产生的数据，综合运用现代管理技术、制造技术、信息技术、系统工程技术，将铸造生产全过程中有关人、技术、设备与经营管理要素及信息流、物质流有机集成，实现铸造行业整体优化，解决参与竞争所面临的一系列问题，最终实现产品优质、低耗、上市快。

研究互联网对铸造产业的影响与对策，建立自己的主页，开发铸造企业网上技术交流、电子商务、铸造异地设计和远程制造技术、分散网络化铸造技术(DNC)，尽早驶上“信息高速公路”，利用网络化高新技术的巨大动力推动铸造业的现代化深刻变革。

任务实施

学生分组，以汽车制造工业为例，查阅资料，分析采用铸造工艺制备汽车零部件的国内外技术特点，总结铸造技术发现现状与趋势。

练习与思考

我国与国外在铸造技术上的差距主要体现在哪些方面？我们应如何吸取国外先进技术，提高我国的现代铸造水平？

项目五　塑性成形工艺

塑性成形工艺(也称为锻压成形)是指对金属坯料施加外力,使其产生塑性变形,以获得具有一定形状、尺寸及机械性能的原材料、毛坯或机械零件的成形加工方法。

塑性变形是锻压成形的基础。各类钢和大多数非铁金属及其合金在热态或冷态下都具有一定的塑性,因此均可以在室温或高温下进行各种锻压加工,如图5-1所示。

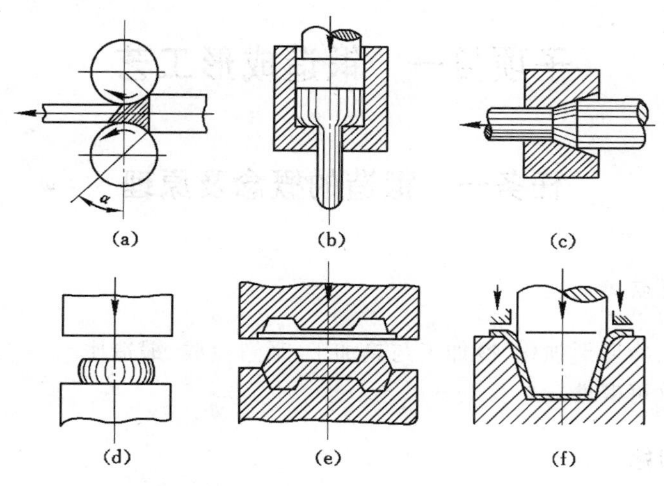

图 5-1　锻压成形的主要生产方式示意图

(a) 轧制;(b) 挤压;(c) 拉拔;(d) 自由锻;(e) 模锻;(f) 冲压

金属锻压加工的基本生产方式有以下几种:

锻造——金属坯料在砧铁或锻模膛内变形,而获得产品的方法。

板料冲压——金属坯料在冲模间受外力作用而产生分离或变形的加工方法。

轧制——金属坯料在两个回转轧辊的孔隙中受压变形,以获得各种产品的加工方法。

拉拔——金属坯料被拉过拉拔模的模孔而变形的加工方法。

挤压——金属坯料在挤压模内被挤出模孔而变形的加工方法。

金属锻压加工与其他加工方法相比,具有以下主要特点:

(1) 改善金属内部组织,提高金属力学性能

金属坯料经锻压加工使金属获得较细密的晶粒,可消除金属铸锭内部的气孔、缩松和微裂纹等缺陷,以提高金属的力学性能。因此,凡承受重载荷、动载荷、高压力的机械零件和重要工模具,一般都采用锻件作毛坯。

(2) 节省金属材料

由于锻压成形提高了金属的强度等力学性能,因此,相对地缩小了零件的截面尺寸,减

小了零件的质量。此外,采用精密锻压时,可使锻压件的尺寸精度和表面粗糙度接近成品零件,做到少、无切削加工,减少了金属加工损耗,节省了金属材料。

(3) 具有较高的生产率

除自由锻外,模锻、精密锻造和冲压等加工方法都具有较高的生产率。如齿轮压制、滚轮压制等制造方法比机械加工的生产率高出几倍甚至几十倍。

(4) 适应性广

用锻压加工方法能生产出小至几克的仪表,大至上吨重的巨型锻件。

但是,由于锻压成形是固态金属成形,成形较困难,塑性差的金属材料(如灰铸铁等)不能进行锻压加工,锻件形状(特别是内腔形状)所能达到的复杂程度也不如铸件。通常锻压件(主要指锻造毛坯)的尺寸精度不高,还需配合切削加工等方法来满足精度要求。此外,锻压设备也较昂贵,所以锻件成本通常比铸件高。

子项目一　锻造成形工艺

任务一　锻造的概念及原理

知识要点

(1) 塑性变形、冷变形强化、冷加工与热加工、锻造流线、锻造比。

(2) 锻压性能(可锻性)。

技能目标

(1) 理解金属的塑性变形的概念及实质,塑性变形对金属组织和力学性能的影响。

(2) 掌握金属的锻压性能及其影响因素。

任务导入

在机械制造业中,许多毛坯或零件,特别是承受重载荷的机件,如机床主轴、重要齿轮、连杆等,通常采用锻件作毛坯。那么,锻件是如何成形的?其锻造成形原理是什么?

任务分析

学习锻造成形原理,我们要知道金属塑性变形的概念、实质以及冷变形强化、冷加工与热加工、锻造流线、锻造比等相关定义,掌握塑性变形对金属组织和力学性能的影响,熟悉金属的锻压性能以及影响因素,为后续自由锻和模锻的学习打下基础。

相关知识

一、金属的塑性变形

金属在外力作用下将产生变形,其变形过程包括弹性变形和塑性变形。弹性变形在外力去除后能够恢复原状，不能用于成形加工，只有塑性变形这种永久的变形，才能用于成形加工。塑性变形会对金属的组织和性能产生很大的影响。因此，为了掌握锻压成形加工的基本原理，必须了解金属的塑性变形。

（一）塑性变形的实质

金属的塑性变形的实质，经典理论的解释是金属晶体的晶粒内部产生滑移、晶粒间产生滑移和晶粒发生的转动等综合作用的结果。如图 5-2 所示为单晶体的滑移变形过程。

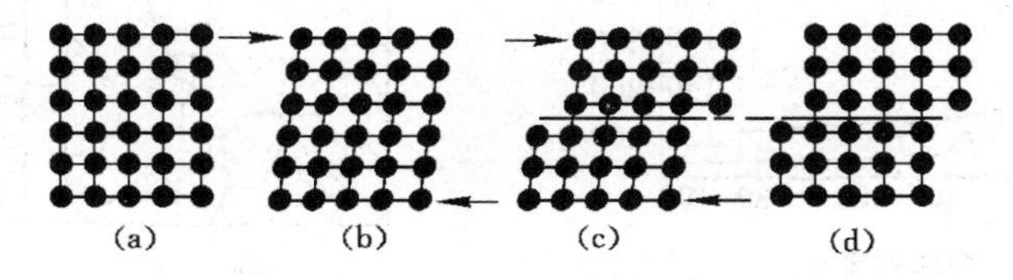

图 5-2 单晶体滑移变形示意图

(a) 未变形；(b) 弹性变形；(c) 弹塑性变形；(d) 塑性变形

该理论所描述的滑移运动，相当于滑移面上、下两部分晶体彼此以刚性整体相对滑动，这是一种纯理想晶体的滑移。实现这种纯理想晶体滑移所需的外力要比实际晶体滑移所需的外力大几千倍，这说明实际晶体结构及其塑性变形并不完全如此。

现代理论认为，滑移是由滑移面上的位错运动造成的。位错的存在使部分原子处于不稳定状态。在比理论值低许多的切应力作用下，处于高位能的原子很容易从一个相对平衡的位置移到另一个位置，形成位错运动。单晶体的塑性变形主要就是通过位错运动来实现的，如图 5-3 所示。

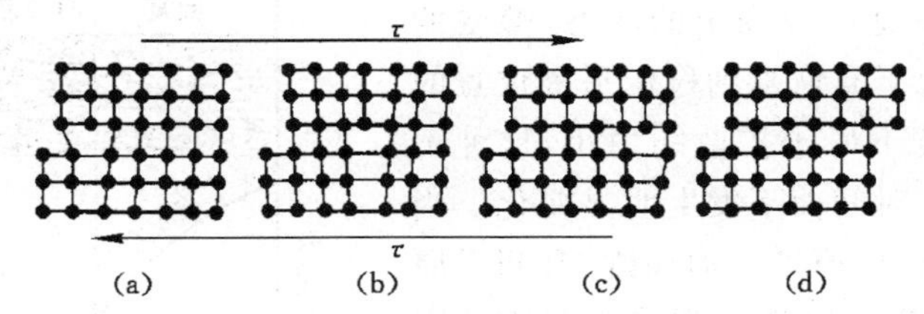

图 5-3 单晶体滑移变形示意图

(a) 未变形；(b)、(c) 位错运动；(d) 塑性变形

多晶体金属的塑性变形与单晶体相比并无本质区别，即每个晶粒的塑性变形仍以滑移方式进行，但由于晶界的存在和各个晶粒的位向不同，多晶体金属的各晶粒之间发生晶间变形（各个晶粒之间存在滑动和转动），故多晶体金属的塑性变形过程要比单晶体的复杂得多，如图 5-4 所示。多晶体的塑性变形抗力要比单晶体高得多，且晶粒越细小越明显。

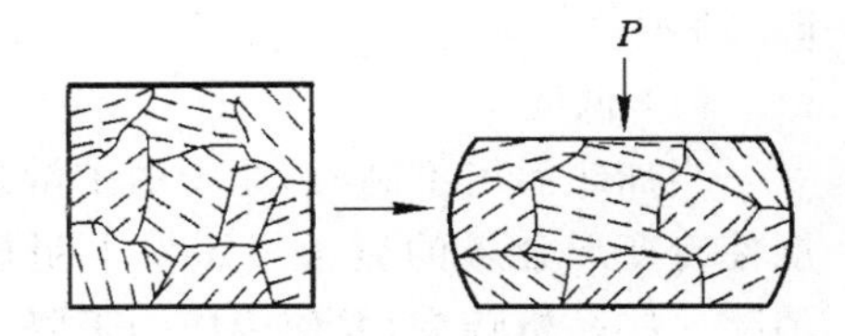

图 5-4 多晶体塑性变形示意图

（二）塑性变形对金属的组织和性能的影响

1. 冷变形强化

金属材料在常温下发生塑性变形时，随着变形程度的增加，其强度和硬度有所提高，而塑性和韧性下降的现象称为冷变形强化或加工硬化，如图 5-5 所示。

经过冷变形强化的金属，晶格严重畸变，晶粒被压扁或拉长，甚至破碎成许多小晶块，如图 5-6 所示，同时伴随内应力的产生。

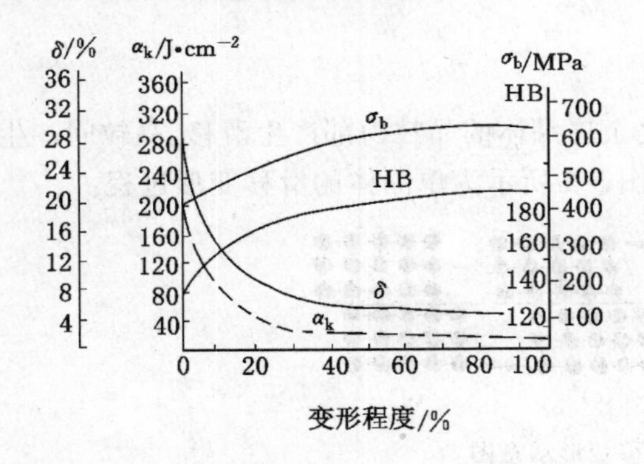

图 5-5　常温下塑性变形对低碳钢力学性能的影响

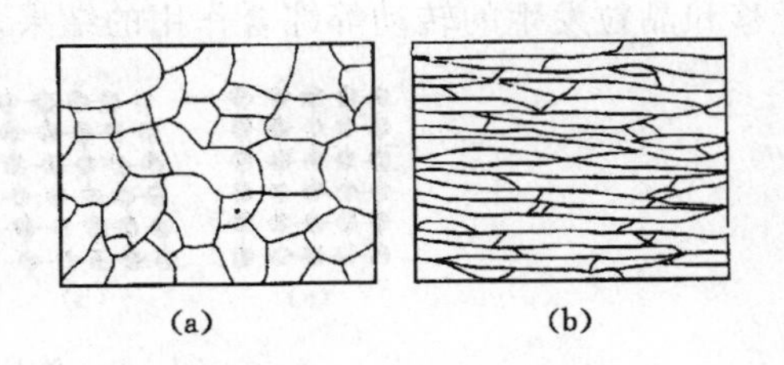

图 5-6　冷轧前后金属晶粒形状的变化

(a) 未变形；(b)位错运动

冷变形强化是强化金属材料的重要途径之一，特别是对于那些不能用热处理强化的金属和某些合金具有重要意义，如纯金属、奥氏体不锈钢及形变铝合金等，都可用冷轧、冷挤压、冷拔或冷冲压等加工方法来提高其强度和硬度。但是，冷变形强化使金属的锻造性能恶化，给金属的进一步加工带来困难，所以必须在加工过程中进行中间退火来消除冷变形强化现象。

2. 冷变形金属在加热时的变化

冷变形强化并不是一种稳定的状态，畸变的晶格中处于高位能原子有恢复到稳定平衡位置的倾向。但在较低温度下原子扩散能力小，这种不稳定状态能保持较长时间而不发生明显变化。当将其加热到一定温度时，原子运动加剧，有利于原子恢复到平衡位置，使金属恢复到稳定状态。因此，将冷变形金属进行加热时，其显微组织相继发生回复、再结晶和晶粒长大三个阶段的变化，如图 5-7 所示。

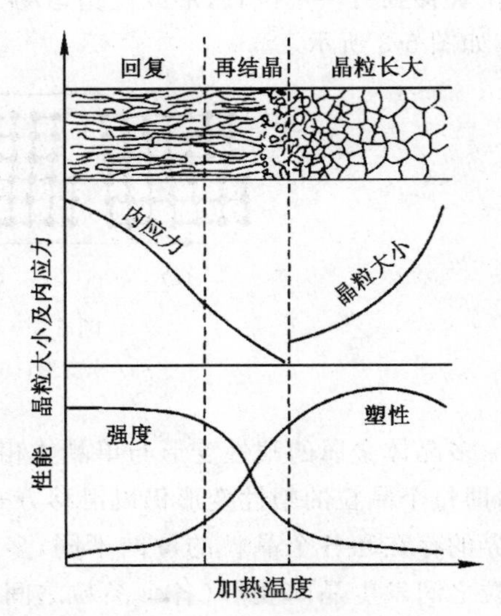

图 5-7　冷变形金属加热时的变化

(1) 回复

当加热温度不高时，原子的扩散能力较弱，不能使冷变形金属的显微组织发生明显变化，只能消除一些晶格畸变，并使内应力下降，部分地消除冷变形强化现象，即强度、硬度略有下降而塑性略有升高，这一过程称为回复。

发生回复的最低温度称为回复温度，用 $T_{回}$ 表示。纯金属的回复温度为：

$$T_{回} \approx (0.25 \sim 0.3) T_{熔}$$

式中　$T_{回}$——金属的回复温度，K；

$T_{熔}$——金属的熔化温度，K。

生产中常利用回复现象的特点，对工件进行低温退火（去应力退火），以消除内应力，稳定组织，保留冷变形强化现象。

（2）再结晶

当加热到较高温度时，原子扩散能增大，即开始以一些碎晶粒或杂质为核心，生长成新的晶粒，从而消除了冷变形强化和内应力，使金属的组织和性能恢复到变形前的状态，这一过程称为再结晶。

发生再结晶的最低温度称为再结晶温度，用 $T_{再}$ 表示。纯金属的再结晶温度为：

$$T_{再} \approx 0.4T_{熔}$$

式中 $T_{再}$——金属的再结晶温度，K；

$T_{熔}$——金属的熔化温度，K。

经过再结晶后，硬度显著下降，塑性显著升高。生产中把在常温下经过塑性变形后的金属加热到再结晶温度以上，使其发生再结晶的处理过程称为再结晶退火。再结晶退火可以消除冷变形强化，提高塑性。另外，再结晶退火也可以作为加工过程中的中间退火，使工件恢复塑性以便继续加工。

（3）晶粒长大

在常温下经过塑性变形后的金属，经加热再结晶后，一般均能得到细小而均匀的等轴晶粒。但是，如果加热温度过高或加热时间过长，则晶粒又会继续长大、变粗，导致金属的强度下降，塑性和韧性降低，力学性能下降。

3. 冷变形加工与热变形加工

金属的冷、热变形加工通常是以再结晶温度为界限加以区分的。在再结晶温度以下进行的变形加工称为冷变形加工，加工后只有冷变形强化现象而无再结晶组织；在再结晶温度以上进行的变形加工称为热变形加工，加工后只有再结晶组织而无冷变形强化现象。

一般情况下，压力加工主要采用热加工方式，如轧制和锻造等。而冷加工则多用于已经热加工后的再加工，如冷轧、冷拉和板料的冲压等。金属压力加工的最原始坯料是铸锭，铸锭大多具有粗大的结晶组织以及气孔、缩松等缺陷。经过锻造和轧制等热加工，可以将铸锭中的气孔、微裂纹和缩松等压合在一起，获得细化的再结晶组织，使组织更细密，力学性能得到很大提高。

4. 锻造流线

铸锭内存在有不溶于基体金属的非金属化合物。在热加工过程中，铸锭中分布在晶粒边界上的夹杂物，随着晶粒的变形而被拉长。再结晶时，金属晶粒形状改变，但这些夹杂物依然沿着被拉长的方向保留下来，呈现出一条条的细线，称为锻造流线（或称流纹），如图 5-8 所示。

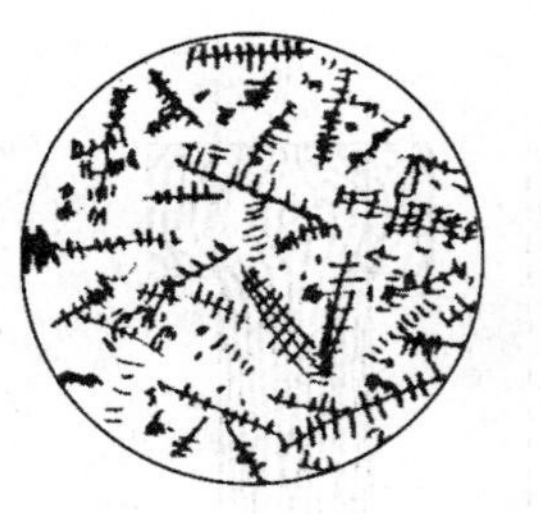
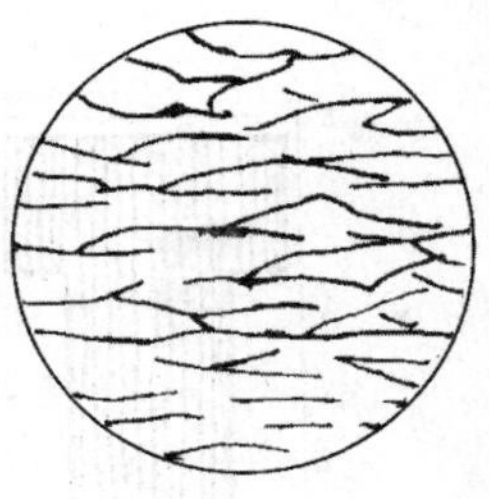

图 5-8 钢锭热变形前后组织

(a) 变形前组织；(b) 变形后组织

锻造流线使金属的力学性能呈各向异性，即沿着流线方向（纵向）上的塑性和韧性提高，而垂直于流线方向（横向）上的塑性和韧性降低；当然，其强度在不同方向上差别较小。45 号钢力学性能与锻造流线方向的关系见表 5-1。

表 5-1　45 号钢力学性能与锻造流线方向的关系

取样方向	σ_b/MPa	σ_s/MPa	A/%	Z/%	A_{kv}/J
纵向(平行于流线方向)	700	461	17.5	62.8	49
横向(垂直于流线方向)	659	431	10	31	23

锻造流线的化学稳定性很高，不能用再结晶消除，只能用锻压方法才能改变其形状和方向。因此，在设计和制造零件时，为了得到较高的力学性能，应使零件工作时的最大正应力方向与流线方向重合，最大切应力方向与流线方向垂直。另外，流线分布还应与零件外形轮廓相符合，尽量使流线不被切断。

如图 5-9 所示为制造螺钉所采用的不同工艺加工方法产生的流线分布。当采用棒料直接切削加工制造螺钉时，螺钉头部与杆部的流线被切断，不能连贯起来，工作时产生的切应力与流线方向重合，螺钉质量较差；当采用局部镦粗加工方法制造螺钉时，流线不被切断，连贯性好，流线方向较合理，螺钉质量较好。

5. 锻造比

锻压加工过程中，常用锻造比(y)来表示金属变形程度。通常用变形前后的截面积比、长度比或高度比来表示。

拔长时的锻造比：
$$y_{拔}=\frac{A_0}{A}=\frac{l}{l_0}$$

镦粗时的锻造比：
$$y_{镦}=\frac{H_0}{H}$$

式中　A_0、l_0、H_0——坯料变形前的截面积、长度和高度；

A、l、H——坯料变形后的截面积、长度和高度。

锻造比会对锻件的力学性能产生较大的影响。如图 5-10 所示，当锻造比 $y<2$ 时，原始铸态组织中的缩松、气孔及微裂纹被压合，组织得到细化，因此，锻件在各个方向的力学性能均有提高；当锻造比 $2<y<5$ 时，锻件的流线明显，呈各向异性，沿流线方向(纵向)的力学性能略有提高，而垂直于流线方向(横向)的力学性能开始下降；当锻造比 $y>5$ 时，锻件在沿流线方向(纵向)的力学性能不再提高，而垂直于流线方向(横向)的力学性能急剧下降。

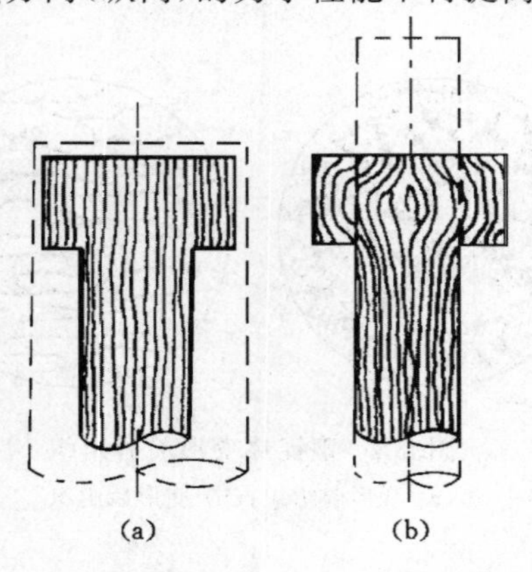

图 5-9　不同工艺方法制造螺钉对其流线的影响

(a) 切削加工制造螺钉；(b) 局部镦粗制造螺钉

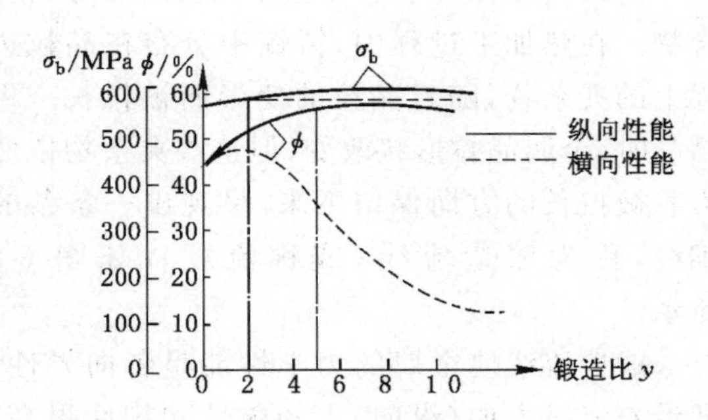

图 5-10　锻造比对锻件力学性能的影响

因此，在生产实践中我们应根据零件的力学性能要求选择适当的锻造比。例如，以钢锭为坯料进行锻造时，对于拉杆等主要在沿着流线方向受力的零件应选择稍大一点的锻造比，对于吊钩等主要在垂直于流线方向受力的零件应选择 2～2.5 的锻造比为宜；以钢材为坯料进行锻造时，因钢材在轧制过程中已产生流线，内部组织与力学性能得到改善，一般可以不考虑锻造比或取较小的锻造比。

二、金属的锻压性能

金属的锻压（造）性能是衡量金属材料锻压成形难易程度的一种工艺性能，又称为可锻性。常用金属的塑性和变形抗力两个指标来综合评定。塑性越好，变形抗力越小，则金属的锻压性能越好；反之，则锻压性能越差。

金属的锻压性能主要取决于金属的本质和变形加工条件。

（一）金属的本质

1. 化学成分

金属的化学成分不同，其锻压性能也不同。一般情况下，纯金属的锻压性能比合金好；含合金元素少的金属材料锻压性能比含合金元素多的要好。例如，纯铁的锻压性能比碳钢好；钢中含易形成碳化物的合金元素越多，锻压性能越差。

2. 金属组织

金属内部的组织结构不同，其锻压性能也不同。纯金属及固溶体（如奥氏体）等单相组织具有良好的塑性和较小的变形抗力，锻压性能就好；金属化合物和机械混合物硬度高，塑性差，变形抗力大，锻压性能就差；铸态组织中，细小而均匀的晶粒组织锻压性能优于粗晶粒组织。

（二）变形加工条件

1. 变形温度

提高金属变形时的温度是改善金属锻压性能的有效措施。随着变形温度的升高，原子动能增加，结合力减弱，金属的塑性增加，变形抗力减小，锻压性能提高。但是，若变形温度过高，必使金属出现过热、过烧、脱碳和严重氧化等缺陷，塑性反而下降。因此，必须严格控制锻造温度。

锻造温度范围指始锻温度（开始锻造的温度）和终锻温度（结束锻造的温度）间的温度区间。例如，碳钢的始锻温度和终锻温度如图5-11所示。始锻温度比 AE 线低 200 ℃左右，终锻温度约为 800 ℃。终锻温度过低，金属的锻压性能急剧变差，使加工难于进行，若强行锻造，将导致锻件破裂报废。

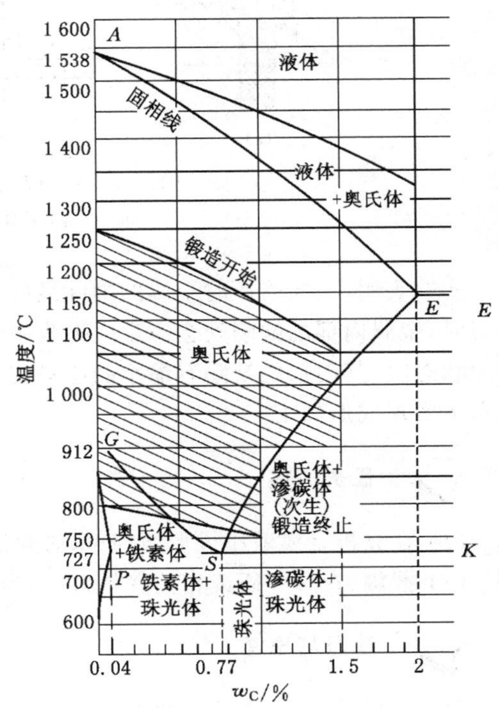

图 5-11　碳钢的锻造温度范围

2. 变形速度

变形速度是指单位时间内的变形程度。如图 5-12 所示，当变形速度低于临界变形速度 C

时，随着变形速度的增加，金属的冷变形强化不能通过回复和再结晶及时克服，使塑性下降，变形抗力增加，锻压性能变差。但是，变形速度超过临界变形速度 C 时，随着变形速度的增加，塑性变形的热效应使金属温度升高，塑性上升，变形抗力减小，金属的锻压性能得以改善。但是热效应现象只有在使用高速锤锻造和高能成形时才有明显的效果，常用的一般锻造方法由于变形速度不可能超过临界变形速度 C，所以影响不大。

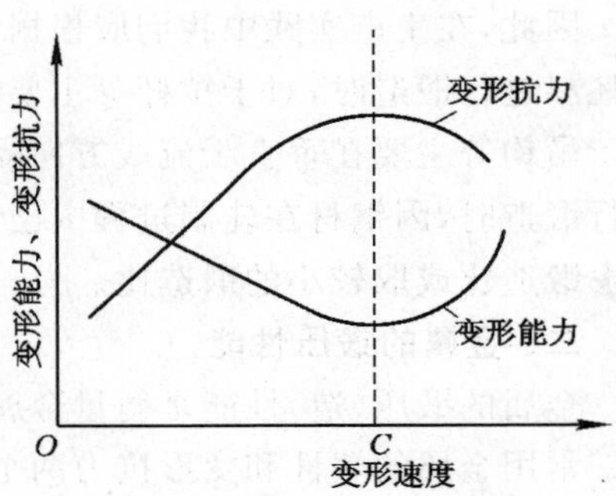

图 5-12 变形速度对金属锻压性能的影响

3. 应力状态

金属在不同的锻压方式下发生变形，其内部各个方向上产生的应力大小和性质是不同的。即使在同一锻压变形方式下，金属内部不同部位的应力也可能不同。因此，金属所表现出来的锻压性能也不同。例如，图 5-13(a)所示为自由锻镦粗时，锻件中心是三向压应力状态；图 5-13(b)所示为挤压时的三向压应力状态；图 5-13(c)所示为拉拔时的两向受压、一向受拉应力状态。

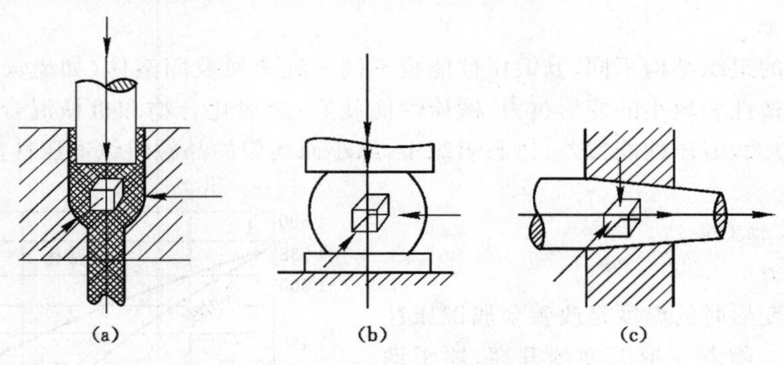

图 5-13 不同锻压变形方法的应力状态

(a) 自由锻镦粗；(b) 挤压；(c) 拉拔

实践表明，三向受压时金属的塑性最好，出现拉应力时则塑性降低。当金属处于拉应力状态时，金属内部的缺陷处会产生应力集中，使缺陷有扩大的趋势，容易锻裂；当金属处于压应力状态时，其内部的缺陷有缩小的趋势，甚至被压合，不易锻裂。因此，应尽可能在压应力状态下实现成形加工。

任务实施

(1) 在分析金属锻压成形原理时，必须清楚从哪几个角度来进行分析。

(2) 搜集、查阅并研读相关资料，进一步拓展对锻压成形原理的理论知识理解。

练习与思考

(1) 名词解释：金属锻压加工，冷变形强化，锻造流线，锻造比，锻造性能。

(2) 什么是塑性变形？试述单晶体和多晶体塑性变形的实质。

(3) 冷变形加工与热变形加工的区别是什么？冷变形强化对金属的组织和力学性能有何影响？再结晶对金属的组织和力学性能有何影响？

(4) 锻造流线对金属的性能有何影响？制造零件时应如何利用锻造流线？

(5) 影响金属锻造性能的因素有哪些？

(6) 何谓锻造温度范围？确定锻造温度范围的原则是什么？

任务二　自由锻工艺

知识要点

(1) 自由锻、自由锻设备及常用工具、自由锻基本工序。

(2) 自由锻的结构工艺性。

技能目标

(1) 理解自由锻的概念、特点及应用。

(2) 了解自由锻的设备及手工自由锻常用的工具。

(3) 熟练掌握自由锻的基本工序。

(4) 掌握自由锻的结构工艺性。

任务导入

在机械制造业中许多毛坯或零件，特别是水轮发电机机轴、涡轮盘、轧辊等重型锻件，通常采用自由锻件作毛坯，因此，自由锻在重型机械制造上占有重要地位。那么，我们需要知道的是，什么是自由锻，它的特点及应用范围如何，自由锻所用的加工设备及常用工具有哪些，其基本工序是什么，自由锻的结构工艺性如何。

任务分析

学习自由锻造工艺，我们要知道自由锻的概念、特点及应用范围，自由锻的加工设备及手工自由锻常用的工具，掌握自由锻的基本工序以及自由锻的结构工艺性，为今后从事专业实践提供理论基础。

相关知识

锻造是指金属坯料借助于外力作用，将其加热至再结晶温度以上，产生塑性变形而获得所需的零件毛坯的加工方法，分为自由锻造、模型锻造(模锻)、胎模锻造等类型。锻造生产可优化金属的本质，提高金属的使用性能，常用于重要零件毛坯的制造。在本任务中，我们先给大家分析一下自由锻工艺。

一、自由锻特点及应用

只用简单的通用性工具或在锻造设备的上、下砧铁之间，直接使坯料变形而获得所需形状及内部质量锻件的锻造方法，称为自由锻造(简称为自由锻)。

自由锻分为手工自由锻和机器自由锻。

手工自由锻(简称为手工锻)是靠人力和手工工具使金属变形的方法。由于手工自由锻锤击力小,劳动强度大,生产率低,因此,只能用于生产小型锻件。

机器自由锻是利用机器产生的冲击力或压力使金属变形的加工方法。由于机器自由锻锤击力大,生产率比手工自由锻高,且能锻造各种大小的锻件,因此成为现代工业生产中应用较普遍的锻造方法。

自由锻的适应性强,灵活性大,所用工具、设备简单,生产周期短,成本低,可锻造小至几克、大至数百吨的锻件,是目前生产大件的主要方法。但是,锻件形状简单,尺寸精度低,加工余量大,金属材料消耗多,生产率低,劳动强度大、条件差,要求操作者的技术水平较高。因此,自由锻适合于单件、小批和大型锻件的生产。

二、自由锻设备及常用工具

(一) 自由锻常用设备

机器自由锻造所用的设备有空气锤、蒸汽-空气锤以及水压机等。中、小型锻件采用空气锤、蒸汽-空气锤锻造,大型锻件采用水压机锻造。

1. 空气锤

空气锤是由电动机直接驱动进行工作的锻造设备,具有动力来源简便、安装费用低、锤击速度快等优点,特别适用于中、小型锻件的自由锻和胎模锻。

常用空气锤的基本参数见表 5-2。

表 5-2　　空气锤基本参数

落下部分质量/kg	打击能量(不小于)/J	锤头打击频率/次·mim^{-1}	工作区间高度/mm	锤杆中心线至锤身距离/mm	上、下砧块平面尺寸/mm×mm	砧座质量(不小于)/kg	锤头至下砧面距离/mm
40	530	245	245	235	120×50	480	35
75	1 000	210	300	280	145×65	900	40
150	2 500	180	380	350	200×85	1 800	45
250	5 600	140	450	420	220×100	3 000	50
400	9 500	120	530	520	250×120	6 000	60
560	13 600	115	600	550	300×140	8 250	70
750	19 000	105	670	750	330×160	11 200	80
1 000	26 500	95	800	800	365×180	15 000	90

(1) 空气锤的构造

空气锤主要由锤身、压缩气缸、工作气缸、传动机构、操纵机构、落下部分及砧座等几部分组成,其外形及工作原理如图 5-14 所示。

锤身与压缩气缸和工作气缸铸成一体,用以安装和固定锤的其他部件。

传动机构包括减速装置、曲柄和连杆等。其作用是把电动机的旋转运动经减速后传给曲柄,曲柄则通过连杆驱动压缩缸内活塞做上、下往复运动。

操纵机构包括踏杆(或手柄)、旋阀及其连接杠杆,其作用是使锤实现各种动作。

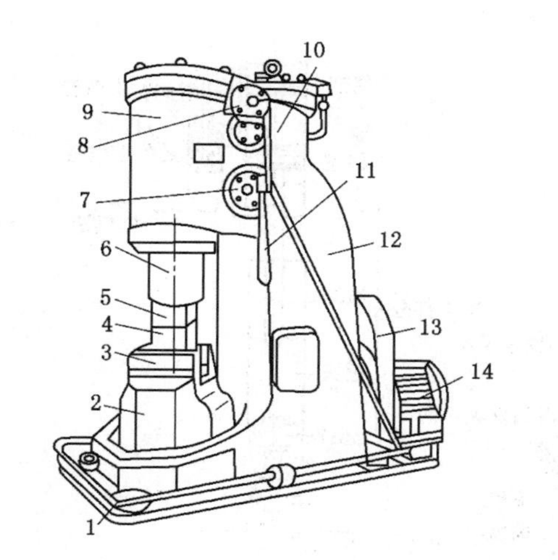

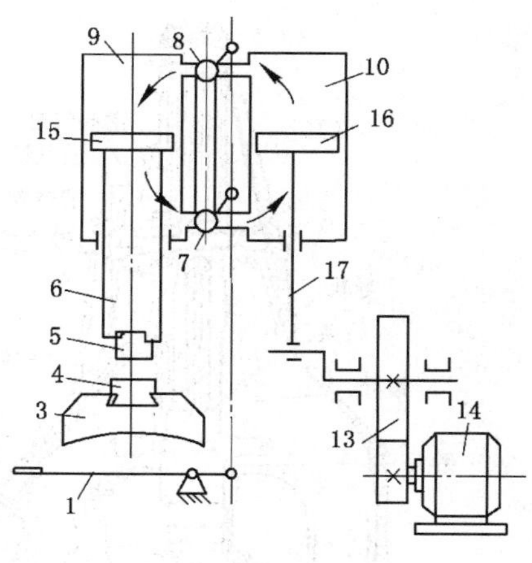

图 5-14　空气锤

1——踏杆；2——砧座；3——砧垫；4——下砧铁；5——上砧铁；6——锤杆；7——下旋阀；8——上旋阀；9——工作气缸；10——压缩气缸；11——手柄；12——锤身；13——减速机构；14——电动机；15——工作活塞；16——压缩活塞；17——曲柄连杆

落下部分包括工作活塞、锤杆和上砥铁。空气锤的吨位用落下部分的质量来表示。

(2) 空气锤的工作原理

空气锤接通电源后，电动机 14 通过减速机构 13 带动曲柄连杆机构 17 转动，使压缩活塞 16 在压缩气缸 10 中做上、下往复运动，产生压缩空气，带动机器工作。当压缩活塞向上运动时，压缩气缸上部的空气被压缩，并通过上旋阀 8 进入工作气缸 9 的上部，推动工作活塞 15、锤杆 6、上砧铁 5 一起(落下部分)向下运动，对放在下砧铁 4 上的锻坯进行锤击；当压缩活塞向下运动时，压缩空气经由下旋阀 7 进入工作气缸下部，推动工作活塞连同锤杆、上砧铁一起向上运动。

(3) 空气锤的基本动作

通过踏杆或手柄控制上、下旋阀，使其处于不同的位置，接通不同的气路，能够在压缩气缸照常工作的情况下，使空气锤实现空行程、悬空(悬锤)、压紧、连打、单打等五种动作。

2. 蒸汽-空气锤

蒸汽-空气锤简称为蒸汽锤，是利用 0.7～0.9 MPa 的蒸汽或 0.6～0.8 MPa 的压缩空气为动力进行工作的锻造设备。该设备必须配备蒸汽锅炉或空气压缩机及其管道，产生及输送运动。蒸汽-空气锤的吨位以锤的落下部分(活塞、锤杆、上砧铁、锤头)的质量表示。其落下部分的质量(吨位)一般为 1～5 t，锻造能力比空气锤大得多，因此，适合锻造中型和较大型的锻件。

(1) 蒸汽-空气锤的构造(以常用的双柱拱式蒸汽-空气锤为例)

蒸汽-空气锤主要由气缸、机架、锤头、锤杆、砧座及操作系统等组成，其外形图及工作原理如图 5-15 所示。它与空气锤的主要区别是以滑阀气缸取代压缩气缸，其自身不带动力装置，所需的压缩空气或压力蒸汽要由配备的空气压缩机或蒸汽锅炉提供。

(2) 蒸汽-空气锤的工作原理

通过操纵手柄控制滑阀，使蒸汽或压缩空气进入气缸上、下腔，推动活塞上、下往复运动，使锤头实现悬锤、压紧、单打或不同能量的连打等基本动作。

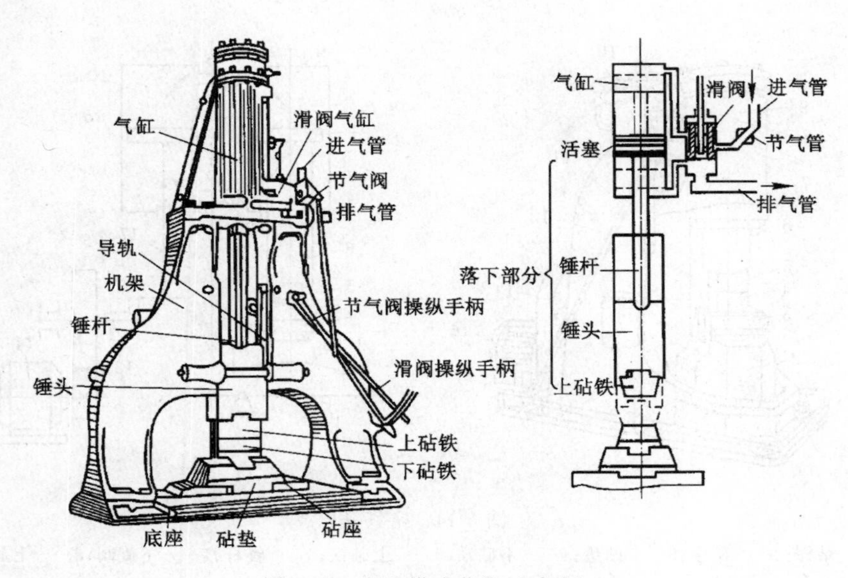

图 5-15 双柱拱式蒸汽-空气锤

3. 水压机

水压机是以高压水泵所产生的高压水为动力进行工作的自由锻设备，是液压机的一种。与锻锤相比，水压机上锻造的变形速度较慢，有利于改善坯料的锻造性能，并使工件整个截面上变形比较均匀。此外，水压机靠静压力工作，无振动，对周围建筑物及地基没有影响，同时可改善工人的劳动条件。水压机产生静压力使金属变形，其能力(吨位)的大小是用其产生的最大压力(公称压力)来表示。常用的小至几千千牛，大至 125 000 kN，适合于大锻件的锻造，可完成重达 300 t 锻件的锻造任务，是巨型锻件成形的唯一生产设备。

(1) 水压机的构造

如图 5-16 所示，水压机由三横梁(上横梁、下横梁、活动横梁)、四根立柱、工作缸、回程缸及操作系统等组成，并附有高压水泵、蓄势器等动力装置。

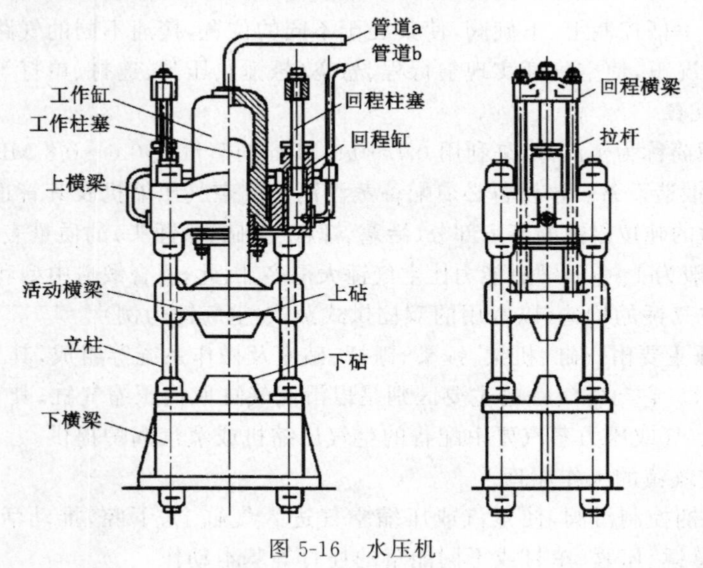

图 5-16 水压机

(2) 水压机的工作原理

工作时，将 20～40 MPa 的高压水通入工作缸，推动水压机工作柱塞，使活动横梁带着上砧铁沿立柱下压，对坯料进行锻压；回程时，使高压水通入回程缸，通过回程柱塞和回程拉杆将活动横梁沿立柱提起。

(二) 自由锻常用工具

手工自由锻工具按其用途可分为支持工具（如铁砧）、打击工具（如大锤、手锤）、成形工具（如冲子、平锤和摔锤等）及平持工具（如手钳），如图 5-17 所示。

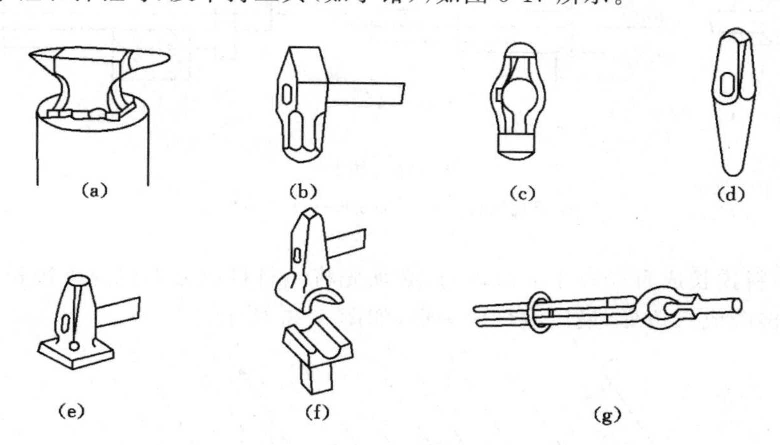

图 5-17　手工自由锻工具

(a) 铁砧；(b) 大锤；(c) 手锤；(d) 冲子；(e) 平锤；(f) 摔锤；(g) 手钳

三、自由锻工序

自由锻工序可分为基本工序、辅助工序以及精整工序三大类。

(一) 基本工序

基本工序是锻件基本成形的工序，使金属坯料实现主要的变形要求，达到或基本达到锻件所需形状和尺寸的工序，如镦粗、拔长、弯曲、冲孔、切割、扭转和错移等。实际生产中常采用的是镦粗、拔长和冲孔三个工序。

1. 镦粗

镦粗是减少坯料高度而增大其横截面积的工序。常用的方法有完全镦粗和局部镦粗两种，主要用于锻造高度小、横截面大的锻件，如齿轮、圆盘、凸轮等，或者作为冲孔前的准备工序，或者为提高锻造比，作为拔长的准备工序。

全镦粗是将坯料竖直放于上、下砧之间进行锻打，使其沿整个高度上缩短，如图 5-18(a) 所示。

局部镦粗按镦粗的部位不同，又分为端面镦粗和中间镦粗。局部镦粗需要借助工具（如漏盘）才能进行，如图 5-18(b) 所示。

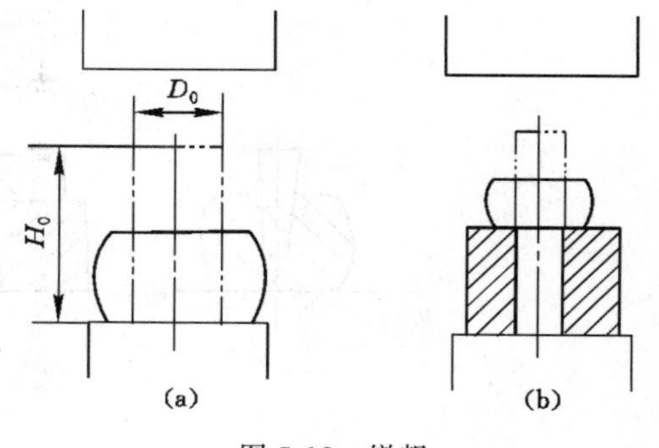

图 5-18　镦粗

(a) 完全镦粗；(b) 局部镦粗

2. 拔长

拔长（或称延伸、引伸）是使坯料的横截面

积减小、长度增加的锻造工序。拔长时，坯料沿轴向送进，且进行翻转，连续锻打成形。拔长的类型有整体拔长、局部拔长、带芯轴的拔长(若锻造空心轴、套筒等锻件，坯料应先镦粗、冲孔，再套上芯轴进行拔长)，如图 5-19 所示。拔长常用于轴类、拉杆、连杆等杆类锻件，是自由锻造生产应用最多的一种工序。

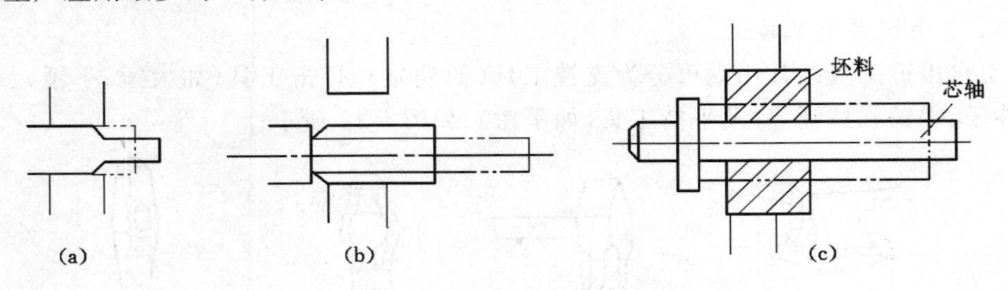

图 5-19 拔长

(a) 整体拔长；(b) 局部拔长；(c) 芯轴拔长

圆截面坯料拔长成直径较小的锻件时，必须先将坯料打成方形截面再拔长，直到接近锻件的直径时，再锻成八角形，最后滚打成圆形，如图 5-20 所示。

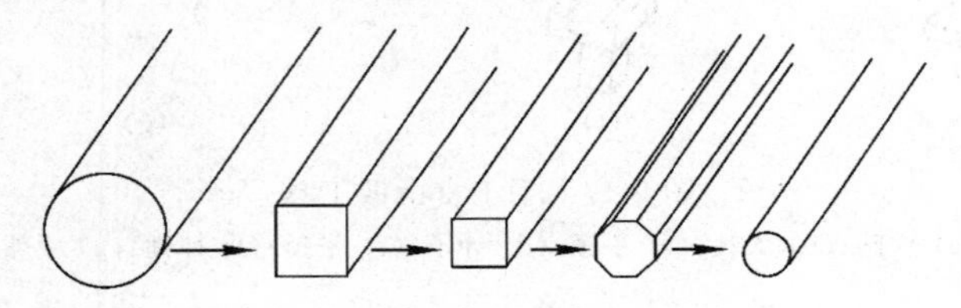

图 5-20 圆截面坯料拔长时的变形过程

3. 冲孔

冲孔是利用冲子在坯料上冲出通孔或不通孔的锻造工序，常用于齿轮、套筒、圆环等空心锻件的锻造。当冲孔直径小于 400～500 mm 时，一般采用实心冲子冲孔；当锻件高度 H 与外径 D 之比小于 0.125 时(薄饼形锻件)，采用垫环上冲孔(或称漏孔)，所用垫环孔径应比冲子直径大 10～15 mm；当冲孔直径大于 400～500 mm 时，一般采用空心冲子冲孔，所用漏盘孔径应比空心冲子外径大 30～50 mm，如图 5-21 所示。

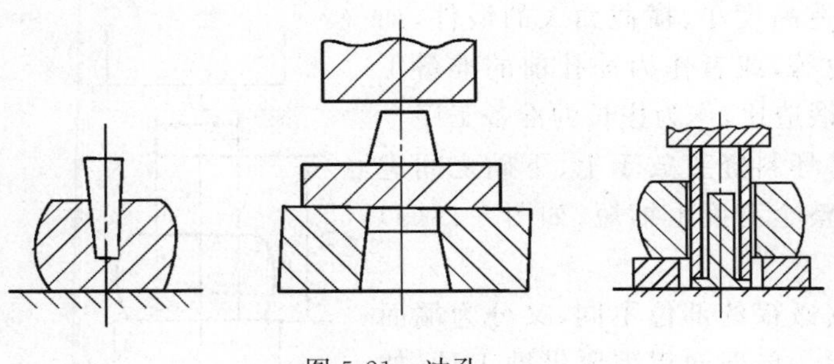

图 5-21 冲孔

冲孔分为单面冲孔和双面冲孔两种类型。双面冲孔时，先将冲子冲深至坯料厚度的 2/3～3/4 处，取出冲子，翻转工件后，再将孔冲透，如图 5-22(a)所示；较薄工件的单面冲孔时，应将冲子大头朝下，对正冲出透孔，如图 5-22(b)所示。

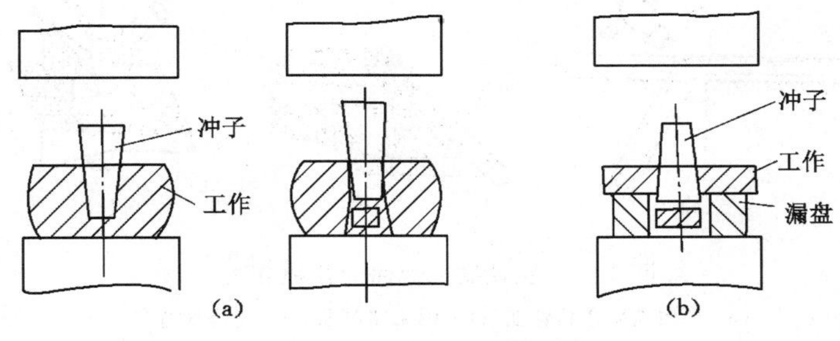

图 5-22　冲孔的两种类型

(a) 双面冲孔；(b) 单面冲孔

4. 切割

切割是将坯料切断、劈开或切除工件料头的锻造工序，起分离坯料的作用。常用于料头的切除或用于钢锭冒口的切除等。切割分单面切割、双面切割、四面切割等，如图 5-23 所示。其中，单面切割法适用于切割较小截面的矩形坯料，而双面切割和四面切割法用于较大截面的矩形坯料的分离。

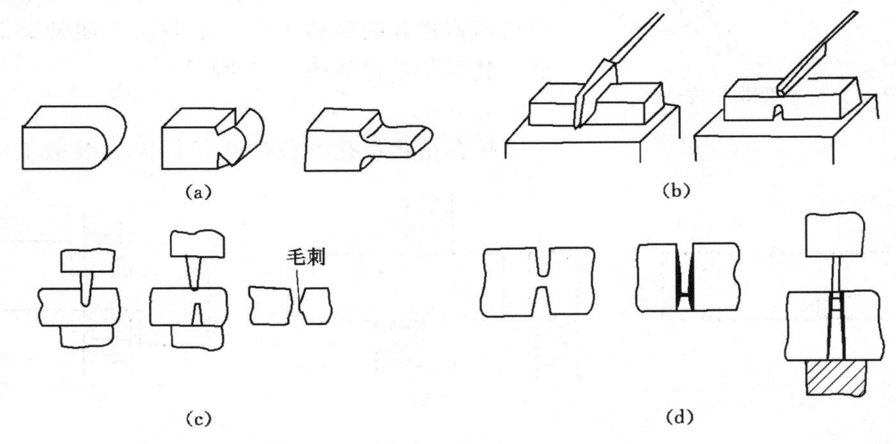

图 5-23　切割

(a) 局部切开后的延伸；(b) 单面切割；(c) 双面切割；(d) 四面切割

圆形截面坯料的切割是用了带了凹槽的剁垫(置于下砧铁上)，边切割边旋转坯料，直至切断，如图 5-24 所示。

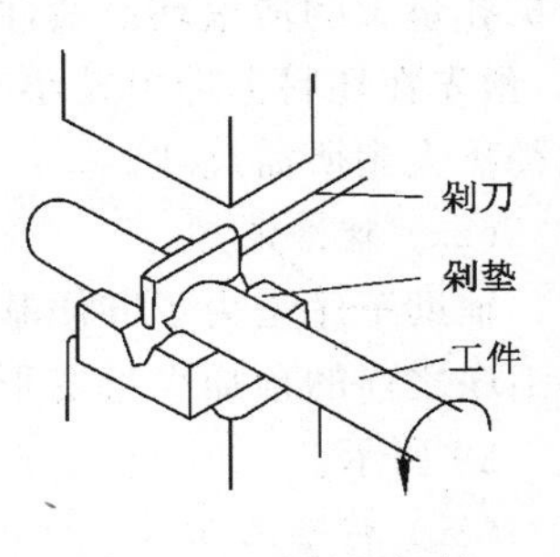

图 5-24　圆料的切割

5. 弯曲

弯曲是将坯料的形状弯成所规定的外形的锻造工序。常用于角尺、吊钩、链环、弯板、曲杆等的锻造。

弯曲的方法很多，最简单的弯曲方法是在铁砧的边角上进行，如图 5-25 所示为几种在铁砧上弯曲的方法。

6. 扭转

扭转是使坯料的一部分相对另一部分绕着轴心线旋转一

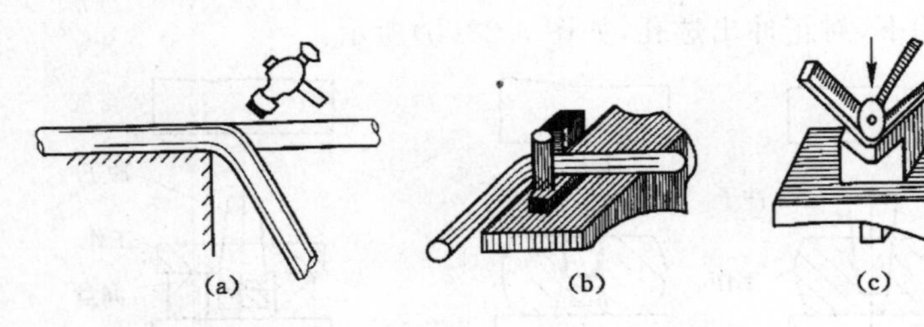

图 5-25 在铁砧上弯曲的几种方法

(a) 利用铁砧边角弯曲；(b) 用叉架弯曲；(c) 用垫铁弯曲

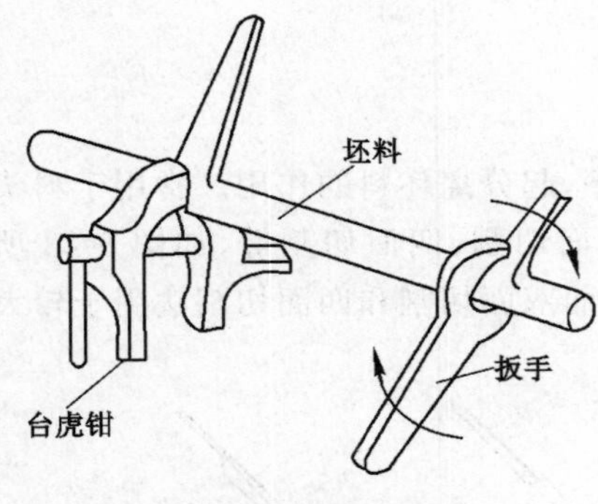

图 5-26 小型锻件的扭转

定的角度的锻造工序。常用于连杆、多拐曲轴等的锻造以及锻件的校正。

对于小型锻件的扭转，通常在台虎钳上进行。扭转时，把坯料的一端夹紧在台虎钳上，另一端用扳手转动到要求的位置，如图 5-26 所示。

7. 错移

错移是将坯料的一部分相对另一部分平移一定的距离而错移开的锻造工序。主要用于曲轴类锻件的锻造。其操作过程如图 5-27 所示。

8. 扩孔

扩孔是将带孔的锻件孔径扩大的锻造工序。常用

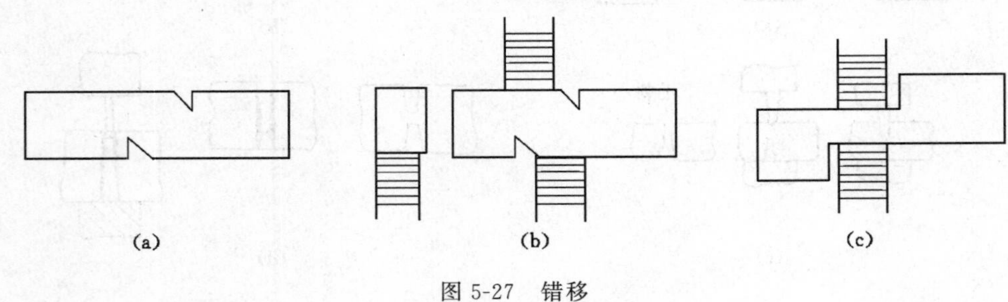

图 5-27 错移

(a) 压肩；(b) 锻打；(c) 修整

于扩孔量大的薄壁环形锻件的锻造。其操作过程如图 5-28 所示，预先在坯料上冲出较小孔，然后用直径较大的冲子逐步将孔径扩大到所需尺寸。

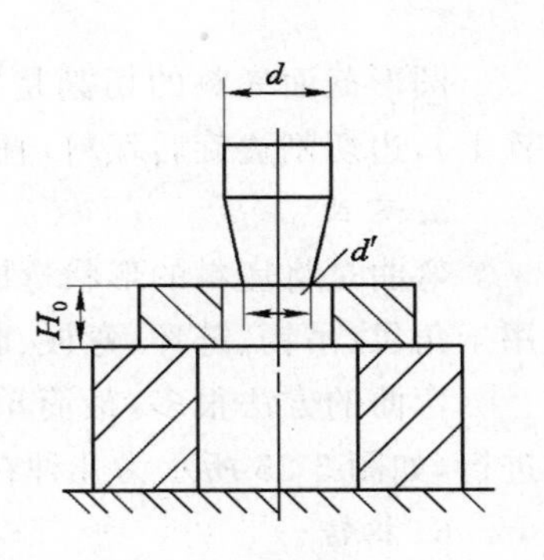

图 5-28 冲子扩孔

（二）辅助工序

辅助工序是为了方便基本工序的操作而对坯料进行的基本工序之前的预加少量变形工序，如压肩、压钳口、倒棱等，如图 5-29 所示。

（三）精整工序

精整工序是在完成基本工序之后，对已成形的锻件表面进行平整，清除毛刺、校直弯曲、修整鼓形等，以提高锻件尺寸及

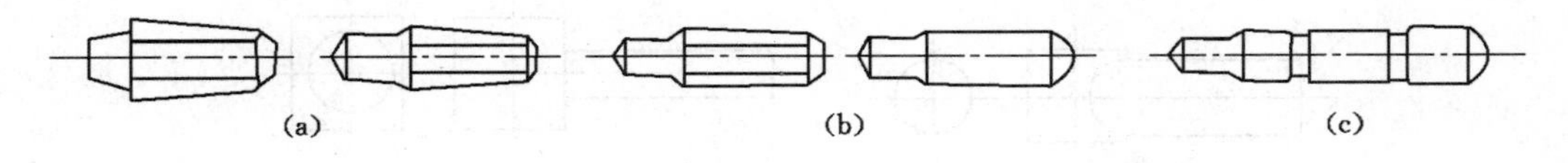

图 5-29　辅助工序

(a) 压钳口；(b) 倒棱；(c) 压痕

位置精度的工序，如矫正、滚圆及摔圆等，如图 5-30 所示。

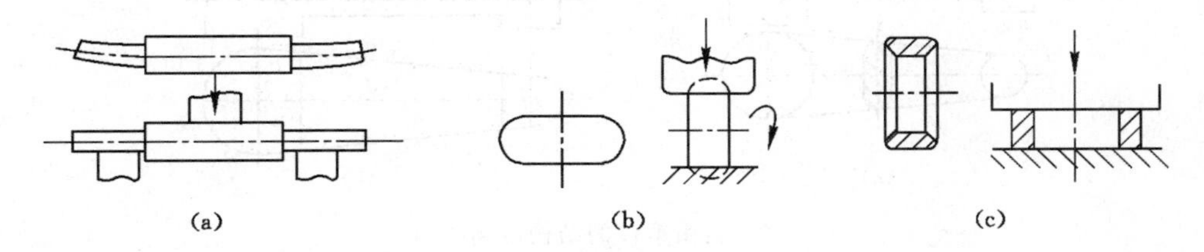

图 5-30　精整工序

(a) 校正；(b) 滚圆；(c) 平整

四、自由锻件的结构工艺性

根据自由锻特点和工艺要求，设计自由锻件时，应符合以下几个原则：

(1) 锻件上具有圆锥体或斜面的结构，如图 5-31(a)所示，其成形比较困难，工艺过程复杂，操作不方便，应尽量避免。因此，可采用圆柱面代替圆锥面，用平面代替斜面，如图 5-31(b)所示。

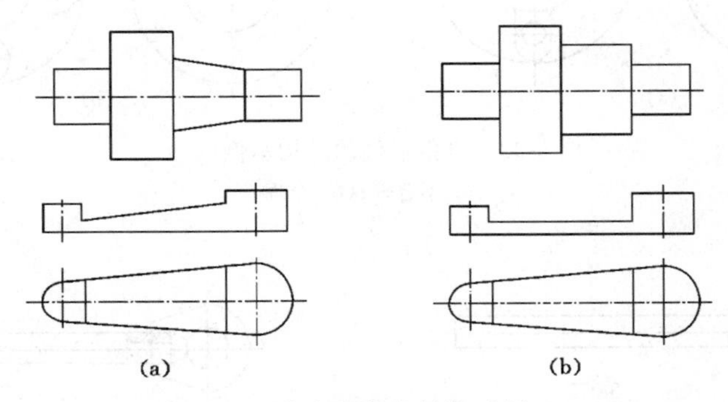

图 5-31　自由锻件的结构示例(一)

(a) 不合理；(b) 合理

(2) 锻件由几个简单的圆柱体组成时，圆柱体与圆柱体的交接处应避免出现空间曲线的结构，如图 5-32(a)所示，此结构锻造成形困难，因此，可采用平面与圆柱、平面与平面相接，使锻造成形容易；另外，应避免出现工字形截面及椭圆形、弧线等表面，而采用简单、对称、平直的形状，如图 5-32(b)所示。

(3) 自由锻锻件应避免出现加强筋、表面凸台等结构，如图 5-33(a)所示，其难以用自由锻方法得到。这些结构(如小孔等)可采用切削加工方法进行加工，如图 5-33(b)所示。

(4) 锻件的横截面有急剧变化或形状较复杂，如图 5-34(a)所示，应当分成几个简单的部分进行锻造，再用焊接或机械连接方式构成整个零件，如图 5-34(b)所示。

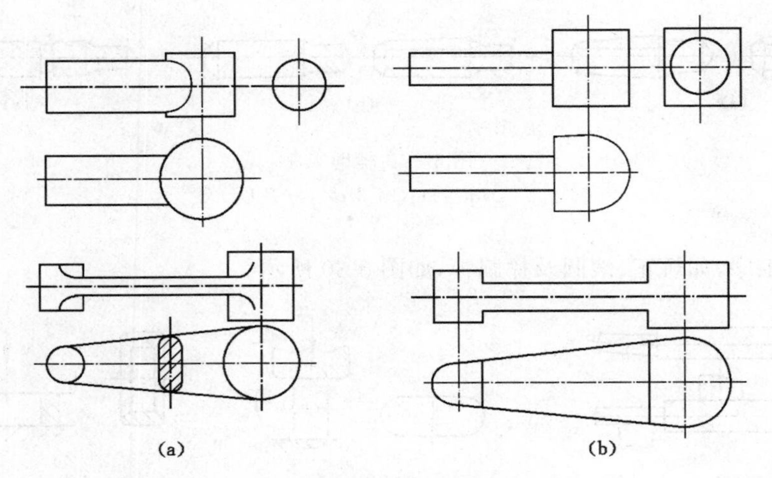

图 5-32　自由锻件的结构示例(二)

(a) 不合理;(b) 合理

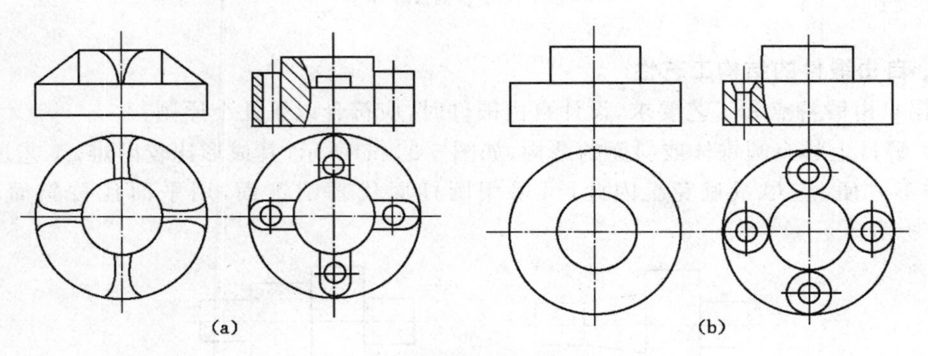

图 5-33　自由锻件的结构示例(三)

(a) 不合理;(b) 合理

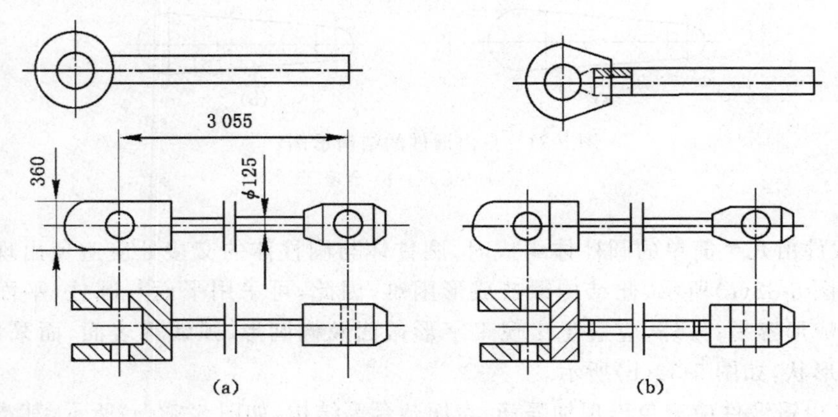

图 5-34　自由锻件的结构示例(四)

(a) 不合理;(b) 合理

任务实施

(1) 在分析自由锻工艺时,必须清楚从哪几个角度来进行分析。

(2) 搜集、查阅并研读相关资料,进一步拓展对自由锻工艺的理论知识理解。

(3) 如条件允许,可以组织学生到相关企业对自由锻工艺进行认识实习,以提升其对理论知识的理解和实践技能。

练习与思考

(1) 何谓自由锻? 自由锻有哪些基本工序?

(2) 为什么重要的大型锻件必须采用自由锻的方法制造?

(3) 重要的轴类锻件为什么在锻造过程中安排有镦粗工序?

(4) 冲孔前为什么要先将坯料镦粗? 是否一定都要将坯料镦粗?

(5) 机器锻造拔长时,加大送进量是否可加速工件的拔长过程? 为什么?

任务三 模锻工艺

知识要点

(1) 模锻、锤上模锻、制坯模膛和模锻模膛等。

(2) 模锻的结构工艺性。

技能目标

(1) 理解模锻的概念、特点及应用。

(2) 了解锤上模锻的设备。

(3) 掌握锤上模锻的模锻结构、模膛的分类及其作用。

(4) 掌握模锻的结构工艺性。

任务导入

模锻与前面所讲的自由锻相比有着明显的优势,它在汽车、飞机、机床和动力机械等行业中应用十分广泛。那么,我们需要知道的是,什么是模锻,它的特点及应用范围如何,模锻的种类及常用的锤上模锻结构及模膛分类是什么,模锻的结构工艺性如何。

任务分析

学习模锻工艺,我们要知道模锻的概念、特点及应用范围、模锻的分类,掌握锤上模锻的结构、模膛分类以及模锻的结构工艺性,为今后从事专业实践提供理论基础。

相关知识

一、模锻的特点及应用

将加热后的坯料放在锻模模膛内，在锻压力的作用下使坯料发生塑性变形而获得与模膛形状相符的锻件的一种加工方法，称为模型锻造，简称为模锻。

模锻与自由锻相比，具有以下优点：

(1) 模锻件的尺寸精度高、表面粗糙度小、加工余量小。

(2) 模锻可以锻造出形状比较复杂的锻件，而且锻件的锻造流线分布更合理。

(3) 模锻生产比自由锻生产节省金属材料，能减少切削加工量。

(4) 生产率高，操作简单，易于实现机械化。

但是，模锻生产由于受模锻设备吨位的限制，模锻件不能太大，一般其质量在 150 kg 以下。另外，模锻设备投资大，成本高，每种锻模只可加工一种锻件。因此，模锻只适用于中、小型锻件的成批和大量生产，广泛用于汽车、拖拉机、机床等行业。

根据所使用的设备类型不同，模锻主要分为锤上模锻、曲柄压力机模锻、摩擦压力机模锻等。

二、锤上模锻

(一) 模锻锤

锤上模锻所用有模锻锤有蒸汽-空气锤、无砧座锤、高速锤等。一般主要使用蒸汽-空气锤。模锻生产所用蒸汽-空气锤的工作原理与蒸汽-空气自由锻锤基本相同，只是模锻锤头与导轨之间的间隙比自由锻小，机架直接与砧座连接，保证了锤头上、下运动的精度，这样可以使上、下模对准。模锻锤的吨位一般为 1～16 t，模锻件质量为 0.5～150 kg。

(二) 锻模结构

锤上模锻生产所用的锻模由上模和下模组成，上、下模接触时所形成的空间为模膛，如图 5-35 所示。上模 2 和下模 4 分别用楔铁 10、7 固定在锤头 1 和模垫 5 上，模垫用楔铁 6 固定在砧座上，上模随锤头做上、下往复运动。

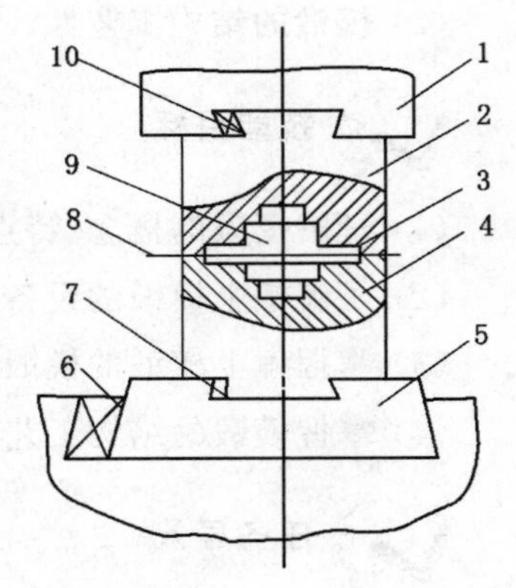

图 5-35 锤上锻模

1——锤头；2——上模；3——飞边槽；4——下模；5——模垫；6,7,10——紧固楔铁；8——分模面；9——模膛

锻模模膛按其功能的不同，可分为制坯模膛和模锻模膛两大类。

1. 制坯模膛

对于外形复杂的锻件，为了使坯料形状接近锻件的形状，使金属变形均匀，锻造流线分布合理及顺利地充满模锻模膛，需设计制坯模膛。制坯模膛主要包括拔长模膛、滚压模膛、弯曲模膛以及切断模膛四种类型，如图 5-36 所示。

(1) 拔长模膛

拔长模膛用减少坯料某部分的横截面积来增加其长度。其主要适用于锻件沿其轴线横截面积相差较大的情况。

(2) 滚压模膛

滚压模膛用减少坯料一部分的横截面积，增大另一部分的横截面积，使金属能按锻件的形状来分配。其分为开式滚压模膛和闭式滚压模膛，当锻件截面相差不大时采用开式滚压

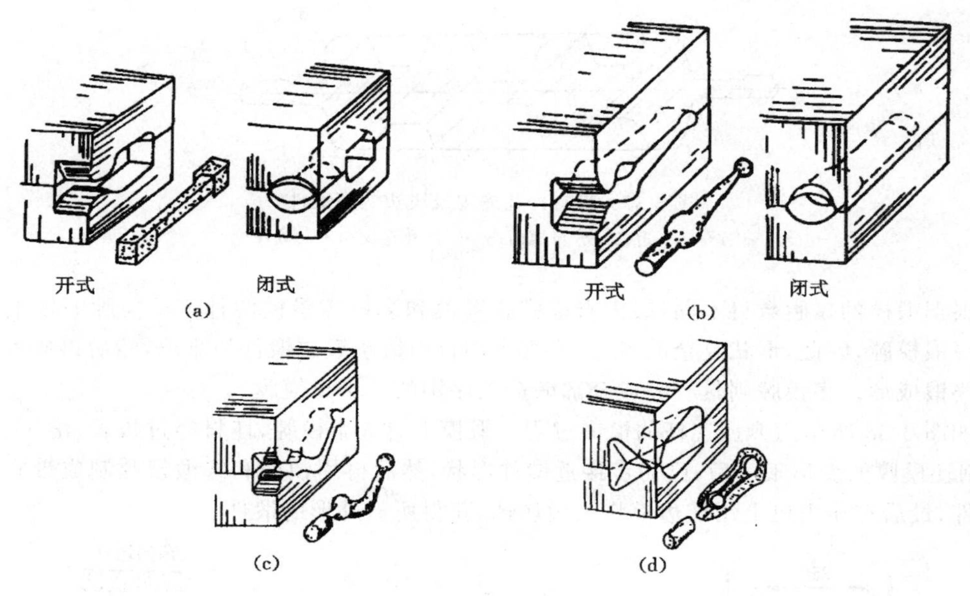

图 5-36　制坯模膛

(a) 拔长；(b) 滚压；(c) 弯曲；(d) 切断

模膛；当锻件截面相差较大时采用闭式滚压模膛。

(3) 弯曲模膛

弯曲模膛主要是针对弯曲的杆类锻件。

(4) 切断模膛

切断模膛是由上、下模的角上组成一对刀口，用于切断金属。单件锻造时，用它来切下锻件或从锻件上切下钳口；多件锻造时，用它来分割成单件。

2. 模锻模膛

模锻模膛分为终锻模膛和预锻模膛。

(1) 终锻模膛

终锻模膛是使坯料最后成形达到锻件所要求的形状和尺寸的模膛。但是因锻件冷却时要收缩，终锻模膛的尺寸要比锻件尺寸放大一个收缩量。另外，沿模膛四周设有飞边槽，使上、下模合拢时能容纳多余的金属，而且飞边槽靠近模膛较浅处，以便增加金属从模膛中流出的阻力，促使金属充满模膛。

对于具有通孔的锻件，由于不可能靠上、下模的突起部分将金属完全挤压掉，因此，终锻后在孔内留下一薄层金属，称为冲孔连皮。将冲孔连皮和飞边冲掉后，才能得到具有通孔的模锻件，如图 5-37 所示。

(2) 预锻模膛

预锻模膛是使坯料最后成形前获得接近终锻形状的模膛。这样再进行终锻时，金属容易充满终锻模膛，减少终锻模膛的磨损，提高终锻模膛的寿命。预锻模膛和终锻模膛的区别是前者的圆角和斜度较大，没有飞边。对于形状复杂的锻件(如连杆、拨叉等)，在大批量生产时采用预锻模膛进行预锻。

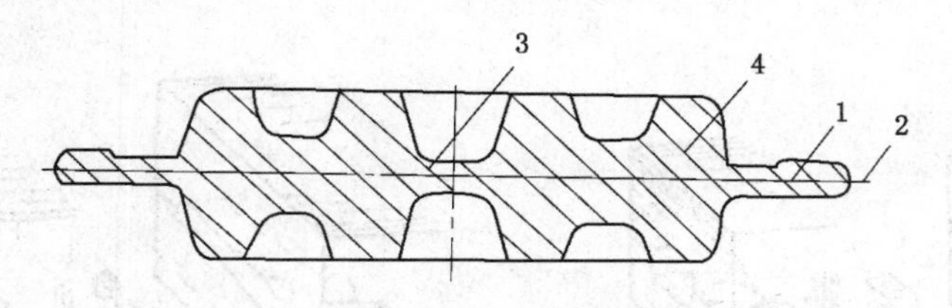

图 5-37　带有冲孔连皮及飞边的模锻件

1——飞边；2——分模面；3——冲孔连皮；4——锻件

根据锻模的模膛数目不同，锻模有单模膛锻模和多模膛锻模两种。单模膛锻模上只有一个终锻模膛，因此，形状复杂的锻件，必须先用自由锻预锻成锻件的雏形，然后再放入此模膛内终锻成形。多模膛则具有完成全部锻造工序用的若干个模膛。

如图 5-38 所示为典型连杆的模锻过程。锻模上有 5 个模膛，坯料经过拔长、滚压、弯曲 3 个制坯模膛的变形工序后，已初步接近锻件形状，然后再用预锻和终锻模膛制成带有飞边的锻件，最后在压力机上用切边模将飞边切掉，获得所需外形的锻件。

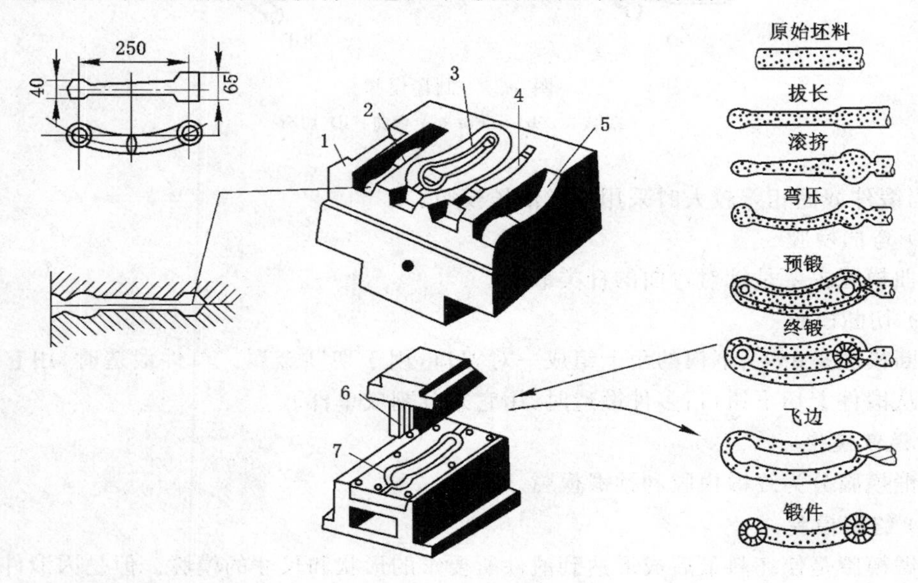

图 5-38　连杆的模锻过程

1——拔长模膛；2——滚压模膛；3——终锻模膛；4——预锻模膛；5——弯曲模膛；6——切边凸模；7——切边凹模

三、压力机上模锻简介

锤上模锻适应性广，目前在锻压生产中有着广泛的应用。但是，模锻锤在工作中存在振动和噪声大、劳动条件差、蒸汽效率低、能源消耗多等缺点。因此，其有着逐渐被压力机取代的趋势。

用于模锻生产的压力机有曲柄压力机、摩擦压力机和平锻机等几种类型。

（一）曲柄压力机上模锻

曲柄压力机是一种机械压力机，其传动系统如图 5-39 所示。当离合器 7 处于工作状态时，电动机 1 的动力通过小带轮 2、大带轮 3、传动轴 4、小齿轮 5、大齿轮 6 传给曲柄 8，再经曲柄连杆机构使滑块 10 做上、下往复直线运动，锻模分别安装在滑块 10 和工作台 11 上，随着滑块的上、下往复运动，实现锻压。当离合器处于脱开状态时，带轮 3 空转，制动器 15 使滑块停在确定位置上，顶杆 12 用来从模膛中推出锻件，从而实现自动取件。

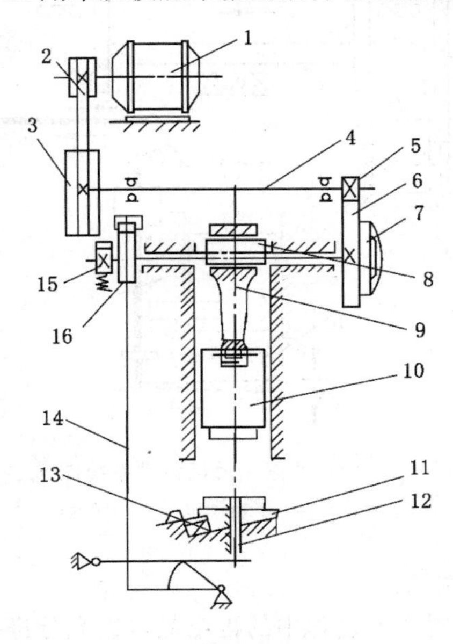

图 5-39　曲柄压力机传动系统图

1——电动机；2——小带轮；3——大带轮；4——传动轴；5——小齿轮；6——大齿轮；7——离合器；8——曲柄；9——连杆；10——滑块；11——楔形工作台；12——下顶杆；13——楔块；14——顶料连杆；15——制动器；16——凹轮

曲柄压力机上模锻的特点如下：

(1) 曲柄压力机作用于金属上的变形是静压力，所以工作平稳、无振动、噪声小。

(2) 滑块行程固定，每个变形工步在滑块的一次行程中即可完成，所以生产效率高。

(3) 曲柄压力机具有良好的导向装置和自动顶件机构，因此，锻件的机械加工余量、公差和模锻斜度都比锤上模锻小，精度高。

但是，因曲柄压力机构造复杂和造价高，因而其应用受到限制，我国仅在大型工厂使用，且适用于大量生产条件下的中、小型锻件。

(二) 摩擦压力机上模锻

摩擦压力机的传动系统如图 5-40 所示，锻模分别安装在滑块 7 和机座 10 上，滑块与螺杆 1 相连，沿导轨上、下滑动。螺杆穿过固定在机架上的螺母 2，其上端有飞轮 3。两个摩擦盘 4 同装在一根轴上，由电动机 5 经皮带 6 使摩擦盘旋转。改变操纵杆位置可使摩擦盘轴沿轴向窜动，这样就会将某一个摩擦盘靠紧飞轮边缘，借摩擦力带动飞轮转动。飞轮分别与两个摩擦盘接触，产生不同方向的转动，螺杆也就随着飞轮做不同方向的转动。在螺母的约束下，螺杆的转动变为滑块的上、下滑动，从而实现模锻生产。

摩擦压力机上模锻的特点如下：

(1) 摩擦压力机是靠飞轮、螺杆及滑块向下运动时所积蓄的能量来实现坯料变形的。

(2) 摩擦压力机的滑块行程不固定，并具有一定的冲击作用，因而可实现轻打、重打，可

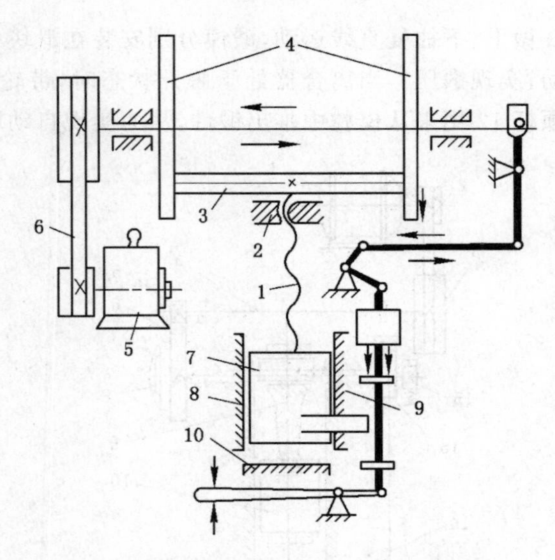

图 5-40 摩擦压力机传动系统图

1——螺杆；2——螺母；3——飞轮；4——摩擦盘；5——电动机；6——皮带；7——滑块；8，9——导轨；10——机座

在一个模膛内对金属进行多次锻击。

(3) 滑块运动速度低，金属变形过程中的再结晶可以充分进行。

(4) 摩擦压力机承受偏心载荷的能力差，通常只适用于单模膛进行模锻。对于形状复杂的锻件，需要在自由锻设备或其他设备上制坯。

综上所述，摩擦压力机具有结构简单、造价低、使用维修方便等特点，因而广泛应用于中、小型锻件（如螺钉、螺母及铆钉等紧固件）的中、小批量生产，特别是塑性较差的合金钢和有色金属锻件的生产。

四、模锻件的结构工艺性

设计模锻件时，应根据模锻特点和工艺要求，符合以下几个原则：

(1) 模锻件必须具有合理的分模面，以便模锻件从锻模中取出，锻模容易制造。

(2) 模锻件上与其他机件配合的表面才需进行机械加工，其他表面为非加工表面。因此，模锻件上与锤击方向平行的非加工表面应设计模锻斜度，非加工表面所形成的角应设计成模锻圆角。

(3) 模锻件的辐板厚度不应小于 5 mm。肋不能太薄，内圆角不能太小，如图 5-41 所示。一般肋骨最小宽度等于辐板厚度，肋骨的高度与宽度之比与金属种类和零件形状有关。

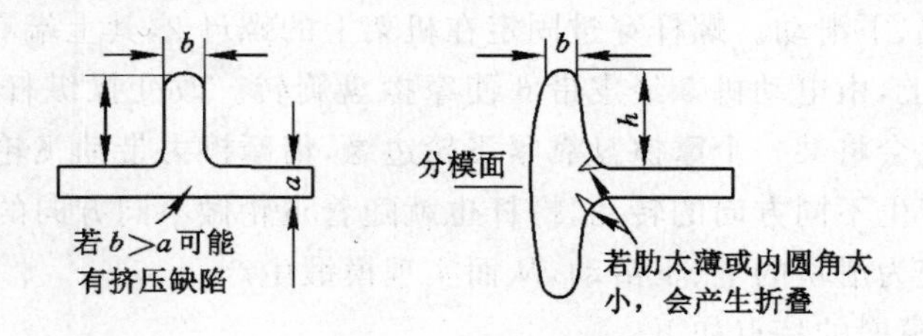

图 5-41 肋的设计要求

(4) 为了使金属容易充满模膛和减少工序，模锻件形状应力求简单、平直和对称，尽量避免其截面间相差太大或具有薄壁、高筋、凸起等结构。

如图 5-42(a)所示零件的最小截面与最大截面之比小于 1/2 时，不宜采用模锻制造；此外，该零件的凸缘薄而高，中间凹下很深也难以采用模锻方法制造。如图 5-42(b)所示零件扁而薄，模锻时冷却快，不易充满模膛。如图 5-42(c)所示零件的凸缘高而薄，使锻模制造与取出锻件都困难。若将图 5-42(c)改为图 5-42(d)的结构，在不影响其使用性能的情况下，锻制成形就方便很多。

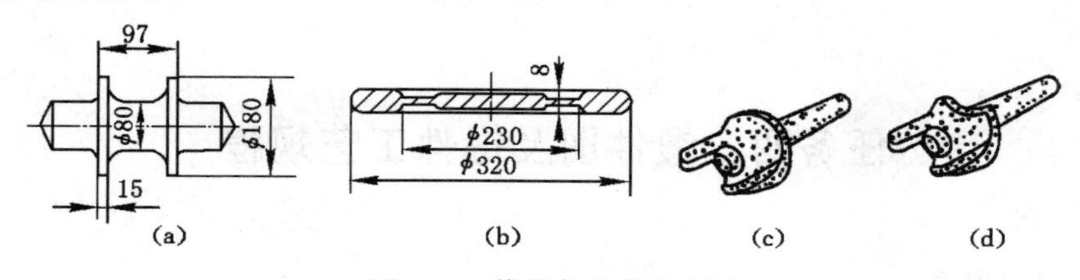

图 5-42　模锻件的各种形状

(a)、(b)、(c)不合理；(d) 合理

(5) 在允许的情况下，应尽量避免窄沟、深槽、深孔及多孔等结构。孔径小于 30 mm 或孔深大于直径 2 倍时均不易锻出。

(6) 对于复杂锻件，为减少敷料，简化模锻工艺，可采用锻-焊结构，如图 5-43 所示。

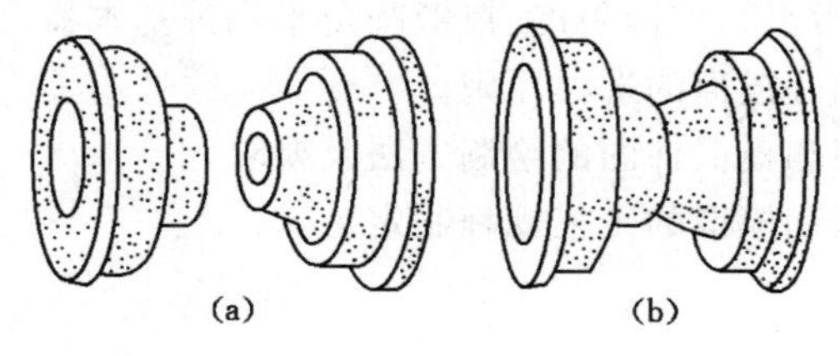

图 5-43　锻-焊结构

(a) 锻件；(b) 焊接件

任务实施

(1) 在分析模锻工艺时，必须清楚从哪几个角度来进行分析。

(2) 搜集、查阅并研读相关资料，进一步拓展对模锻工艺的理论知识理解。

(3) 如条件允许，可以组织学生到相关企业对模锻工艺进行认识实习，以提升其对理论知识的理解和实践技能。

练习与思考

(1) 何谓模锻？模锻与自由锻相比有何特点？试述其应用范围。

(2) 预锻模膛与终锻模膛的作用有何有不同？什么情况下需要预锻模膛？是否均有飞边槽？

(3) 制坯模膛有哪些种类？其各自的特点是什么？

(4) 如图 5-44 所示的零件结构是否符合模锻的工艺要求？为什么？请修改不合理的部位。

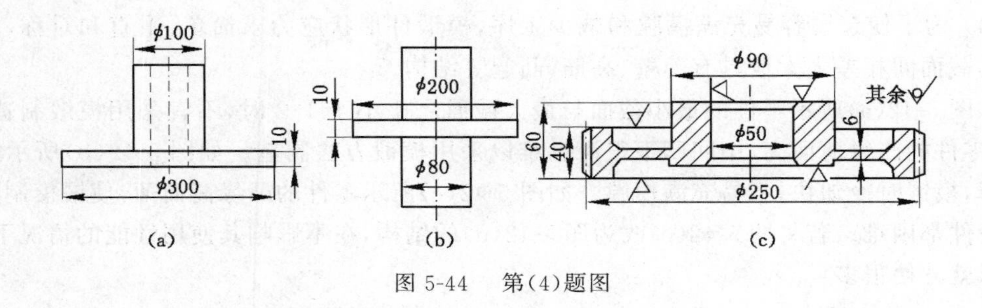

图 5-44　第(4)题图

任务四　锻件图及锻件工艺规程

知识要点

(1) 工艺余块、分模面、模锻斜度、修整工序(切边、冲孔连皮等)。

(2) 自由锻件图、模锻件图。

技能目标

(1) 理解工艺余块(敷料)、模锻斜度、模锻圆角半径等基本概念。

(2) 掌握模锻工艺中分模面的选择原则。

(3) 掌握自由锻件图和模锻件图的绘制方法及要求。

(4) 初步了解自由锻和模锻的工艺规程制定。

任务导入

在机械制造业中许多毛坯或零件,特别是承受重载荷的机件,如机床主轴、重要齿轮、连杆等,通常采用锻件(自由锻件和模锻件)作毛坯。那么,我们需要知道的是,锻件毛坯是如何成形的,其工艺规程如何制定。

任务分析

要制定锻件的工艺规程,我们必须要知道工艺余块(敷料)、模锻斜度、模锻圆角半径等基本概念,掌握自由锻件图的绘制以及自由锻件工艺规程的制定步骤,掌握模锻件图的绘制方法和要求,模锻分模面的选择以及其他相关内容等,为今后从事专业实践提供理论基础。

相关知识

一、自由锻工艺规程的制定

工艺规程是指导生产的基本技术文件。

制定自由锻的工艺规程应遵循以下两个原则:设计自由锻零件时,必须考虑锻造工艺是否方便、经济和可能;零件的形状应尽量简单和规则(零件的结构不合理,将使锻造操作困难,降低生产率和造成金属的浪费)。

自由锻工艺规程主要内容包括绘制锻件图、计算坯料质量和尺寸、选择锻造工序、选择锻造设备，以及确定坯料加热、锻件冷却和热处理方法等。

（一）绘制锻件图

锻件图是工艺规程的核心内容，它是以零件图为基础并考虑工艺余块、机械加工余量和锻造公差等绘制的图样。

1. 工艺余块

工艺余块（也称为敷料）主要是针对形状复杂的零件（如零件上的小孔、盲孔、台阶等难以锻出的部位），为简化锻件形状及方便锻造而增加的一部分金属，如图5-45(a)所示。增加工艺余块方便了锻件的成形，但是增加了切削加工工时和金属的消耗量，因此，是否增加工艺余块应根据实际情况综合考虑。

2. 机械加工余量

由于自由锻件的精度和表面质量都较差，因此，锻件上凡是需要进行切削加工的表面均应留有加工余量，如图5-45(b)所示。加工余量的大小与零件的形状、尺寸、精度、表面粗糙度和批量等因素有关，还会受到生产条件、工人技术水平等因素的影响，其数值可通过查表确定。

3. 锻件公差

锻件基本尺寸为零件基本尺寸加上相应的机械加工余量，因此，锻件实际尺寸与其基本尺寸间的允许变动量就称为锻件公差。一般公差值取加工余量的1/4～1/3。具体数值应根据锻件的形状、尺寸、精度等要求，从有关手册中查取。

4. 锻件图的画法及尺寸标注

如图5-45(b)所示，绘制锻件图时，锻件外形以粗实线表示，零件形状以双点画线表示，锻件的尺寸和公差标注在尺寸线上面，将零件的基本尺寸标注在尺寸线下面的括号内。

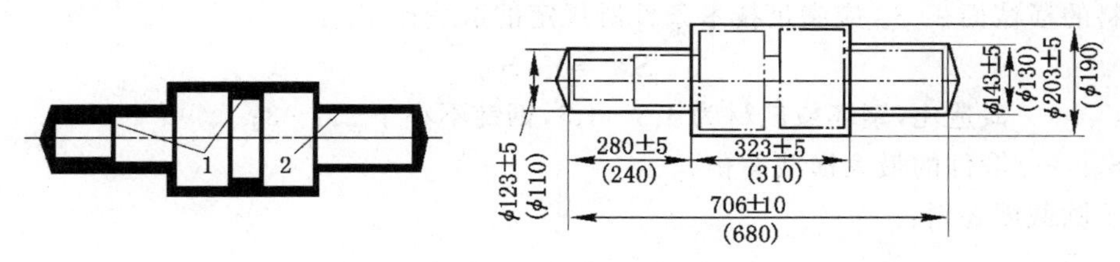

图5-45　自由锻锻件

(a) 锻件余量及余块；(b) 锻件图

1——余块；2——余量

（二）计算坯料质量及尺寸

1. 计算坯料质量

坯料质量可按下式计算：

$$m_{坯料}=m_{锻件}+m_{烧损}+m_{料头}$$

式中　$m_{坯料}$——坯料质量。

$m_{锻件}$——锻件质量。

$m_{烧损}$——加热时坯料表面氧化而烧损的质量。首次加热时的损失取锻件质量的2%～3%，以后每次加热取1.5%～2%。

$m_{料头}$——在锻造过程中被冲掉或切掉的金属的质量。它包括冲孔时坯料中部的料芯和修切端部产生的料头等。当用钢材作坯料时，料头损失按锻件质量的2%～4%计算；当锻造大型锻件用钢锭作坯料时，还要考虑切掉的钢锭头部和钢锭尾部的质量。

2. 计算坯料尺寸

确定坯料尺寸应考虑坯料在锻造过程中的变形程度，即锻造比。锻造比的确定与坯料种类和锻造工序有关。

(1) 采用镦粗法锻制

为避免镦弯，坯料的高度 $H_{坯}$ 与圆截面坯料的直径 $D_{坯}$ 或方截面坯料的边长 $L_{坯}$ 应满足下列关系：

$$1.25D_{坯} \leqslant H_{坯} \leqslant 2.5D_{坯}$$
$$1.25L_{坯} \leqslant H_{坯} \leqslant 2.5L_{坯}$$

坯料的体积（$V_{坯}$）为 $V_{坯}=\frac{\pi}{4}D_{坯}^2(2\sim2.5)D_{坯}$ 或 $V_{坯}=L_{坯}^2\ H_{坯}$。

由此，可分别计算出 $D_{坯}$ 或 $L_{坯}$：

$$D_{坯}=(0.8\sim1.0)\sqrt[3]{V_{坯}} \quad (圆截面坯料)$$
$$L_{坯}=(0.74\sim0.93)\sqrt[3]{V_{坯}} \quad (方截面坯料)$$

再按有关钢材的标准尺寸加以修正，计算出坯料的横截面积 $S_{坯}$，最后按下式计算出坯料的高度 $H_{坯}$：

$$H_{坯}=\frac{V_{坯}}{S_{坯}}$$

(2) 采用拔长法锻制

坯料的横截面积 $S_{坯}$ 应满足技术条件所规定的锻造比 $Y_{拔}$：

$$S_{坯}=Y_{拔}S_{锻}$$

式中 $Y_{拔}$——锻造比，钢坯或轧材为1.3～1.5，钢锭不小于2.5～3；

$S_{锻}$——锻件的最大横截面积。

对于圆截面坯料：

$$S_{坯}=Y_{拔}S_{锻}=\frac{\pi}{4}D_{坯}^2$$

$$D_{坯}=\sqrt{\frac{4}{\pi}S_{坯}}=\sqrt{1.27S_{坯}}$$

对于方截面坯料：

$$S_{坯}=Y_{拔}S_{锻}=L_{坯}^2$$
$$L_{坯}=\sqrt{S_{坯}}$$

用上述方法计算出坯料的直径 $D_{坯}$ 或边长 $L_{坯}$，按有关钢材的标准尺寸加以修正，并计算横截面积 $S_{坯}$，再根据坯料质量 $m_{坯料}$ 和密度 ρ 计算出坯料的体积 $V_{坯}$，最后按公式计算出坯料的高度 $H_{坯}$。

（三）选择锻造工序

自由锻造工序应根据锻件的形状、尺寸、技术要求以及锻造工序的特点加以确定。自由锻锻件的分类及其锻造工序见表 5-3。

表 5-3　　自由锻件分类及锻造工序

锻件分类	图　　例	锻造工序	适用范围
轴类	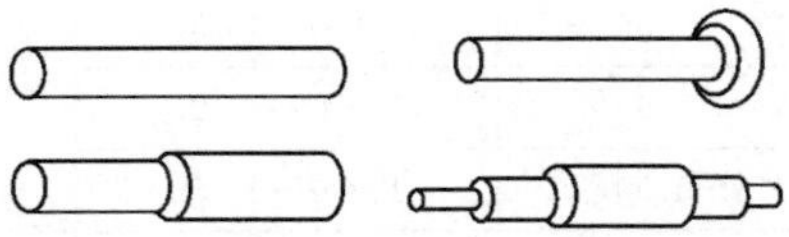	拔长、压肩、滚圆	主轴、传动轴等
杆类	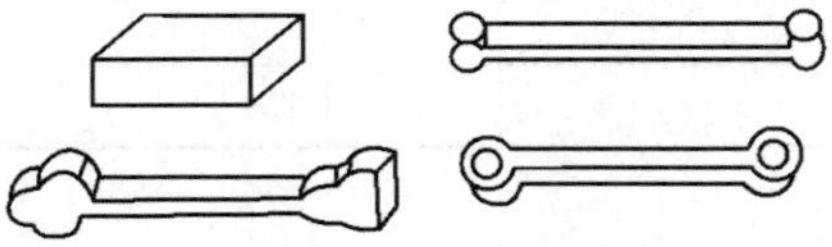	拔长、压肩、修整、冲孔	连杆等
曲轴类	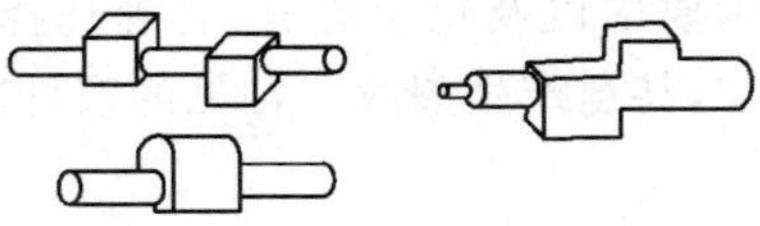	拔长、错移、压肩、滚圆、扭转	曲轴、偏心轴等
盘类、圆环类	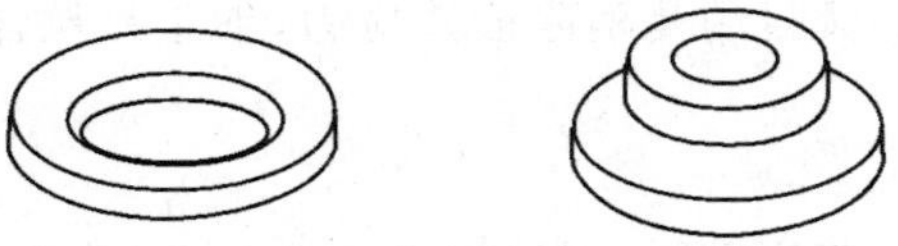	镦粗、冲孔、马杠扩孔、定径	齿圈、法兰、圆环等
筒类		镦粗、冲孔、芯棒拔长、滚圆	圆筒、套筒等
弯曲类	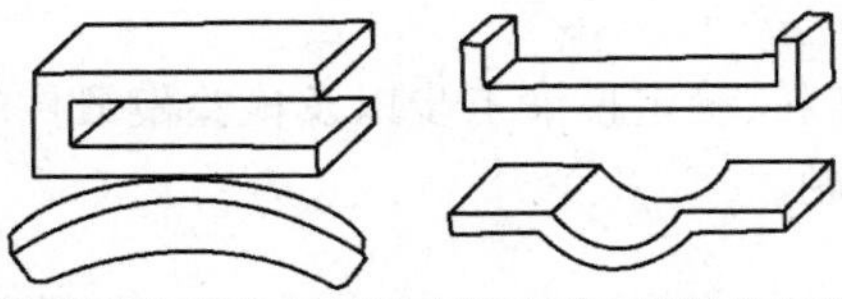	拔长、弯曲	吊钩、轴瓦盖、弯杆等

（四）选择锻造设备

锻造设备应根据锻件材料、尺寸，锻造工序，设备的锻造能力等因素进行选择，并考虑工厂的生产条件。

（五）确定坯料加热、锻件冷却和热处理方法

1. 坯料加热

坯料加热的目的是提高金属的塑性变形能力和降低变形抗力，以改善锻造性能和获得良好的锻后组织。所以，加热后锻造，可以用较小的锻打力使坯料产生较大的变形而不破裂。始锻温度是指材料开始锻造时所允许的最高加热温度；终锻温度是指材料停止锻造时的温度。锻造温度范围是始锻温度和终锻温度间的间隔，不同的金属材料，其锻造温度范围不同。常见金属材料的锻造温度范围见表 5-4。

表 5-4　　常见金属材料的锻造温度范围

金属材料			温度/℃	
			始锻	终锻
碳素钢	w_C	0.30%	1 150～1 200	800～850
		0.30%～0.50%	1 100～1 150	
		0.50%～0.90%	1 050～1 100	
		0.90%～1.50%	1 000～1 050	
合金钢	低合金钢		1 100	825～850
	中合金钢		1 100～1 150	850～870
	高合金钢		1 150	870～900

2. 锻件冷却

锻造后的锻件应根据其形状、尺寸、技术要求以及化学成分，合理选择冷却方式。如果冷却不当，将使锻件发生翘曲，表面硬度增加，甚至产生裂纹。常见的锻件冷却方式有空冷、坑冷、炉冷等。

3. 锻件热处理

锻件的热处理一般采用退火和正火，其目的是消除锻造应力，细化晶粒，降低硬度和改善切削加工性能。

（六）填写工艺卡片

填写锻造工艺卡片主要涉及锻件图、工序简图、锻造设备及工具、加热次数以及锻造温度范围等内容。此外，还需注明坯料和锻件的质量、材料及锻造比等。

二、模锻工艺规程制定

模锻的工艺规程包括绘制模锻锻件图、计算坯料尺寸、确定模锻工步、选择模锻设备、确定锻造温度范围及安排模锻件的修整工序等。

（一）绘制模锻件图

模锻件图是设计和制造锻模、计算坯料、确定模锻工步以及检验模锻件的依据。根据零件图绘制模锻件图时应考虑以下几个问题。

1. 分模面

分模面是上、下模在锻件上的分界面。其选择应符合以下原则：

(1) 便于模锻件从模膛中顺利取出，并使锻件形状尽可能与零件形状相同。一般分模面应选在模锻件最大尺寸的截面上。

(2) 最好使分模面为一平面，并使上、下锻模的模膛深度基本一致，以便于锻模制造。

(3) 选定的分模面应使模锻件上所加的余块(敷料)最少。

(4) 按选定的分模面制成锻模后，应使上、下模沿分模面的模膛轮廓一致，以便于发现上、下模错移现象。

(5) 最好将分模面选在能使模膛深度最浅处，这样可使金属容易充满模膛，便于锻模制造。

按上述原则综合分析，如图 5-46 所示的各种分模面选择中，若选 aa 面为分模面，则无法从模膛中取出锻件；若选 bb 面为分模面，则加工余块最多，零件中间的孔不能锻出，且模膛深度过大；若选 cc 面为分模面，则不符合第四个原则，不易发现错移；选用 dd 面为分模面最为合理。

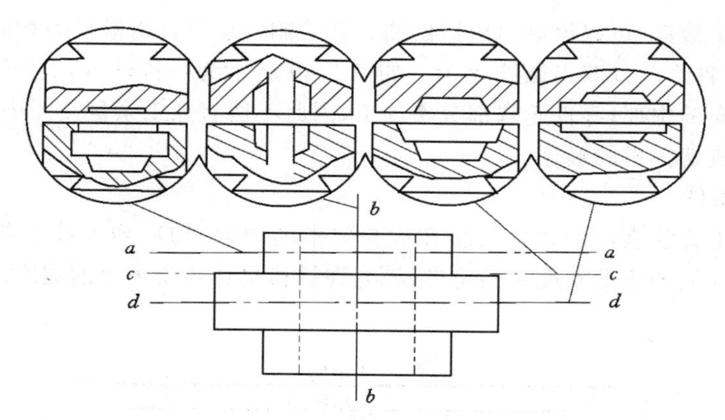

图 5-46　分模面的选择比较

2. 加工余量、锻件公差和余块

模锻时，金属坯料是在锻模中成形的，因此，模锻件的尺寸较精确，其公差和余量比自由锻小得多。模锻件的加工余量一般为 1～4 mm，锻件公差一般取±0.3～3 mm。

模锻件均为批量生产，应尽量减少或不加余块，以节约金属。

对于孔径 $d<30$ mm 或冲孔深度大于冲头直径 3 倍的带孔模锻件，孔不锻出；对于孔径 $d>30$ mm 的带孔模锻件，孔应锻出，但需留有冲孔连皮。所谓连皮，是指锻件上的通孔模锻时不能直接锻出，在该部位留有一层较薄的金属。连皮在锻造后与飞边一同切除。冲孔连皮的厚度与孔径有关，当孔径为 30 mm$<d<$80 mm 时，冲孔连皮厚度为 4～8 mm。

3. 模锻斜度

为了方便模锻件从模膛中取出，模锻件与模膛侧壁接触部分的表面必须加上一定斜度的余量(不包括在加工余量之内)，这个斜度就称为模锻斜度。对于锤上模锻，其模锻斜度一般为 5°～15°。模锻斜度与模膛深度和宽度有关。如图 5-47 所示，当模膛深度与宽度的比值 h/b 大时，取较大的斜度值；斜度 α_2 为内模锻斜度，其值比外模锻斜度 α_1 大 2°～5°。模锻件成形后，外模锻斜度有助于锻件出模，内模锻斜度的金属由于收缩反而将模膛的突起部分夹得更紧。

4. 模锻圆角半径

在模锻件上所有两表面的相交处均需以圆角过渡，如图 5-48 所示。其目的是增大锻件强度，使锻造件金属易于充满模膛，避免模锻件上的内尖角产生裂纹，从而被撕裂或被拉断，提高锻模的使用寿命。模锻件上的外圆角半径 r(或称凸圆角半径)取 1～6 mm，内圆角半径 R(或称凹圆角半径)比外圆角半径 r 大 2～3 倍。

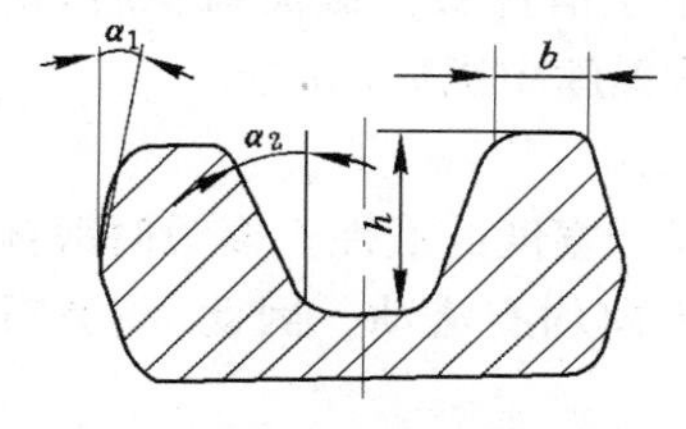

图 5-47　模锻斜度示意图

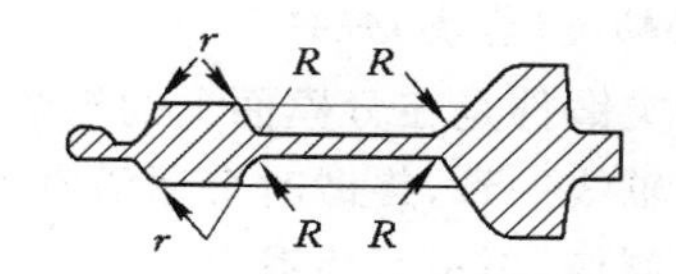

图 5-48　圆角半径示意图

5. 模锻件图的画法及其技术条件

(1) 画法

确定上述参数后,可以绘制出模锻件图。其绘制方法与自由锻件图相同,即锻件外形以粗实线表示,零件形状以双点画线表示。如图 5-49 所示为一齿轮坯的模锻件图,分模面选在锻件高度方向的中部,零件轮辐部分不加工,因此不留有加工余量。图中内孔中部的两条直线为冲孔连皮切掉后的痕迹。

(2) 技术条件

模锻件图上无法表示的锻件质量和检验要求的内容,均应列入技术条件中加以说明。其内容包括未注明的模锻斜度和圆角半径、允许错移量和残余飞边的宽度、允许的表面缺陷深度等。

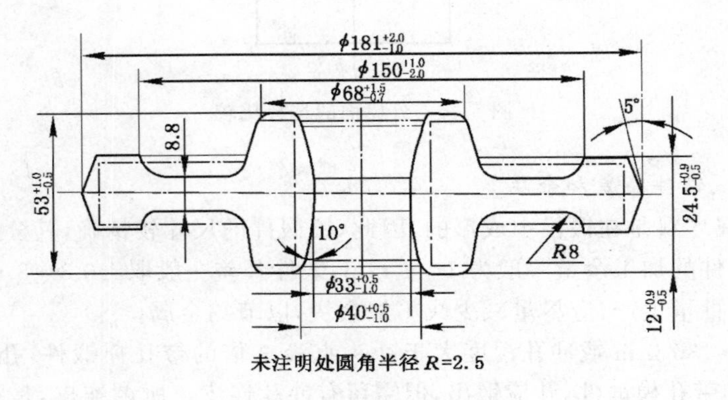

图 5-49　齿轮坯模锻件图

(二) 计算坯料尺寸

计算步骤与自由锻件相似。坯料质量包括锻件、飞边、连皮、钳口料头和氧化皮等。一般飞边是锻件质量的 20%～25%;氧化皮是锻件和飞边总质量的 2.5%～4%。

(三) 确定模锻工步

确定模锻工步主要依据锻件外形、尺寸来制定。模锻件根据其形状可分为两大类:长轴类锻件,如曲轴、连杆、阶梯轴等;短轴类(盘类)锻件,如齿轮、法兰盘等。

1. 长轴类锻件

此类锻件长度与宽度(直径)相差较大,锻造的锤击方向与锻件的轴线垂直,终锻时金属沿高度和宽度方向流动,长度方向流动不显著。因此,长轴类锻件一般需经过拔长、滚压、弯曲、预锻、终锻等工步。

不同形状零件工艺过程不同。比如,锻件轴线为曲线,则需弯曲工步;坯料截面面积大于锻件横截面面积时,选用拔长工步;当坯料截面面积小于锻件最大截面面积时,则选用滚压工步;对于形状复杂的锻件还需预锻工步,最后在终锻模膛中成形;等等。

2. 短轴类(盘类)锻件

短轴类锻件是在分模面上的投影为圆形或长度接近于宽度的锻件。模锻时锻锤打击方向与坯料轴线一致,终锻时金属沿高度、宽度以及长度方向均有流动。因此,该类锻件一般采用镦粗制坯,再进行终锻。

对于形状简单的短轴类锻件可直接终锻成形;对于形状复杂、有深孔或有高筋的锻件,则应增加镦粗工步。

（四）选择模锻设备

模锻造设备应根据锻件材料、尺寸，锻造工序，设备的锻造能力等因素进行选择。

（五）制定修整工序

坯料在锻模内制成模锻件后，模锻件需经过一系列修整工序，如切边、冲孔、校正、热处理以及清理等工序，以保证和提高模锻件质量。

1. 切边和冲孔

由于模锻件都有飞边，所以必须在压力机上切除飞边；对于带孔零件，锻件上都有冲孔连皮，也必须加以切除。

切边和冲孔可在热态和冷态下进行。对于大型锻件，可利用锻后余热直接切除（称为热切）；对于小型锻件可采用冷切。热切省力，但锻件容易变形；冷切锻件表面质量高，但需较大的切断力。

如图 5-50(a)所示为切边工序。切边模由活动凸模和固定凹模组成。切边凹模的通孔形状和锻件在分模面上的轮廓一致；凸模工作面的形状与锻件上部外形相符。如图 5-50(b)所示为冲孔工序。在冲孔模上，凹模作为锻件的支座，凹模的形状做成使锻件放到模中时能对准中心，冲孔连皮从凹模孔落下。

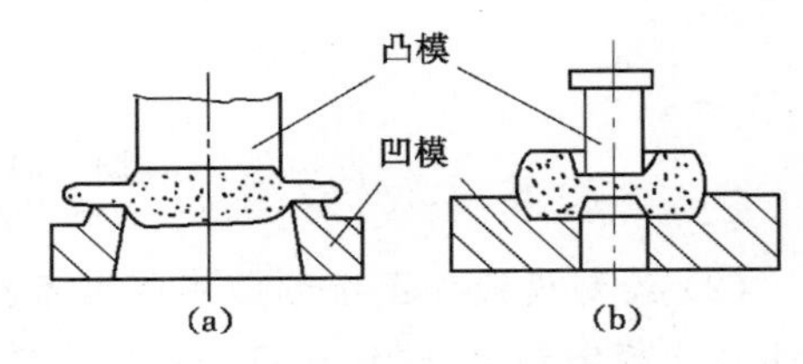

图 5-50　切边与冲孔

(a) 切边模；(b) 冲孔模

当然，当锻件为大量生产时，切边及冲孔连皮可以在一个较复杂的复合模或连续模上联合进行。

2. 校正

在锻造后的切边、冲边以及搬运等工序过程中都可能引起锻件变形。因此，对于许多锻件，特别是形状复杂的锻件在切边、冲孔连皮等工序后还需进行校正。校正可在锻模的终锻模膛内进行（热校）或在专门的校正模内进行（冷校）。

3. 热处理

模锻件进行热处理的目的是消除锻件的过热组织或冷变形强化，使模锻件具有所需的机械性能。一般可采用正火或退火。

4. 清理

为了提高模锻件的表面质量，改善模锻件的切削加工性能，模锻件需进行表面处理，去除生产过程中形成的氧化皮、油污及其他表面缺陷（毛刺）等。清理一般采用滚筒法、喷砂法或酸洗法。

任务实施

（1）在制定自由锻和模锻工艺规程时，必须清楚其各自的分析步骤是什么，如何绘制自由锻件图和模锻件图、计算坯料质量和尺寸、选择锻造工序等。

（2）搜集、查阅并研读相关资料，对于典型锻件的工艺规程制定进行分析、理解，加强锻件工艺规程制定的能力。

（3）如条件允许，可以组织学生到相关企业进行认识实习，以加强锻件工艺规程制定的理论知识的理解和实践技能的提高。

练习与思考

(1) 自由锻工艺规程包括哪些内容？绘制如图 5-51 所示零件的自由锻件图时应考虑哪些因素？请绘制该零件的自由锻件图。

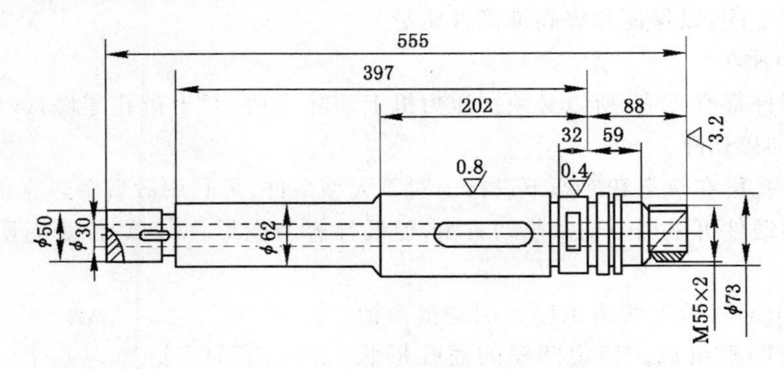

图 5-51　自由锻零件示例

(2) 绘制模锻件图应考虑哪些因素？如何确定模锻件的分模面？如图 5-52 所示零件采用锤上模锻制造，试选择最合适的分模面位置。

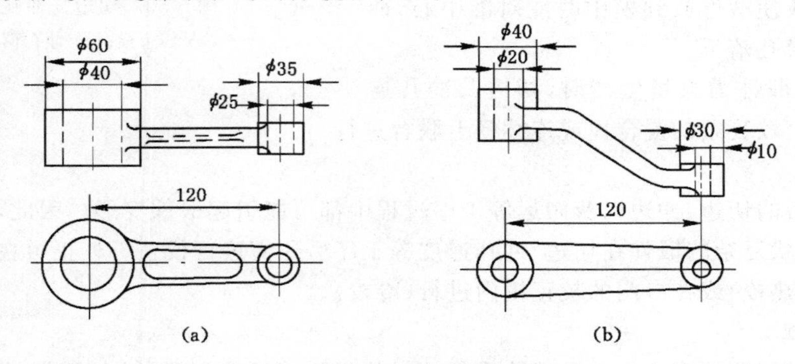

图 5-52　锤上模锻零件示例

任务五　锻造工艺的新技术和现实难题

知识要点

精密模锻、超塑性成形、液态模锻、粉末锻造、高速高能成形技术。

技能目标

(1) 了解精密模锻、超塑性成形、液态模锻等锻造新工艺的原理、特点及应用。

(2) 了解目前我国锻造行业存在的现实难题。

任务导入

随着我国锻造行业的进一步发展，我们需要了解一下锻造的最新工艺（或最新成就）到底有哪些，其各自的原理、特点及应用是怎样的，其现实情况又如何。

任务分析

了解锻造工艺的新技术和现实难题，我们要知道目前我国的锻造行业有了哪些进一步的发展，出现了哪些新工艺，各种新工艺的原理特点如何，并能够分析我国锻造行业存在的现实难题是什么。

相关知识

一、锻造工艺的新技术

（一）精密模锻（精密成形技术）

目前，我国锻造行业形成了以锻造成形新工艺、新材料、精密加工技术等相结合的一种精密塑性成形技术。各种新工艺、新技术不断应用于锻造行业，实现了近净成形或净成形，即“成形件”接近“零件”，达到了少、无切削加工的水平。

精密模锻（或精密成形技术）是在模锻设备上锻造高精度锻件的模锻工艺，该方法制成的模锻件成形后，仅需少量加工或不再加工，就可用作机械零件。如精密模锻伞齿轮，其齿形部分可直接锻出而不必再进行切削加工。模锻件尺寸公差等级可达IT12～IT15，表面粗糙度 Ra 为 3.2～1.6 μm。

精密模锻的分类如下：

（1）热精锻：锻造温度在再结晶温度以上的精密锻造工艺称为热精锻。

（2）冷精锻：在室温下进行的精密锻造工艺称为冷精锻。

（3）温精锻：在再结晶温度以下某个适合的温度下进行的精密锻造工艺称为温精锻。

（4）复合精锻：随着精锻工件的日趋复杂以及精度要求的提高，单纯的冷、温、热精锻工艺已不能满足要求。因此，将冷、温、热精锻工艺进行组合共同完成一个工件的锻造称为复合精锻。

（5）等温精锻：坯料在趋于恒定的温度下模锻成形称为等温精锻。

一般精密模锻的工艺过程如下：先将原始坯料普通模锻成中间坯料；再对中间坯料进行严格的清理，除去氧化皮或缺陷；最后采用无氧化或少氧化加热后精锻。为了最大限度地减少氧化，提高精锻件的质量，精锻的加热温度较低，对碳钢锻造温度在 900～950 ℃之间，称为温精锻。

精密模锻注意事项如下：

（1）精密模锻时，需在中间坯料中涂润滑剂以减少摩擦，提高锻模的使用寿命和降低设备的功率消耗；严格按坯料质量下料，否则会增大锻件尺寸公差，降低精度。

（2）采用酸洗清理坯料表面，除净坯料表面的氧化皮、脱碳层及其他缺陷。

（3）为提高锻件的尺寸精度和降低表面粗糙度，应采用无氧化或少氧化加热法，尽量减少坯料表面形成的氧化皮。

（4）精密模锻的锻件精度在很大程度上取决于锻模的加工精度，因此，精锻模膛的精度必须很高。一般情况下，它要比锻件精度高两级。精锻模一定要有导柱导套结构，保证合模准确。为排除模膛中的气体，减小金属流动阻力，使金属更好地充满模膛，在凹模上应开有排气小孔。

（5）精密模锻时要很好地进行润滑和冷却锻模。

（6）精密模锻一般都在刚度大、精度高的模锻设备上进行，如曲柄压力机、摩擦压力机或高速锤等。

（二）超塑性成形技术

超塑性是指在特定的条件下，即在较低的变形速度、一定的变形温度和稳定而细小的晶粒组织的条件下，某些金属或合金呈现低强度和大伸长率的一种特性。其伸长率可超过100%，如钢的伸长率超过500%，纯钛超过300%，铝锌合金超过1 000%。目前常用的超塑性成形的材料主要有铝合金、镁合金、低碳钢、不锈钢及高温合金等。

超塑性成形的特点如下：

（1）塑性大为提高。过去认为只能采用铸造成形而不能锻造成形的镍基合金，也可进行超塑性模锻成形，因而扩大了可锻金属的种类。

（2）金属的变形抗力很小。一般超塑性模锻的总压力只相当于普通模锻的几分之一到几十分之一，因此可在吨位小的设备上模锻出较大的锻件。

（3）加工精度高。超塑性成形加工可获得尺寸精密、形状复杂、晶粒组织均匀细小的薄壁锻件，其力学性能均匀一致，机械加工余量小，甚至不需切削加工即可使用。因此，超塑性成形是实现少或无切削加工和精密成形的新途径。

（三）液态模锻

液态模锻是将定量的液态金属直接浇入金属模内，然后在一定时间内以一定的压力作用在金属液（或半液态）上，经结晶、塑性流动使之成形的加工工艺，如图5-53所示。

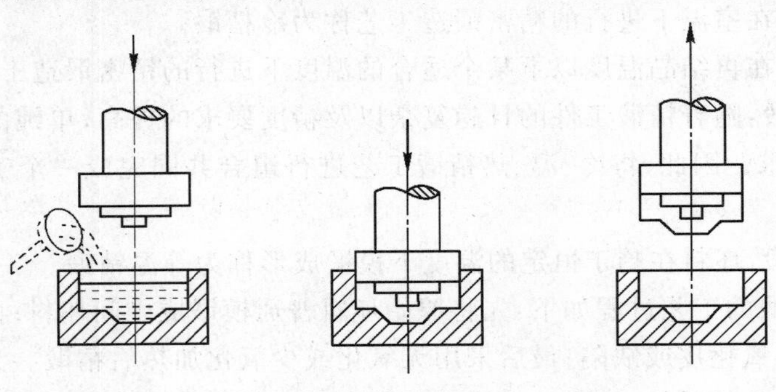

图5-53　液态模锻

(a) 浇注；(b) 加压；(c) 脱模

一般液态模锻的工艺过程如下：原材料配制→熔炼→浇注→加压成形→脱模→灰坑冷却→热处理→检验→入库。

液态模锻实际上是压力铸造与模锻相结合的新工艺，既有铸造工艺简单、成本低的特点，又有锻造产品性能好、质量可靠的优点。它适合于铝合金、铜合金、灰铸铁、碳钢、不锈钢等各种类型材料的生产。

（四）粉末锻造

粉末锻造是粉末冶金成形方法和锻造相结合的一种金属加工方法。它将粉末预压成形后，在充满保护气体的炉子中烧结制坯，将坯料加热至锻造温度后模锻而成。

与模锻相比，粉末锻造具有以下优点：

(1) 材料利用率高。粉末锻造的材料利用率可达 90%以上，而模锻的材料利用率只有 50%左右。

(2) 机械性能高，材质均匀无各向异性，强度、塑性和冲击韧性都较高。

(3) 锻件精度高，表面光洁，可实现少或无切削加工。

(4) 生产率高，每小时产量可达 500～1 000 件。

(5) 锻造压力小，如汽车差速器行星齿轮，钢坯锻造需用总锻造压力为 2 500～3 000 kN 压力机，粉末锻造只需总锻造压力为 800 kN 压力机。

(6) 可以加工热塑性差的材料，如难于变形的高温铸造合金可用粉末锻造方法锻出形状复杂的零件。

可用粉末锻造出的零件有差速器齿轮、柴油机连杆、链轮、衬套等。

（五）高速高能成形技术

高能高速成形是一种在极短时间内释放高能量而使金属变形的成形方法。高能高速成形的历史可追溯到 100 多年前，但由于成本太高及当时工业发展的局限，该工艺在当时并未得到应用。随着高新技术的发展及某些重要零部件的特殊需求，近些年来，高能高速成形得以飞速发展。

高能高速成形主要包括以下几种。

1. 高速成形

高速成形是指利用高压气体（通常是 14 MPa 的空气或氮气），在极短的时间内使活塞高速运动来产生动能的加工方法。高速成形可以锻打高强度钢、耐热钢、工具钢等，锻造性能好，锻件质量和精度高，设备投资少，适合于加工叶片、涡轮、壳体、接头和齿轮等零件。

2. 爆炸成形

爆炸成形是利用火药爆炸产生的化学能，通过不同的介质（水、砂子等）使坯料产生塑性变形的方法。成形时在模膛内置入炸药，炸药爆炸时产生的大量高温、高压气体呈现辐射状传递，从而使坯料成形。该方法变形速度高，工艺装备简单，适合于制造柴油机罩子、汽轮机空心汽轮叶片的整形等多品种小批量生产。

3. 电液成形（或放电成形）

电液成形是利用在液体介质中高压放电时所产生的电能，使坯料产生塑性变形的加工方法。与爆炸成形相比，电液成形时能量控制和调整简单，成形过程稳定、安全、噪声低。但电液成形受设备容量的限制，不适合于较大工件的成形，特别适合于管类工件的胀形加工。

4. 电磁成形

电磁成形是利用电流通过线圈所产生的磁场，其磁力作用于坯料使工件产生塑性变形的加工方法。这种成形方法所用的材料应当具有良好的导电性。如果加工导电性差的材料，则应在坯料表面放置用薄铝板制成的驱动片，促使坯料成形。电磁成形不需要用水和油等介质，工具没有消耗，设备清洁，生产率高，产品质量稳定，适合于加工厚度不大的小零件、板材或管材等。

这些特殊的成形工艺不仅赋予了成形后的材料特殊的性能，而且与常规成形方法相比还有以下特点：

(1) 高能高速成形几乎不需模具和工装以及冲压设备，仅用凹模就可以实现成形。

(2) 高能高速成形时，零件以极高的速度贴模，这不仅有利于提高零件的贴模性，而且可以有效地减小零件弹复现象。所以得到的零件精度高，表面质量好。

(3) 因为是在瞬间成形，所以材料的塑性变形能力提高，对于塑性差的用普通方法难以成形的材料，采用高能高速成形仍可得到理想的成形产品。

(4) 高能高速成形方法对制造复合材料具有独特的优越性，例如，在制造钢-钛复合金属板中，采用爆炸成形瞬间即可完成。

(5) 高能高速成形是特殊的成形工艺，成本高、专业技术性强是这种工艺的不足之处。

二、锻造工艺所面临的现实难题

1. 锻造设备方面

与工业发达国家相比，我国在锻压设备的精密化、自动化方面还存在着相当大的差距，主要体现在以下几个方面：

(1) 发达国家锻造设备可以生产质量公差小于±1%的精密连杆，而在我国一般只能达±(2%～3%)。

(2) 发达国家一般都在专用的大型冷、温锻压力机上实现冷锻、温锻，锻件精度可达0.02 mm，加工余量仅留有0.30 mm的磨削量，真正实现了净成形加工。而我国缺少大型精密冷锻、温锻设备，并且受模具使用寿命等工艺条件限制。

(3) 发达国家锻件生产广泛采用热模锻压力机、电动螺旋压力机以及由这些先进锻压设备组成的自动线。而我国大多数锻造设备还是锻锤和机械效率很低的摩擦压力机，甚至很多锻造企业还是手工操作。

2. 模具制造技术方面

我国在模具制造上存在生产周期长、使用寿命低、成本高等问题，与发达国家相比有着较大的差距。与此同时，我国在模具专业人才方面也较短缺，没有形成规范的模具人才培养机制，现代模具制造技术应用较少，新型模具材料开发力度不大，所生产的模具钢纯度低。另外，缺少大量的高精度数控机床，导致我国模具整体制造水平偏低。因此，模具制造技术和设备成为制约我国锻造工艺进步的主要因素之一。

任务实施

搜集、查阅并研读相关资料，进一步拓展对锻造新工艺的知识理解。

练习与思考

(1) 分析精密模锻、超塑性成形、液态模锻、粉末锻造及高能高速成形技术的原理、特点、分类及应用。

(2) 简述我国锻造行业存在的现实难题是什么。

子项目二　冲压成形工艺

任务一　冲压成形工艺

知识要点

(1) 板料冲压、冲压设备、基本工序(分离工序和变形工序)。

(2) 冲压模具(简单冲模、连续冲模、复合冲模)。

(3) 板料冲压件的结构工艺性。

技能目标

(1) 理解板料冲压的概念、特点及用途。

(2) 了解板料冲压设备的结构组成及其工作原理。

(3) 熟练掌握板料冲压的基本工序。

(4) 掌握冲模的组成及各部分作用。

(5) 熟悉冲压件的结构工艺性。

任务导入

板料冲压在有关制造金属成品的工业部门中应用十分广泛,比如某冲锋枪 120 个零件中就有 56 个冲压件,占到总零件数的 46.7%,因此,板料冲压成形工艺在工业生产方面占有重要的地位。那么,我们就需要知道,什么是板料冲压,它所采用的加工设备是什么,板料冲压的基本工序有哪些,冲压生产中所使用的模具有哪几种,以及冲压件的结构工艺性如何。

任务分析

学习冲压成形工艺,我们要知道板料冲压的概念、特点及应用,掌握板料冲压的基本工序,熟悉冲模的种类、组成及各部分的作用,了解冲压件的结构工艺性,为今后从事专业实践提供理论基础。

相关知识

一、板料冲压

板料冲压是利用冲模使板料产生分离变形而得到制件的加工方法。这种加工方法通常在冷态(常温)下进行,故又称为冷冲压,简称冲压。只有当板料厚度超过 8～10 mm 时,才采用热冲压。

板料冲压的应用非常广泛,特别是在汽车、拖拉机、航空、电器、仪表及国防等工业部门中,占有极其重要的地位。

板料冲压具有以下优点:

(1) 可以冲压出形状复杂的零件,废料较少。

(2) 冲压操作简单,便于实现机械化和自动化,生产率高,故零件成本低。

(3) 因冷变形强化,能获得质量轻、材料消耗少、强度和刚度较高的冲压件。

(4) 冲压件具有足够的尺寸精度和较低的表面粗糙度,互换性好,一般不再需要切削加工,而且质量稳定。

但是,冲模制造复杂、成本高,只有在大批量生产时,才能显示出板料冲压的优越性。

板料冲压所用的原材料必须具有一定的弹性和塑性、厚度均匀,材料表面必须光洁平整、无划痕、无锈斑及其他附着物,断面无分层现象。

板料冲压常用的金属材料有低碳钢、铜合金、铝合金、镁合金及塑性高的合金钢等。从形状上分,金属材料有板料、条料及带料。

二、板料冲压设备

(一) 剪床

剪床是下料用的基本设备,主要是用来将板料剪切成一定宽度的条料,以供下一步的冲压工序使用。如图 5-54 所示为剪床传动系统,电动机的运动经带轮、齿轮、离合器使曲轴转动,带动装有上刀片的滑块做上、下运动,与装在工作台上的下刀片相配合,进行剪切。挡铁用于定位,可控制下料尺寸;制动器控制滑块的运动,使上刀片剪切后停在最高的位置上,做下一次剪切的准备。

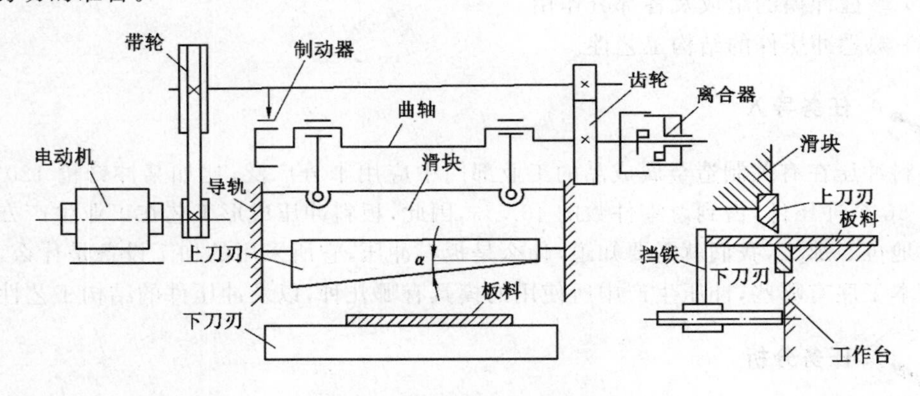

图 5-54 剪床传动系统图

(二) 冲床

冲床是进行冲压的基本设备,主要用于完成冲压工序。

如图 5-55 所示为常用的开式双柱冲床,电动机带动带轮转动,大带轮借助离合器与曲轴相连,踩下踏板后,离合器将带轮与曲轴连接,使曲轴旋转,并通过连杆带动滑块做上、下往复运动,进行冲压。如果踏板不抬起,滑块将进行连续冲压;松开踏板,离合器脱开,制动器可立即使曲轴停止转动,并使滑块停留在上端位置。

三、板料冲压的基本工序

板料冲压的基本工序可分为分离工序和变形工序。

(一) 分离工序

分离工序是使坯料的一部分与另一部分相互分离的工序,如落料、冲孔、剪切、切边等。

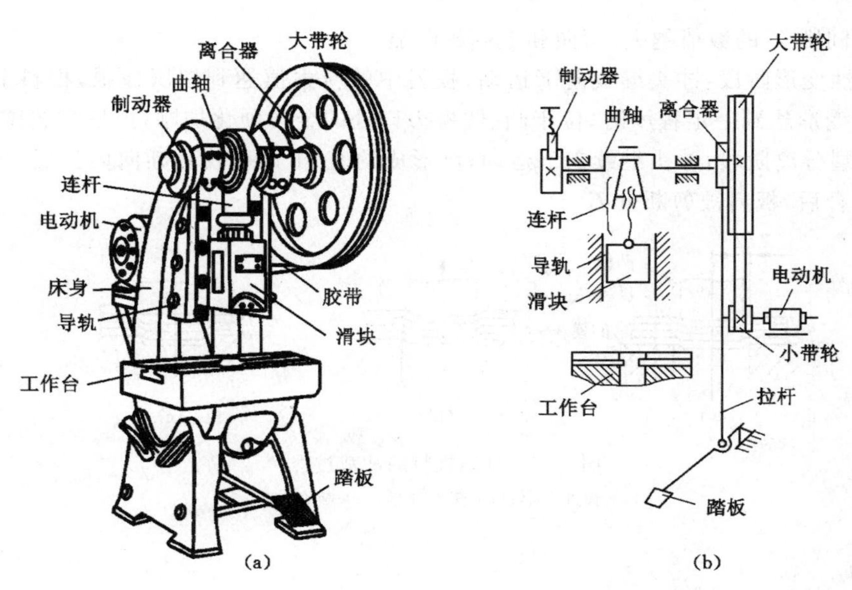

图 5-55　开式双柱冲床

(a) 外形图;(b) 传动系统图

1. 落料及冲孔(统称冲裁)

将坯料或毛坯沿封闭的轮廓进行分离,以获得平整零件的分离工序,称为落料(落下部分是零件)或冲孔(落下部分是废料),如图 5-56(a)、(b)所示。

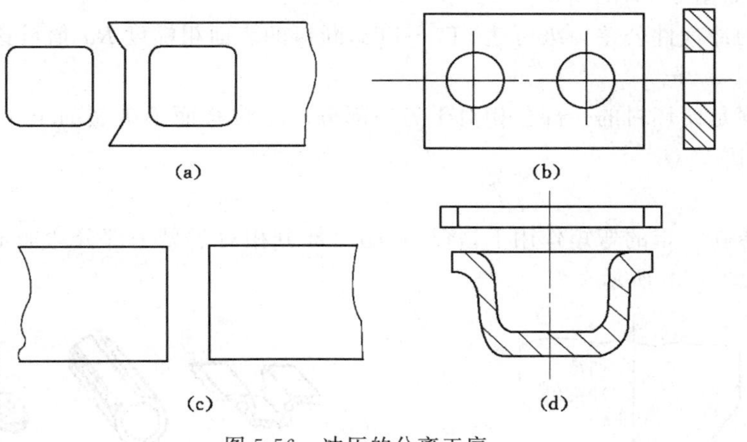

图 5-56　冲压的分离工序

(a) 落料;(b) 冲孔;(c) 剪切;(d) 切边

落料和冲孔一般统称为冲裁,是冲压生产中最基本的生产方法之一。它既可以直接冲出零件,又可以为其他成形工序制备毛坯。

冲裁时板料的变形和分离过程对冲裁件质量有很大的影响,其过程可分为三个阶段,如图 5-57 所示。

(1) 弹性变形阶段:冲头(凸模)接触板料向下运动的初始阶段,使板料产生弹性变形、拉伸与弯曲等。板料中的应力值迅速增大。此时,凸模下的板料略有弯曲,凸模周围的板料则向上翘。间隙 Z 的数值越大，弯曲和上翘越明显。

(2) 塑性变形阶段：冲头继续向下运动，板料中的应力值达到屈服极限，板料金属产生塑性变形。变形达到一定程度时，位于凸、凹模刃口处的金属硬化加剧，出现微裂纹。

(3) 断裂分离阶段：冲头继续向下运动，已形成的上、下微裂纹逐渐向内扩展。当上、下裂纹相遇重合后，板料被剪断分离。

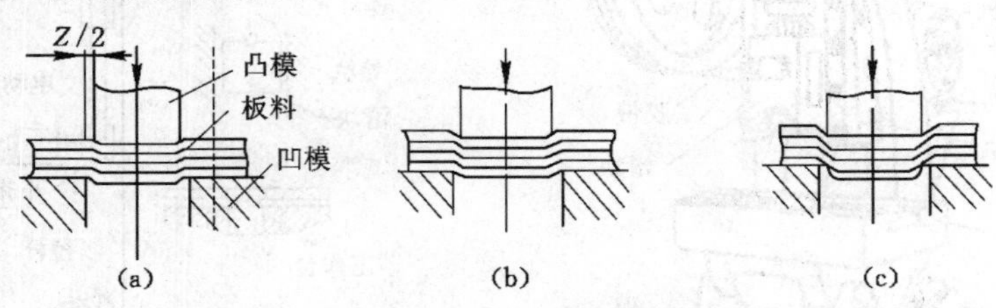

图 5-57　金属板料的冲裁过程

(a) 弹性变形；(b) 塑性变形；(c) 断裂分离

2. 剪切

剪切是用剪刃或冲模将板料沿不封闭的轮廓进行分离的工序，其任务是将板切成具有一定宽度的条料，如图 5-56(c)所示。

3. 切边(或修整)

切边(或称为修整)是利用修整模将冲裁件的外缘或内孔修切整齐或切成一定形状，以去除普通冲裁时在冲裁件断面上存留的剪裂带和毛刺，从而提高冲裁件的尺寸精度和降低表面粗糙度，如图 5-56(d)所示。

切边后的冲裁件公差等级可达 IT7～IT6，断口的表面粗糙度 Ra 值可达 1.6～0.8 μm。

(二) 变形工序

变形工序是使坯料的一部分相对于另一部分产生位移而不破裂的工序，如拉深、弯曲、翻边、成形等。

1. 弯曲

弯曲是指在一定的弯矩作用下，将坯料的一部分相对于另一部分弯曲成一定角度或形状的工序，如图 5-58 所示。

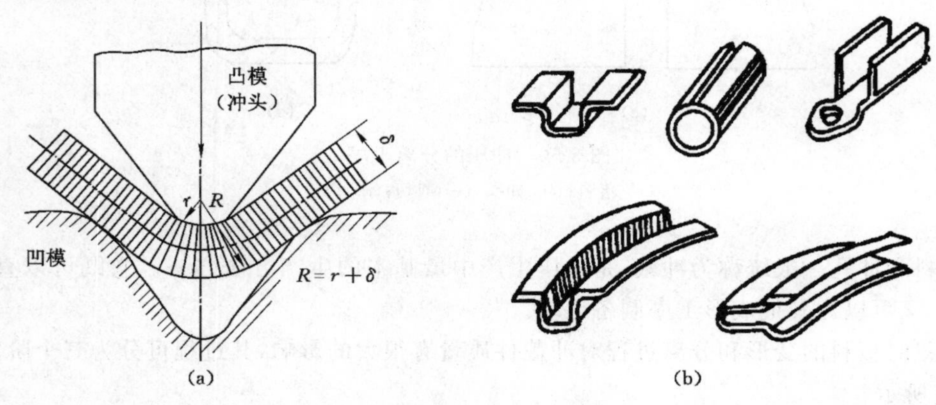

图 5-58　弯曲

(a) 弯曲过程(R——外侧弯曲半径；r——内侧弯曲半径；δ——坯料厚度)；(b) 弯曲产品

2. 拉深

拉深是指将平板坯料或半成品在拉、压应力作用下，制成为中空形状零件而厚度基本保持不变的工序，如图 5-59 所示。

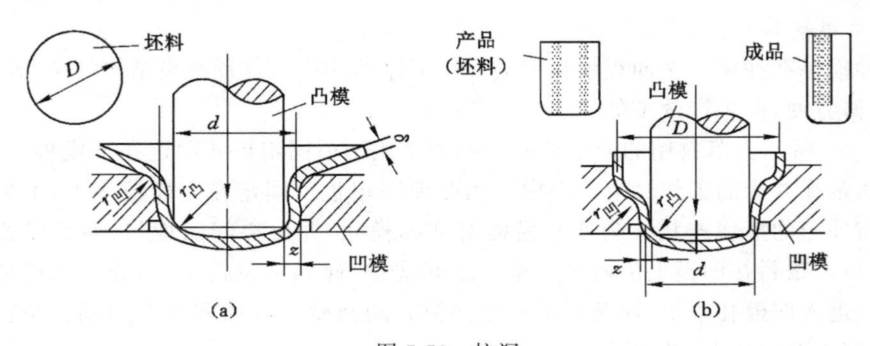

图 5-59　拉深

(a) 第一次拉深；(b) 第二次拉深

3. 翻边

翻边是在带孔的平坯料上用扩孔的方法获得凸缘的工序，如图 5-60 所示。

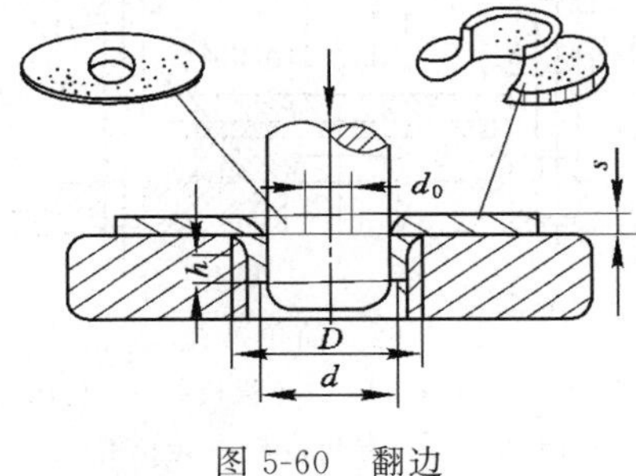

图 5-60　翻边

4. 成形

成形是利用局部变形使坯料或半成品改变形状的工序，常用于制造某些凸出或凹入的形状和刚性筋条的冲压产品，如图 5-61 所示的压筋、胀形、缩口等。

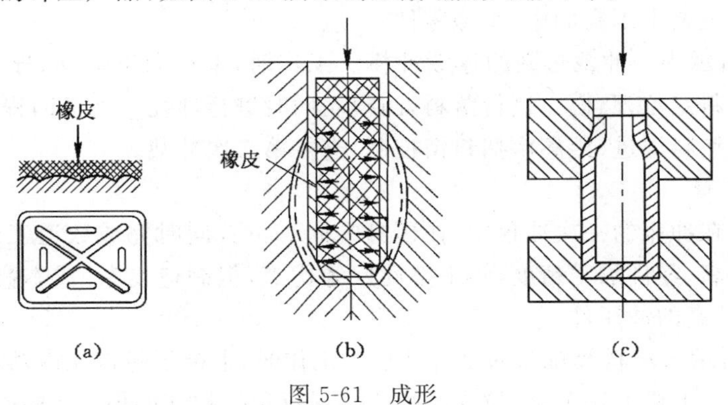

图 5-61　成形

(a) 压筋；(b) 胀形；(c)缩口

四、冲模

冲模是冲压生产中必不可少的模具，冲模结构合理与否对冲压件质量、冲压生产的效率及模具寿命有很大的影响。冲模基本上可分为简单模具、连续模具和复合模具三种。

（一）简单模具

简单冲模是在冲床一次冲程中只完成一个工序的冲模。这种冲模结构简单、容易制造、成本低、维修方便，但生产效率低。

如图 5-62 所示为落料用的简单冲模。凹模 2 用凹模固定板 6 固定在下模板 4 上，下模板用螺栓固定在冲床的工作台上。凸模 1 用凸模固定板 7 固定在上模板 3 上，上模板则通过模柄 5 与冲床的滑块连接。为使凸模能对准凹模孔，并保持间隙均匀，通常设置有导柱 12 和导套 11。条料在凹模上沿两个导板 9 之间送进，碰到定位销 10 为止。凸模冲下的零件（或废料）进入凹模孔落下，而条料则夹住凸模并随凸模一起回程向上运动。条料碰到卸料板 8 时（固定在模板上）被推下。

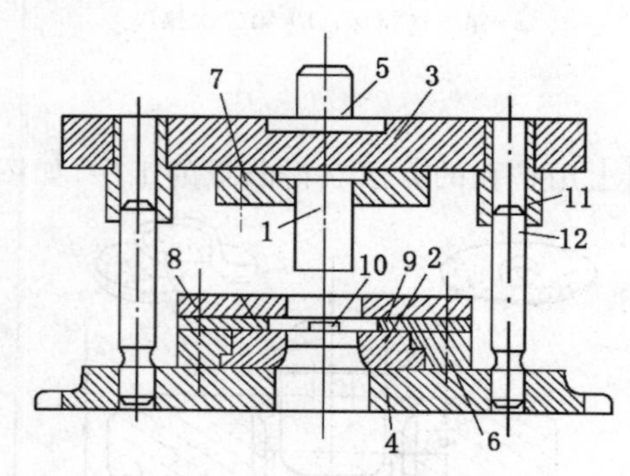

图 5-62　简单冲模

1——凸模；2——凹模；3——上模板；4——下模板；5——模柄；6——凹模固定板；
7——凸模固定板；8——卸料板；9——导板；10——定位销；11——导套；12——导柱

（二）连续冲模

连续冲模是在冲床的一次冲程中，在模具的不同位置同时完成数道工序的冲模。连续冲模生产率高，易于实现自动化，但要求定位精度高，结构复杂，制造难度大，成本较高，适用于大批量生产精度要求不高的中、小型零件。

如图 5-63 所示为一冲裁垫圈的连续冲模。工作时，上模向下运动，导正销 2 进入预先冲出的孔内使坯料定位，凸模 1 进行落料，凸模 4 同时进行冲孔。上模回程中卸料板 6 推下废料。然后再将坯料送进（距离由挡料销控制）进行第二次冲裁。

（三）复合冲模

复合冲模是在冲床的一次冲程中，在模具的同一位置同时完成数道工序的冲模。复合冲模具有生产率高、零件加工精度高、平整性好等优点，但制造复杂，成本高，适用于生产批量大、精度要求较高的冲压件。

如图 5-64 所示为落料及拉深的复合冲模。工作时，上模下降首先由落料凸模及落料凹模完成落料工序。上模继续下降，拉深凸模将坯料反顶入拉深凹模，完成拉深工序。拉深过程中，压板向下退让，顶出器向上退让。上模回程中，顶出器和压板分别将工件自上、下模中顶出。

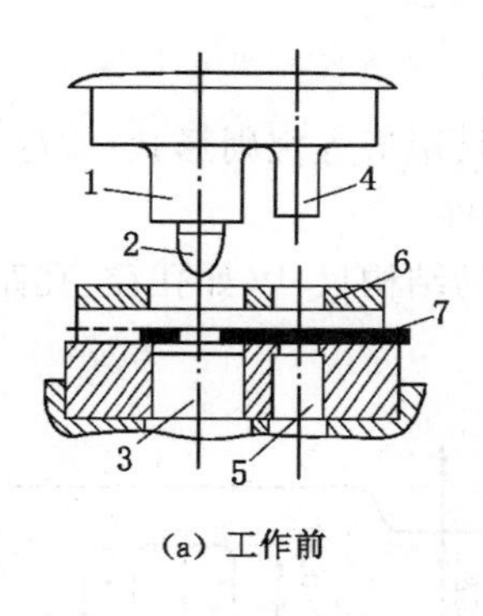

(a) 工作前

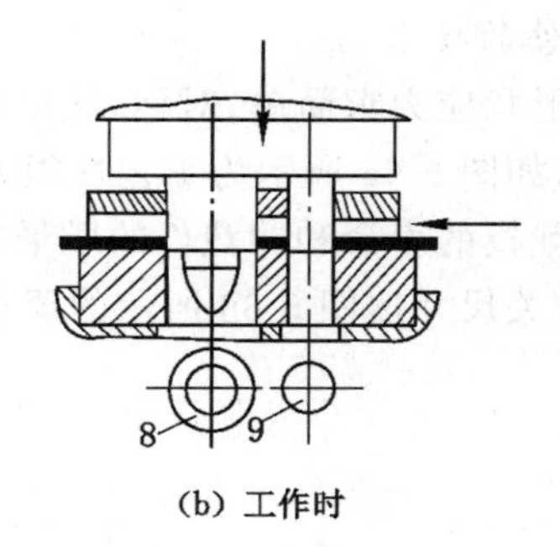

(b) 工作时

图 5-63　连续冲模

1——落料凸模；2——导正销；3——落料凹模；4——冲孔凸模；
5——冲孔凹模；6——卸料板；7——坯料；8——成品；9——废料

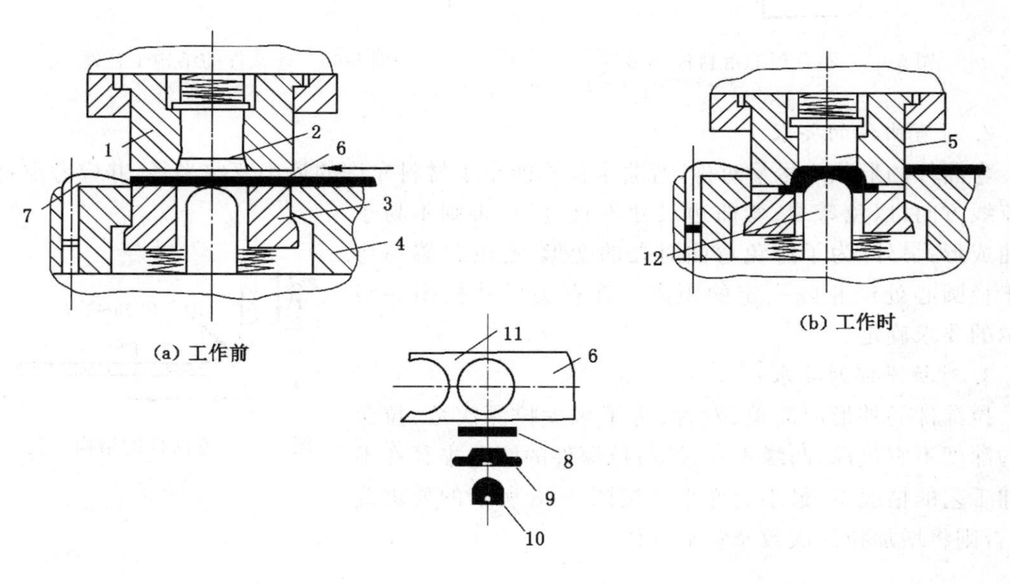

(a) 工作前　　(b) 工作时

图 5-64　复合冲模

1——落料凸模；2——拉深凹模；3——压板(卸料器)；4——落料凹模；；5——顶出器；6——条料；
7——挡料销；8——坯料；9——拉深件；10——零件；11——余料；12——拉深凸模

五、冲压件的结构工艺性

冲压件的结构工艺性是指所设计的冲压件在满足使用性能要求的前提下冲压成形的可行性和经济性，即冲压成形的难易程度。良好的冲压件结构应与材料的冲压性能、冲压工艺相适应。

(一) 冲压性能对结构的要求

冲压性能主要指材料的塑性，正确选材是保证冲压成形的前提。例如，平板冲裁件要求金属材料的伸长率应为1%～5%；结构复杂的拉深件要求其伸长率达到33%～45%；弯曲件，还应考虑材料的流线方向；等等。

（二）冲压工艺对结构的要求

1．对冲裁件的要求

冲裁件的形状应力求简单、对称，尽量采用圆形、矩形等规则形状；应尽量避开长槽与细长的悬臂结构，如图 5-65 所示为工艺性很差的冲裁件。

为保证冲裁模的寿命和冲裁件的质量，冲裁件的结构尺寸（如孔径、孔距等）必须考虑材料的厚度，其有关尺寸按图 5-66 所示的要求确定。

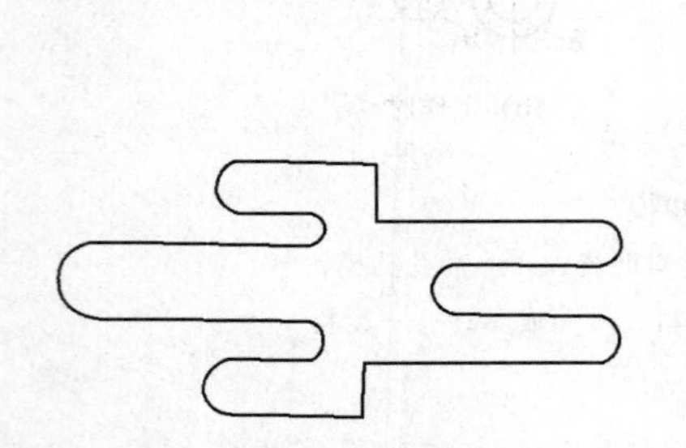

图 5-65 不合理的落料件外形

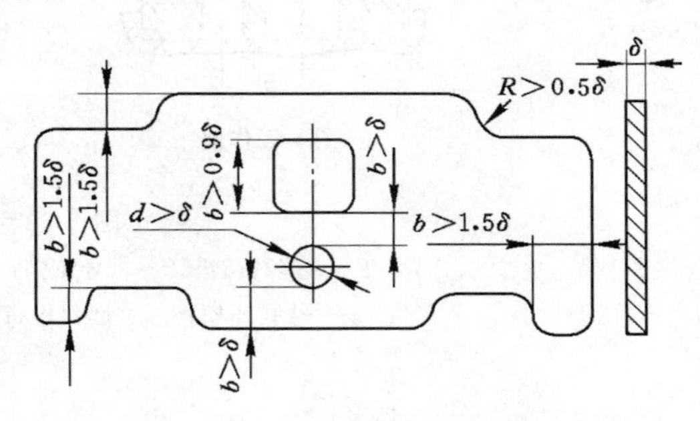

图 5-66 冲裁件的结构工艺性

2．对弯曲件的要求

弯曲件的形状应尽量对称，弯曲半径不能小于材料允许的最小弯曲半径，并应考虑材料的流线方向，以免弯裂；弯曲边尺寸不宜过短，否则不易于弯曲成形；另外，为了避免弯曲时孔的变形，孔的位置与弯曲半径圆心处应相隔一定的距离。其有关尺寸按图 5-67 所示的要求确定。

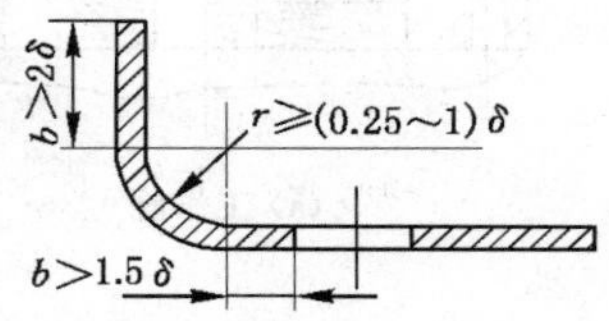

图 5-67 弯曲件的结构工艺性

3．对拉深件的要求

拉深件的外形应简单、对称；为了减少拉深次数，拉深件的深度不宜过深，凸缘不宜过宽；拉深件的圆角半径在不增加工艺的情况下，最小允许半径按图 5-68 所示的要求确定，否则将增加拉深次数及整形工作。

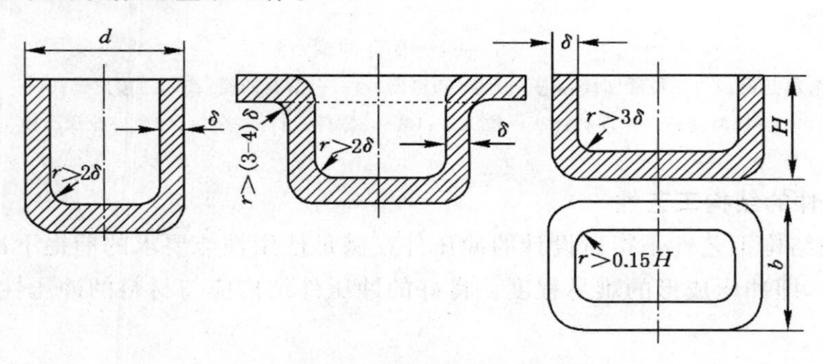

图 5-68 拉深件的结构工艺性

4．简化工艺及节省材料的设计

对于形状复杂的冲压件，可以将其分成若干个简单件，分别冲压后，再焊接成为整体组合件,如图 5-69 所示的冲压-焊接结构;为减少组合件数量,节省材料和简化工艺过程,可以采用冲口工艺,如图 5-70 所示。

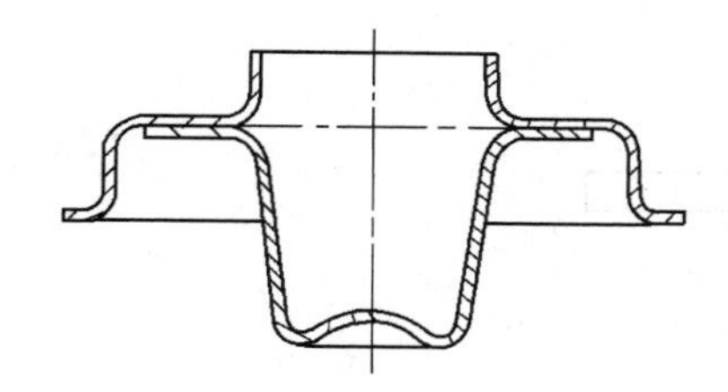

图 5-69　冲压-焊接结构零件

图 5-70　冲口工艺

5. 冲压件的厚度

在强度、刚度允许的条件下,应尽可能采用较薄的材料来制作零件,以减少金属的消耗。对于局部刚度不够的部位,可采用加强筋,以实现薄材料代替厚材料,如图 5-71 所示。

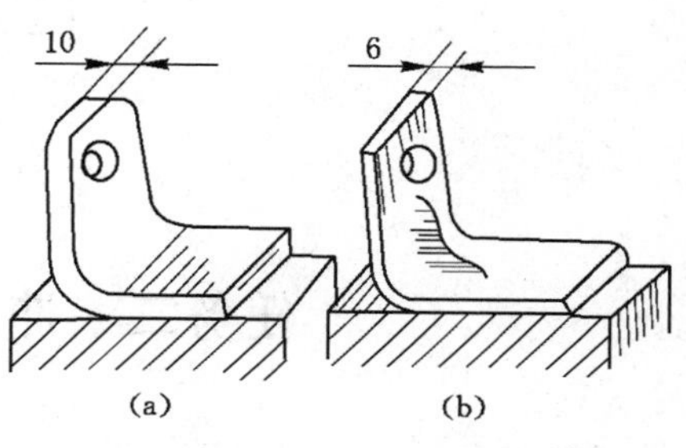

图 5-71　有无加强筋

(a) 无加强筋;(b) 有加强筋

6. 冲压件的精度和表面质量

冲压件的精度一般不应超出各冲压工艺所能达到的经济精度,并应在满足使用性能下尽量低些。否则需要增加精整工序,降低生产率,增加制件的成本。

冲压件的一般精度如下:落料不超过 IT10;冲孔不超过 IT9;弯曲不超过 IT10～IT9;拉深高度尺寸精度 IT10～IT8,经整形后达到 IT7～IT6,直径尺寸精度 IT10～IT9。

一般对冲压件表面质量所提出的要求应尽量避免高于原材料所具有的表面质量。否则,要增加切削加工等工序,使产品成本大为提高。

任务实施

(1) 在学习冲压成形工艺时,必须搞清楚从哪几个角度来进行分析。

(2) 搜集、查阅并研读相关资料,进一步拓展对冲压成形工艺的理论知识理解。

(3) 如条件允许,可以组织学生到相关企业对冲压成形工艺进行认识实习,以提升其对理论知识的理解和实践技能。

练习与思考

(1) 板料冲压与锻造生产相比有哪些异同? 板料冲压的应用范围如何?

(2) 叙述冲裁时,板料的变形与分离过程。

(3) 冲孔与落料有何异同? 用 ϕ50 mm 的冲孔模具生产 ϕ50 mm 的落料件能否保证落料件的精度? 为什么?

(4) 拉深模与冲裁模在结构上的主要区别是什么?

(5) 在成批大量生产条件下,冲制外径为 ϕ40 mm、内径为 ϕ20 mm、厚度为 2 mm 的垫圈时,应选用何种冲模进行冲制才能保证与外圆的同轴度?

(6) 试述如图 5-72 所示冲压件的生产过程。

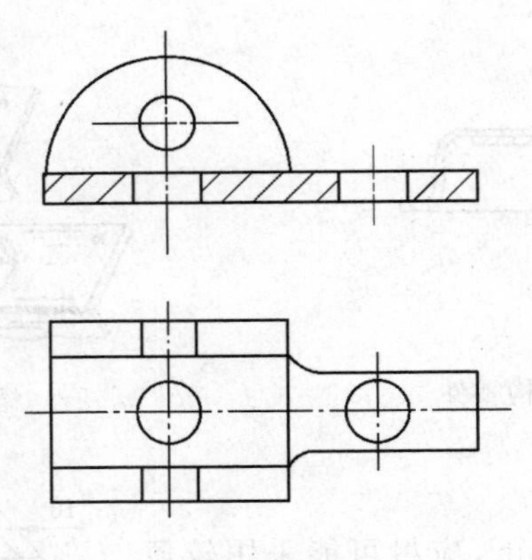

图 5-72 冲压件示例

任务二 冲压成形常见问题及新技术

知识要点

(1) 起皱、开裂、回弹、表面缺陷。

(2) 复合工艺(冲压与电磁成形的复合,冲压与冷锻的结合,冲压与机械加工复合)。

技能目标

(1) 理解起皱、开裂、回弹、表面缺陷产生的原因及解决办法。

(2)了解冲压成形的最新工艺。

任务导入

冲压成形是一种十分重要的金属塑性成形方法,广泛应用于航空航天、汽车、电器、日用五金、建筑等工业领域。那么,我们需要了解,目前我国的冲压成形存在哪些亟待解决的技术问题。

任务分析

了解冲压成形的技术难题,我们首先要知道传统的冲压成形存在哪些常见的问题,进一步分析冲压技术的最新工艺是什么,以及新工艺对冲压模具技术有哪些更高的要求。

相关知识

一、冲压成形常见的问题

在传统的冲压生产中经常会出现各种成形缺陷,严重影响了冲压件的几何精度、机械性能以及表面质量。下面将对冲压成形过程中常见的质量缺陷进行分析。

（一）起皱

1. 产生原因

由于板料的厚度方向的尺寸和平面方向上的尺寸相差较大，造成厚度方向不稳定，当平面方向的应力达到一定程度时，厚度方向失稳，从而产生起皱现象。主要表现包括材料堆集起皱和失稳起皱，如图 5-73 所示。

图 5-73　起皱缺陷

2. 起皱解决办法

（1）产品设计方面：检查原始产品模型设计的合理性；避免产品出现鞍形形状；产品易起皱部位增加吸料筋；等等。

（2）冲压工艺方面：合理安排工序；检查压料面和拉延补充面的合理性；检查拉延毛坯、压料力、局部材料流动情况的合理性；用内筋方式舒皱；提高压料力，调整拉延筋，改变冲压方向，增加成形工序，调整板料厚度，改变产品工艺造型等。

（3）材料方面：在满足产品性能的情况下，对于一些易起皱的零件，采用成形较好的材料。

（二）开裂

1. 产生原因

主要是由于材料在拉伸过程中，应变超过其极限而形成失稳，如图 5-74 所示。主要包括：

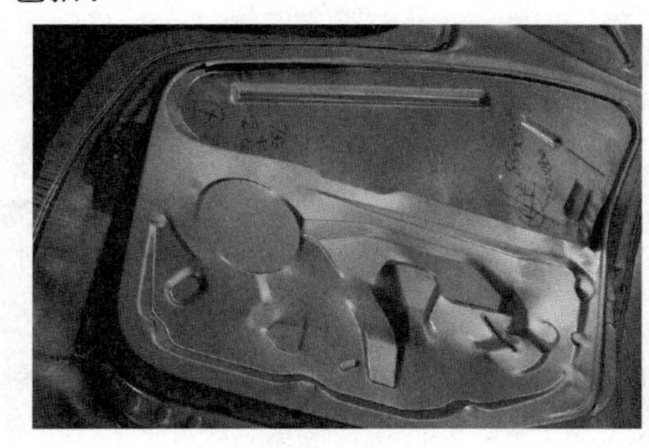

图 5-74　开裂缺陷

（1）材料抗拉强度不足而产生的破裂，如靠凸、凹模圆角处，局部受力过大而破裂。

（2）材料变形量不足而破裂，如在胀形变形时，靠凸模顶部产生的破裂，或凸缘伸长变形引起的破裂。

（3）时效裂纹：即严重成形硬化部分，经应变时效脆化又加重，并且成形时的残余应力作用引起的制件弯曲破裂。

（4）材料受拉伸弯曲既而又弯曲折回以致产生破裂，多产生于凸筋或凹模口处。

（5）条纹状裂纹：由于材料内有杂质引起的裂纹，一般平行于板料轧制方向。

2. 开裂解决办法

（1）材料方面：采用拉延性能较好的材料。

（2）减少应变方面：选择合理的坯料尺寸和形状；调整拉延筋参数；增加辅助工艺（切口等）；改善润滑条件；修改工艺补充面、调整压料力等。

（三）回弹

1. 产生原因

零件在冲压成形后，材料由于弹性卸载，局部或整体发生变形，如图 5-75 所示。

2. 回弹解决办法

由于影响回弹的因素很多，例如材料、压力、模具状态等，实际生产中很难解决。目前，解决回弹常用下面几种方法：

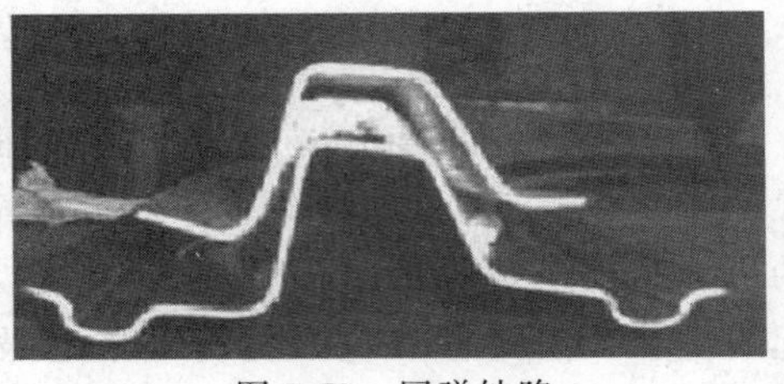

图 5-75　回弹缺陷

(1) 补偿法。

(2) 拉弯法。

(3) 采用成形性较好的材料。

(四) 表面缺陷

1. 表面缺陷主要类型

表面缺陷有冲击线、滑移线、塌陷、暗坑、表面扭曲等，如图 5-76 所示。

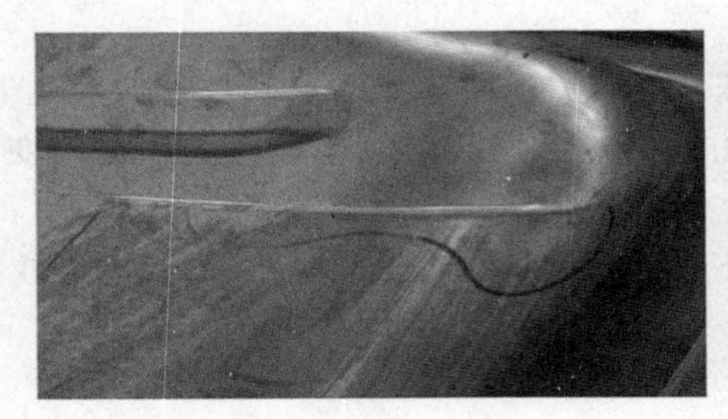

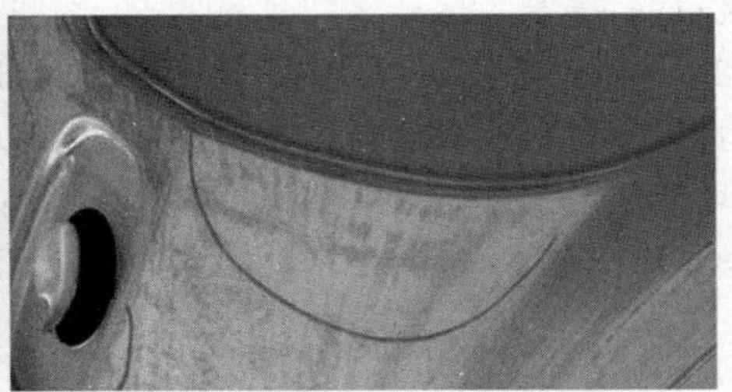

图 5-76　表面缺陷

2. 表面缺陷解决办法

(1) 通过改变冲压圆角、凹模圆角，增加拉延深度，更改压料面等方法，消除冲击线。

(2) 通过改变产品形状(左右对称)、增大阻力等方式，消除滑移线。

(3) 了解零件在变形区所产生应力梯度的等级，尽量保证产品塑性变形的均匀性，同时通过增大阻力、提高局部形状应变等手段，消除塌陷、表面扭曲。

二、冲压成形的最新技术

复合冲压近年来逐步发展起来。复合冲压并不是指落料、拉伸、冲孔等传统冲压工序的复合，而是指冲压工艺同其他加工工艺的复合，譬如说冲压与电磁成形的复合、冲压与冷锻的结合、冲压与机械加工复合等。

(一) 冲压与电磁成形的复合工艺

电磁成形是高速成形，而高速成形不但可使铝合金成形范围得到扩展，并且还可以使其成形性能得到提高。用复合冲压的方法成形铝合金覆盖件的具体方法是：用一套凸凹模在铝合金覆盖件尖角处和难成形的轮廓处装上电磁线圈，用电磁方法予以成形，再用一对模具在压力机上成形覆盖件易成形的部分，然后将预成形件再用电磁线圈进行高速变形来完成最终成形。该复合成形方法可以获得用单一冲压方法难以得到的铝合金覆盖件。

镁合金是一种比强度高、刚度好、电磁界面防护性能强的金属，其在电子、汽车等行业中应用广泛，大有取代传统的铁合金、铝合金甚至塑胶材料的趋势。但镁合金的密排六方晶格结构决定了其在常温下无法冲压成形。因此，研制出一种集加热与成形一起的模具来冲压成形镁合金产品。其成形过程为：在冲床滑块下降过程中，上模与下模夹紧对材料进行加热，然后再以适当运动模式进行成形。该方法适用于在冲床内进行成形品的联结及各种产品的复合成形。

（二）冲压与冷锻的结合工艺

一般板料冲压仅能成形等壁厚的零件，用变薄拉伸的方法最多能获得厚底薄壁零件，冲压成形的局限性限制了其应用范围。而在汽车零件生产中常遇到一些薄壁但却不等厚的零件，用单一的冲压与冷锻相结合的复合塑性成形方法加以成形，显得很容易，因此，用冲压与冷锻相结合的方法就能扩展板料加工范围。其方法是先用冲压方法预成形，再用冷锻方法终成形。

用冲压冷锻复合塑性成形，其优点为：原材料容易廉价采购，可以降低生产成本；降低单一冷锻所需的大成形力，有利于提高模具寿命。

任务实施

搜集、查阅并研读相关资料，进一步拓展对冲压成形最新技术及技术实施难度的理解。

练习与思考

（1）冲压成形工艺常见的问题有哪些？

（2）冲压成形的最新技术有哪些？其原理、特点及应用是什么？

项目六　连接成形工艺

将简单型材或零件连接成复杂零件或部件的过程叫作连接成形。根据连接成形的原理不同,可分为机械连接、冶金连接、物化连接三种类型。

(1) 机械连接:利用螺钉、螺栓和铆钉连接成形。接头可拆卸,主要用于装配。

(2) 物化连接:利用黏结剂,通过物理、化学作用将材料连接成形。接头不可拆卸,主要用于异种材料的连接。

(3) 冶金连接:通过加热或加压,或者同时加热加压的方式,使两分离表面的原子间距足够小形成金属键而获得永久性接头的连接方式叫冶金连接。冶金连接主要应用于金属材料的连接。

子项目一　焊接成形工艺

任务一　焊接的概念及分类

(1) 焊接的分类。

(2) 焊接的特点。

了解各种焊接方法的特点及各自的应用范围。

焊接是一种重要的金属连接成形工艺。近代焊接技术始于 1885 年出现的碳弧焊,到 20 世纪 40 年代形成了较完整的焊接工艺体系,发展到目前,世界上已有百余种焊接工艺方法应用于生产中。如此众多的焊接方法我们如何鉴别,各自又有什么样的特点,这是本节解决的问题。

学习焊接,我们要知道什么是焊接,焊接技术如何分类,各自有什么样的特点,为后续电弧焊、气焊气割、气体保护焊及其他焊接形式的学习打下基础。

相关知识

一、焊接的分类

焊接是指通过适当的物理化学过程(加热、加压、同时加热加压),使两分离工件产生原子间或分子间结合力,从而连接成一体的方法,是一种不可拆卸的连接方式。焊接方法的种类很多,根据焊接过程特点可分为熔焊、压焊和钎焊三大类,每大类又可细分为若干小类。

1. 熔焊

熔焊是熔化焊的简称,它是将两个焊件的连接部位加热至熔化状态,克服固体间结合的障碍,冷却凝固成为一体接头的方法。根据所使用热源的不同,熔焊可分为电弧焊、气焊、电渣焊、电子束焊等。

2. 压焊

固态工件通过施加压力(加热或不加热)的方式,克服连接表面不平度和氧化物杂质的影响,使其连接成不可拆连接接头的方法,称为压焊,也称固相焊接。为降低变形抗力,增加材料塑性,一般加压过程同时伴随加热。根据施加焊接能量的不同,压焊可分为电阻焊、摩擦焊、超声波焊、冷压焊等。

3. 钎焊

采用比母材熔点低的金属材料作钎料,将焊件和钎料加热到高于钎料熔点、低于母材熔化温度,利用液态钎料与母材相互扩散实现连接焊件的工艺方法,称为钎焊。根据热源的不同,钎焊可分为火焰钎焊、感应钎焊、电阻炉钳焊、电子束钳焊等;根据钳料熔点的不同分为硬钎焊(熔点 450 ℃以上)和软钎焊(熔点 450 ℃以下)。

二、焊接的特点及应用

焊接与其他金属加工工艺相比,具有以下优点:

(1) 可以节省大量金属材料,减轻结构的重量,成本较低。与传统的铆接相比,可节省金属材料 15%～20%。

(2) 能化大为小,以小拼大,简化加工与装配工序,工序较简单,生产周期较短,劳动生产率高。

(3) 焊接接头不仅强度高,而且其他性能(如耐热性能、耐腐蚀性能、密封性能)都能与焊件材料相匹配。

(4) 焊接时噪声较小,工人劳动强度低,劳动条件好,并易于实现机械化、自动化。

焊接的主要缺点是产生焊接应力与变形,存在一定的缺陷;另外焊接会产生有毒有害的物质,影响焊工的健康。

目前,焊接在桥梁、容器、船舶、锅炉、管道、化工设备、车辆、航空航天等的制造中广泛应用,世界各国年平均生产的焊接结构用钢已占钢产量的 45%左右,所以焊接是目前应用极为广泛的一种永久性连接方法。随着焊接技术的进一步发展,应用也将更加广泛。

任务实施

(1) 查阅相关资料,了解焊接技术的发展历程。

(2) 研读“相关知识”中的内容,列举出能收集到的焊接方式,根据分类原则归类。

(3) 查阅相关资料,列举焊接技术的应用现状,通过案例总结其优缺点。

练习与思考

深入社会仔细观察，分析焊接技术在机械装备制造和工程建设方面的应用。

任务二 焊条电弧焊工艺

知识要点

（1）焊条电弧焊设备及工具。

（2）焊条的组成、分类、牌号。

（3）焊条电弧焊的工作原理。

（4）焊条电弧焊基本操作知识。

技能目标

能根据焊接条件正确选择焊接参数，并熟练掌握焊条电弧焊的基本操作方法。

任务导入

焊条电弧焊是熔焊中最简单的一种焊接方式，由于其使用设备简单，操作方便、灵活，适用于各种条件下的焊接，因此，焊条电弧焊是目前我们使用最广泛、最主要的焊接方式。

任务分析

焊条电弧焊是用利用电弧引燃焊条，操纵焊条进行焊接的电弧焊方法。本任务主要介绍焊条电弧焊的设备、焊接材料及焊接的基本操作方法，为焊接技术的学习打下基础。

相关知识

一、焊条电弧焊设备及工具

1. 弧焊变压器

弧焊变压器是一种特殊的降压变压器，效率较高，结构简单，使用可靠，成本较低，噪声较小，维护与保养容易，但焊接时电弧的稳定性不如弧焊整流器。如图 6-1 所示。

2. 弧焊整流器

弧焊整流器（图 6-2）是将交流电经降压整流后获得直流电的电气设备。具有制造方便、价格较低、空载损耗小和噪声小等优点，并且可远距离调节焊接参数，能自动补偿电网电压波动对输出电压和电流的影响，焊接过程中电弧比较稳定，可作为各种弧焊方法的电源。弧焊整流器适宜用于焊接不锈钢、薄板、较重要的焊件以及铜合金、铝合金等。

3. 焊钳

焊钳的作用是夹持焊条和传导电流。

4. 焊接电缆

焊接电缆的作用是传导电流。

图 6-1　弧焊变压器

图 6-2　弧焊整流器

5. 面罩及护目玻璃

面罩的作用是焊接时保护操作人员的面部免受强烈的电弧光照射和飞溅金属的灼伤。面罩上的护目玻璃能减弱电弧光的强度，过滤紫外线和红外线，使操作人员在焊接时既能通过护目玻璃观察到熔池的情况，便于控制焊接过程，又避免眼睛受弧光的灼伤。

二、焊条

1. 焊条的组成与作用

电焊条由焊芯和药皮两部分组成，结构如图 6-3 所示。

(1) 焊芯

焊芯的主要作用首先是传导焊接电流，产生电弧并维持电弧稳定；其次是作为填充金属与母材熔合成一体，组成焊缝。

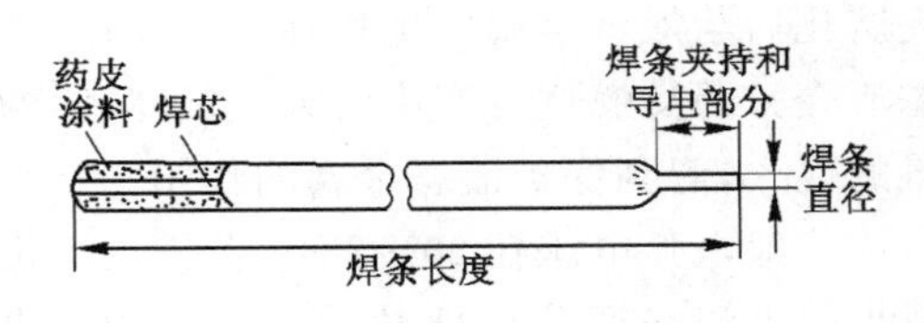

图 6-3　电焊条

(2) 药皮

压涂在焊芯表面上的涂料层称为药皮。焊条药皮由稳弧剂、造气剂、造渣剂、脱氧剂、合金剂、黏结剂等组成。它的主要作用有机械保护、冶金处理和渗合金、改善焊接工艺性能。

2. 焊条的分类、型号及牌号

(1) 焊条的分类

根据焊条的化学成分和用途，焊条可分为碳钢焊条、低合金钢焊条、不锈钢焊条、铸铁焊条、堆焊焊条、镍和镍合金焊条、铜和铜合金焊条、铝和铝合金焊条等。

按照焊条药皮熔化后的酸碱度不同，焊条又可分为酸性焊条和碱性焊条两类。

(2) 焊条型号

GB/T 5117—2012、GB/T 5118—2012 规定：电极焊条以字母“E”打头，表示焊条；前两位数字表示熔敷金属抗拉强度的最小值；第三位数字表示焊条的焊接位置，“0”及“1”表示焊条适用于全位置焊接（平、立、仰、横），“2”表示焊条适用于平焊及平角焊，“4”表示焊条适用于向下立焊；第三位和第四位数字组合时表示焊接电流种类及药皮类型。例如，E4303 焊条是最常用的电焊条，E 表示电焊条，43 表示焊缝金属的抗拉强度不低于 430 MPa，03 表示是钛钙型药皮，属于酸性焊条，适合于交流及直流电源。低合金钢焊条“E”后面的四位数字含义与碳钢焊条相同，四位数字后面附加字母表示熔敷金属的化学成分类型，并以“-”与前面的四位数字分开。如果还有附加化学成分,所附加的化学成分直接用元素符号表示,并以"-"与前面的后缀字母分开,如 E5515-B3-VWB。

三、焊条电弧焊的工作原理

焊条电弧焊的工作原理如图 6-4 所示。焊接电弧是在电极与焊件之间的气体介质中产生的强烈而持久的放电现象。将装在焊钳上的焊条,擦划或敲击焊件,由于焊条末端与焊件瞬时接触而造成短路,并产生很大的短路电流,使焊件和焊条末端的温度迅速升高。接着迅速把焊条提起 2～4 mm 的距离,在两极间电场力作用下,被加热的极间就有电子高速飞出并撞击气体介质,使气体介质电离成正离子、负离子和自由电子。此时正离子奔向阴极,负离子和自由电子奔向阳极。在它们运动过程中与到达两极时不断碰撞和复合,使动能变为热能,产生大量的光和热,于是在焊条端部与焊件之间形成了电弧。

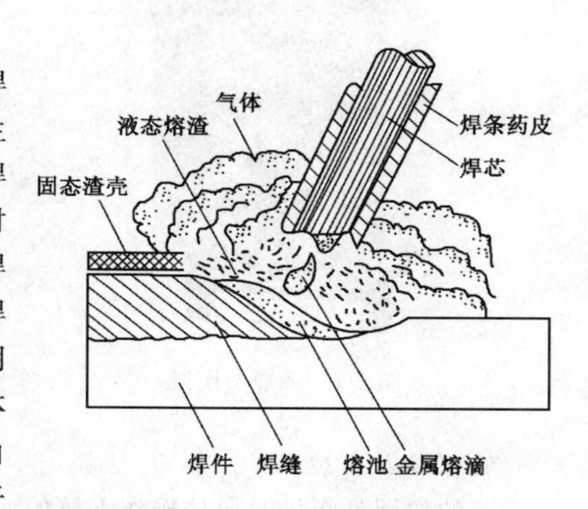

图 6-4　焊条电弧焊的焊接原理图

电弧热使焊件局部和焊条端部同时熔化成为熔池。其中金属溶液最终形成焊缝,而药皮熔化后与液体金属发生物理化学作用,使液态熔渣不断地从熔池中向上浮起,冷却形成固态渣壳。药皮燃烧时产生的大量气体环绕在电弧周围,借助于熔渣和气体可防止空气中氧、氮的侵入,起到保护液态金属的作用。

一般电弧电压在 20～35 V 范围内。由于电弧电压变化较小,所以生产中主要是通过调节焊接电流来调节电弧热量。焊接电流越大则电弧产生的总热量越多,反之,则总热量越少。

四、焊条电弧焊操作的基础知识

1. 基本概念

(1) 焊接接头

如图 6-5 所示,焊件经焊接后所形成的结合部分称为焊缝。被焊的焊件称为母材,两个焊件的连接处称为焊接接头。基本的焊接接头形式有对接接头、角接接头、T 形接头、搭接接头等。

(2) 焊接位置

按焊缝在空间位置的不同,焊接位置分为平焊位置、立焊位置、横焊位置和仰焊位置四种,如图 6-6 所示。在平焊位置、立焊位置、横焊位置和仰焊位置进行的焊接分别称为平焊、立焊、横焊和仰焊。

(3) 坡口基本形式

基本的坡口形式有 I 形坡口(不开坡口)、V 形坡口、X 形坡口、U 形坡口、双 U 形坡口等,如图 6-7 所示。

2. 焊前准备

(1) 焊前清理

焊前清除接头坡口及其附近 20 mm 内表面的油、锈、漆和水等污染,碱性焊条要更加彻

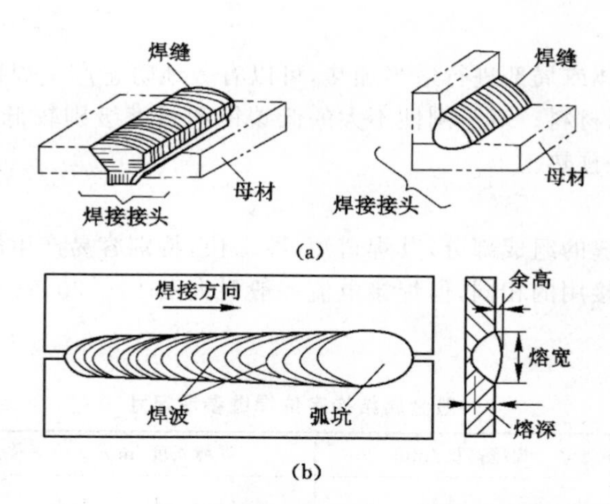

图 6-5　焊缝、母材、焊接接头及焊缝各部分名称

(a) 焊缝、母材和焊接接头；(b) 焊缝各部分名称

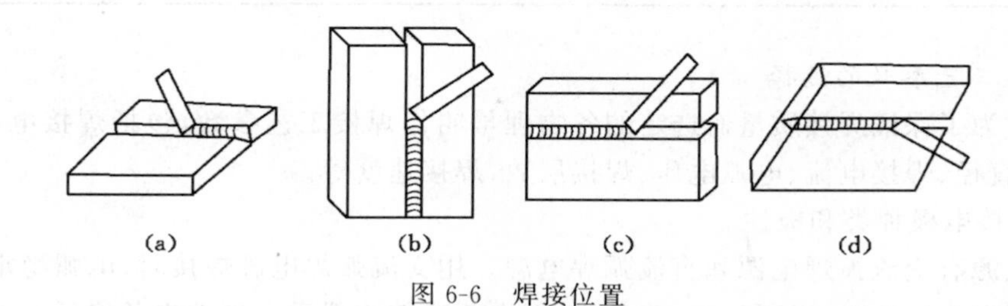

图 6-6　焊接位置

(a) 平焊位置；(b) 立焊位置；(c) 横焊位置；(d) 仰焊位置

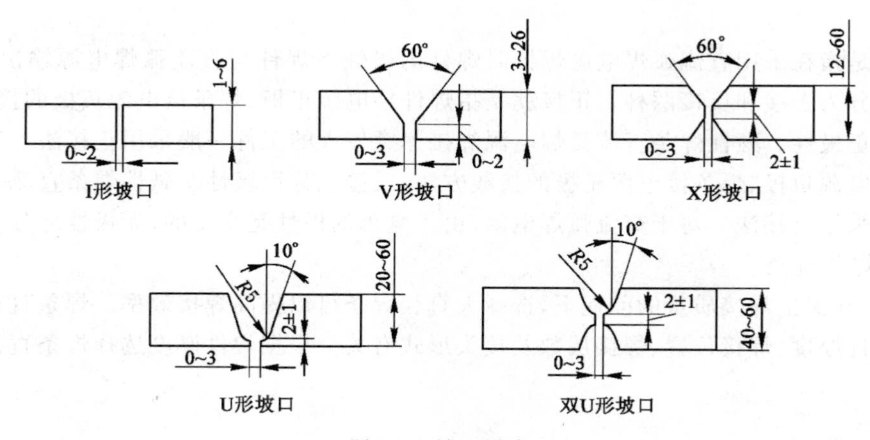

图 6-7　坡口形式

底，否则极易产生气孔和延迟裂缝。

（2）装配

装配是使焊件定位对中，以达到规定的坡口形状及尺寸。坡口角度一定时，间隙小，熔透根部比较困难，容易出现根部未焊透和夹渣缺陷；间隙过大，容易烧穿，难以保证焊接质量。

(3) 预热

预热是对焊件整体或局部进行适当加热,可以有效地防止产生焊接裂纹,主要是针对刚度大、焊接性差的金属材料。对于刚性不大的低碳钢和强度级别较低的低合金高强度钢的一般结构,通常不需要预热。

(4) 定位焊

定位焊是正式焊缝的组成部分,其焊道短、冷却快,特别容易产生缺陷、造成隐患。定位焊用的焊条和正式焊接用的相同,但焊接电流一般要大15%～20%。一般结构定位焊尺寸如表6-1所示。

表6-1　一般金属结构定位焊缝参考尺寸

焊件厚度/mm	焊缝高度/mm	焊缝长度/mm	间距/mm
≤4	<4	5～10	50～100
4～12	3～6	10～20	100～200
>12	>6	15～30	100～300

3. 焊接工艺参数的选择

焊接时为了保证焊接质量而选定的各物理量叫作焊接工艺参数,包括焊接电极种类和极性、焊条直径、焊接电流、电弧电压、焊接层数、焊接速度等。

(1) 焊接电极种类和极性

焊接电源有交流弧焊电源和直流弧焊电源。用交流弧焊电源焊接时,电弧稳定性差;采用直流弧焊电源焊接时,电弧稳定,飞溅少,但电弧磁偏吹严重。碱性焊条稳弧性差,通常采用直流弧焊电源。用小电流焊接薄板时,也常用直流弧焊电源,因为引弧比较容易,电弧比较稳定。

极性是指在采用直流弧焊电源焊接时焊件的极性。焊件与直流弧焊电源输出端正、负极的接法分为正接和反接两种。正接就是指焊件接电源正极、焊条接电源负极的接线方法,正接也称正极性。酸性焊条直流弧焊电源焊接厚度较大的工件一般采用正接法。反接就是指焊件接电源负极、焊条接电源正极的接线方法,反接也称反极性。碱性焊条直流弧焊电源焊接一般采用反接法。对于交流弧焊电源,由于电源的极性是交变的,无极性之分。

(2) 焊条直径

通常,在保证焊接质量的前提下,选择大直径焊条可以提高焊接效率。焊条直径大小的选择与焊件厚度、焊接位置、焊接层数及接头形式有关。根据焊件厚度选择焊条直径可参考表6-2。

表6-2　焊件厚度与焊条直径的关系

焊件厚度/mm	1.5～2	2.5～3	3.5～4.5	5～8	10～12	>12
焊条直径/mm	1.6～2	2.5	3.2	3.2～4	4～5	5～6

(3) 焊接电流

焊接电流直接影响焊接质量和生产率。焊接电流的选择主要取决于焊条直径,焊条直径越大，焊接电流也越大。一般碳钢焊接结构根据以下经验公式确定焊接电流大小：

$$I=k\cdot d$$

式中 I ——焊接电流，A；

d ——焊条直径，mm；

k ——经验系数，由表 6-3 确定。

表 6-3 电流选择经验系数

焊条直径/mm	1.6	2～2.5	3.2	4～6
经验系数	20～25	23～30	30～40	40～50

（4）电弧电压与电弧长度

电弧电压主要由电弧长度决定。电弧长电弧电压高，电弧短电弧电压低。焊接时电弧电压由操作人员根据具体情况灵活掌握。在焊接过程中电弧不宜过长，否则会使电弧不稳定，易摆动电弧热量分散，熔深减小，飞溅增加，产生咬边、未焊透、气孔等缺陷，降低焊接质量，因此，电弧长度应短些，相应电弧电压应为 16～25 V。立焊、仰焊时电弧长度应比平焊更短，防止金属溶液下流。

（5）焊接速度的选择

焊接速度是单位时间内完成的焊缝长度。焊接速度不应过快或过慢，应以保证焊透，不烧穿，焊缝的外观与内在质量及生产效率均达到要求为适宜。

五、焊条电弧焊的基本操作技术

焊接电弧焊的基本操作技术主要包括引弧、运条和焊道收尾等。

1. 引弧

引弧是指在弧焊开始时，引燃焊接电弧的过程。引弧的方法有划擦法和敲击法两种，如图 6-8 所示。划擦法一般适合于碱性焊条，其引弧动作类似于划火柴，初学者容易掌握，但容易损坏焊件表面。敲击法一般适合于酸性焊条或狭窄的焊接环境，其操作方式是将焊条对准引弧处，手腕下弯，用焊条末端垂直地轻击焊件表面，使焊条与焊件接触并形成短路，然后迅速将焊条向上提起 2～4 mm，电弧即可引燃。

2. 运条

运条是在焊接过程中，焊条相对于焊缝所做的各种动作的总称。引弧后，在操作过程中要使焊条同时完成三个基本运条动作：焊条沿自身中心线向熔池方向的送进运动、焊条沿焊接方向逐渐移动、焊条沿焊缝横向摆动，如图 6-9 所示。

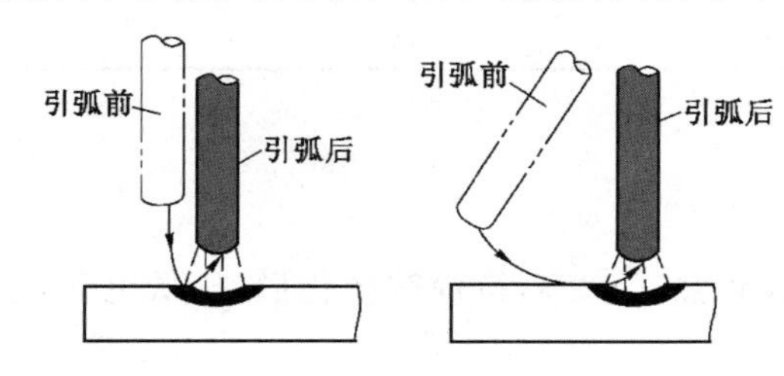

图 6-8 焊条引弧方法

（a）敲击法；（b）划擦法

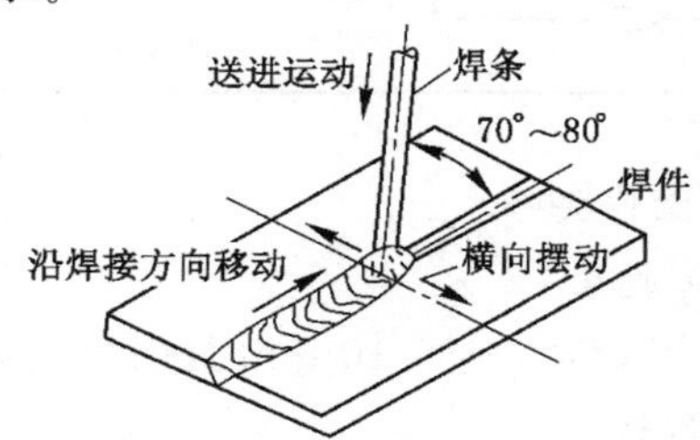

图 6-9 焊条角度与运条示意图

常见的运条方法有直线运条法、锯齿形运条法、环形运条法、月牙形运条法、三角形运条法等，如图 6-10 所示。

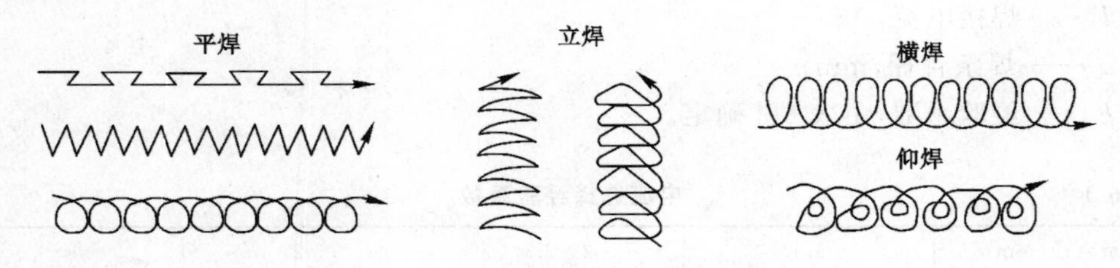

图 6-10　焊条电弧焊常见的运条方法

3. 焊道收尾

焊条收尾时，为防止尾坑的出现，焊条应停止向前移动。收尾不仅是熄弧，还要填满弧坑。可采用画圆圈收尾法、反复断弧收尾法、回焊收尾法。

六、技能操作训练

以 I 形坡口板-板对接为例介绍焊条电弧焊接的基本操作。对接平焊是在平焊位置上焊接对接接头的一种操作方法，熔池处于水平位置，容易观察，操作简单，但操作不当也会出现烧穿、焊瘤等缺陷。I 形坡口板-板对接是最基础的焊接操作。

材料：Q235 钢板材料 2 块，尺寸 6 mm×100 mm×300 mm。

1. 焊前准备

(1) 焊接设备：ZX7-400 型。

(2) 焊接材料：E4303，直径 3.2 mm。

(3) 焊件清理：焊前将焊道 20 mm 内的油污、水、锈等清理干净，露出金属光泽。

(4) 焊件装配：点固焊缝长度不大于 20 mm，间隙 1～3 mm，见图 6-11。

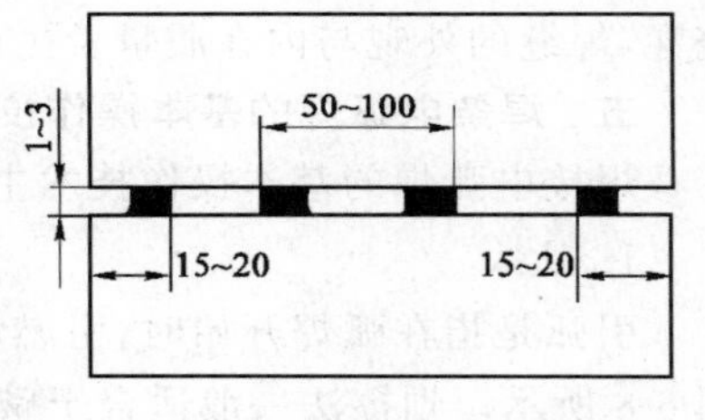

图 6-11　装配及定位焊

2. 焊接工艺参数

焊接工艺参数见表 6-4。

表 6-4　焊接工艺参数

焊道分布图	焊接层次	焊接电流/A	焊条直径/mm
[图]	正面焊道	80～100	3.2
	背面焊道		

3. 操作要领

(1) 起头

在距离焊件端部 10 mm 处引燃电弧，稍拉长预热 1～2 s，待焊端融化后，压低电弧，进行正常焊接。

(2) 运条

采用直线运条法，短弧连续焊接，焊条角度如图 6-12 所示。

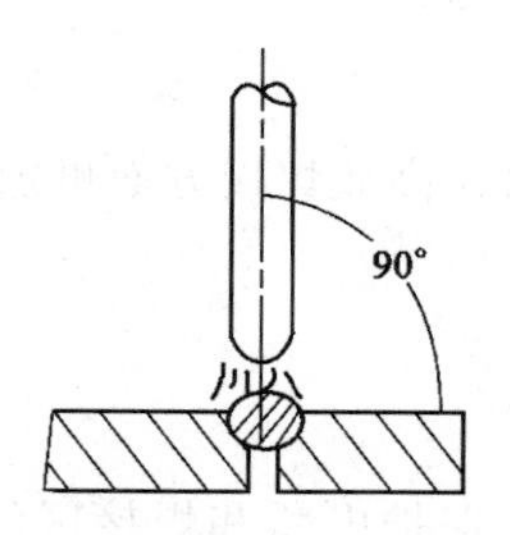

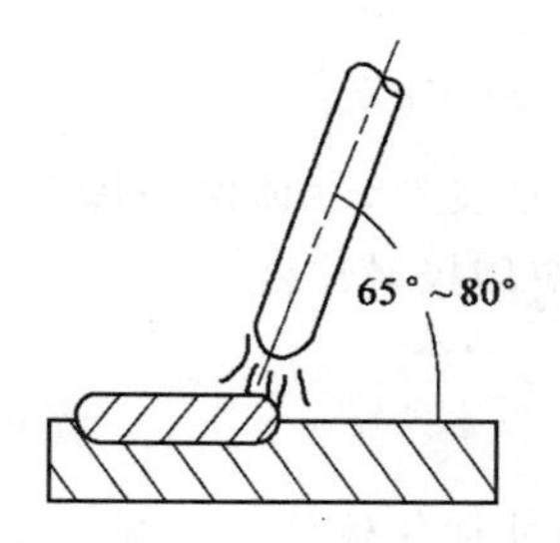

图 6-12　板对接平焊焊接角度

(3) 接头

在弧坑前 10～20 mm 内任意处引燃电弧，快速拉回到弧坑 2/3 处，不做停留，然后按正常的焊接方法进行焊接。

(4) 收尾

采用反复断弧法，填满弧坑。正面焊接后进行反面封底焊。焊接结束前清除熔渣。

任务实施

(1) 通过实物讲解及焊条电弧焊接演示，介绍焊条电弧焊接设备及焊接原理。

(2) 阅读教材中的“相关知识”，查阅相关国家标准，掌握焊条的种类及适用范围、选择原则。

(3) 通过阅读教材中的“相关知识”，利用网络资源，播放手工焊条电弧焊接视频，学习焊接的基本操作要领，通过实训内容，让学生掌握焊接的工艺过程。

练习与思考

(1) 结合图 6-4，简述焊条电弧焊接的基本原理。

(2) 解释下列焊条型号的意义：E4303、E5015、E3088-15。

(3) 什么是焊接参数？焊条电弧焊焊接参数主要包括哪些？

(4) 焊条电弧焊的焊接电流如何确定？

(5) 焊接接头包括哪几部分？接头的基本形式有几种？

任务三　气体保护焊

知识要点

(1) 气体保护焊的定义。

(2) 二氧化碳气体保护焊、手工氩弧焊的焊接原理、特点。

技能目标

了解气体保护焊的种类、原理、特点。

任务导入

随着科学技术的迅猛发展,气体保护焊在薄板、高效焊接方面更加显示出其独特的优越性,目前在焊接生产中应用极其广泛。

任务分析

气体保护焊是利用外加气体作为电弧介质并保护电弧和焊接区的电弧焊,简称气体保护焊或气电焊。通过学习气体保护焊,要了解气体保护焊的基本原理、设备、工艺特点及应用范围等。

相关知识

气体保护焊按所用的电极材料不同,可分为熔化极气体保护焊和非熔化极气体保护焊两种;按所用保护气体的不同,可分为氩弧焊、二氧化碳气体保护焊、氮弧焊、氦弧焊等。

气体保护焊与其他焊接方法相比,具有以下特点:

(1) 电弧和熔池的可见性好,焊接过程中可根据熔池情况调节焊接参数。

(2) 焊接过程操作方便,没有熔渣或很少有熔渣,焊后基本上不需清渣。

(3) 电弧在保护气流的压缩下热量集中,焊接速度较快,熔池较小,热影响区窄,焊件焊后变形小。

(4) 有利于焊接过程的机械化和自动化。

(5) 适用于化学活泼性强和易形成高熔点氧化膜的镁、铝及其合金。

同时,气体保护焊焊接时需设挡风装置,具有电弧的光辐射强、焊接设备复杂、设备价格高等缺点。

一、二氧化碳气体保护焊

(一) 二氧化碳气体保护焊原理及特点

二氧化碳气体保护焊是以焊丝为电极与母材之间产生电弧,并在二氧化碳气体的保护下熔化焊丝及母材使得接头牢固连接的一种焊接方法,是一种高效率、高质量的先进焊接技术,主要用于低碳钢和低合金钢薄板等材料的焊接。

二氧化碳气体保护焊工作原理如图 6-13 所示。焊丝连续送进,二氧化碳气体从喷嘴中以一定的流量喷出。电弧引燃后,电弧与熔池被二氧化碳气体包围,可以有效防止外界气体进入。二氧化碳气体是氧化性气体,能使金属中的合金元素烧毁,因此需选择具有脱氧能力的合金钢焊丝。

二氧化碳气体保护焊的特点是:焊接成本低,其成本只有埋弧焊、焊条电弧焊的 40%～50%;生产效率高,其生产率是焊条电弧焊的 1～4 倍;操作简便,明弧操作,对工件厚度不限,可进行全位置焊接;焊缝抗裂性能高,焊缝低氢且含氮量也较少;焊后变形较小,角变形为千分之五,不平度只有千分之三;电弧的穿透能力强,熔池深。

(二) 二氧化碳气体保护焊的焊接材料

1. CO_2气体

焊接用的 CO_2气体一般是将其压缩成液体储存于钢瓶内。CO_2气瓶的容量为 40 L,可

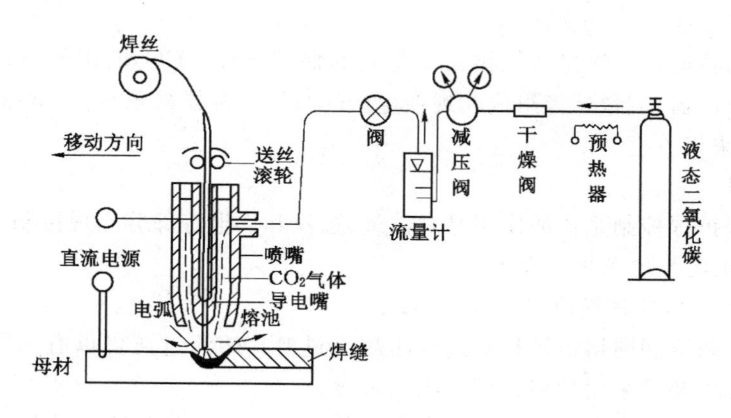

图 6-13 二氧化碳气体保护焊示意图

装 25 kg 的液态 CO_2，占容积的 80%，满瓶压力为 5～7 MPa，气瓶外表涂铝白色，并标有黑色“液化二氧化碳”的字样。目前，国内所用 CO_2 多为生产的副产品，纯度往往达不到焊接的要求，必须经过提纯才能使用。

2. 焊丝

二氧化碳保护焊焊丝有实芯焊丝和药芯焊丝两种。实芯焊丝是目前最常用的焊丝，是热轧线材经拉拔加工而成的。二氧化碳气体保护焊必须选用含碳量低并含有一定脱氧剂的低碳合金焊丝。

二氧化碳气体保护焊所用的焊丝直径在 0.5～5 mm 范围内，直径为 0.5～1.2 mm 的为细丝，直径为 1.6～5 mm 的为粗丝。目前常用的二氧化碳气保焊焊丝型号有 ER49-1 和 ER50-6 等。

（三）二氧化碳气体保护焊设备

目前，常用的是半自动二氧化碳气体保护焊设备，主要由焊接电源、焊枪及送丝系统、CO_2 供气系统、控制系统等部分组成。

1. 焊接电源

二氧化碳气体保护焊若使用交流电源则焊接电弧不稳定，飞溅大，所以一般采用直流焊接电源。

细丝（焊丝直径≤1.2 mm）焊接一般采用等速送丝机构，配平特性或缓降特性的电源。

粗丝（焊丝直径≥1.6 mm）焊接一般采用变速丝机构配下降特性的电源。

常用半自动二氧化碳气体保护焊焊机型号有 NBC-160、NBC-200、NBC1-300（1 代表全位置焊车式）等。

2. 送丝系统及焊枪

送丝系统由送丝机（包括电动机、减速器、校直轮和送丝轮）、送丝软管、焊丝盘等组成。半自动二氧化碳气体保护焊的送丝方式有推丝式、拉丝式、推拉式三种。

焊枪的作用是导电、导丝、导气。按结构分为鹅颈式焊枪和手枪式焊枪，按冷却方式分为空气式冷却和水冷却。其中鹅颈式空气冷却焊枪应用最广泛。

3. CO_2供气系统

供气系统的功能是向焊接区提供流量稳定的保护气体。CO_2的供气系统是由气瓶、预热器、干燥器、减压器、流量计等组成。现在生产的减压检测器将预热器、减压器和流量计合为一体,使用起来很方便。

4. 控制系统

二氧化碳保护焊控制系统的作用是对供气、送丝和供电等部分实现控制。

(四)二氧化碳气体保护焊焊接工艺

1. 二氧化碳气体保护焊的熔滴过渡形式

熔滴通过电弧空间向熔池转移的过程叫熔滴过渡。熔滴过渡可以有不同的形式,二氧化碳气体保护焊主要是采用短路过渡与细滴过渡。

短路过渡的特点是焊丝端部的熔滴在未脱落前先与熔池接触而形成短路,然后温度升高,在电磁力作用下爆断直接进入熔池。一般细焊丝、小电流、电弧长度不超过焊丝直径时,可获得短路过渡。短路过渡频率很高,电弧稳定,适合薄板或全位置焊接。

细滴过渡是指当电流在400 A以上时,熔滴细化,过渡频率也随之增大,电弧较稳定,焊缝成形较好,在生产中应用较广,多用于中、厚板的焊接。

2. 二氧化碳气体保护焊焊接参数

二氧化碳气体保护焊选择焊接参数时应按细丝焊与粗丝焊及自动与半自动焊不同形式确定,同时要根据焊件厚度、接头形式及空间位置等来选择。

(1)焊丝直径

焊丝直径应根据焊件厚度、焊接空间位置和焊接生产率的要求来选择。当焊接薄板或中厚板的立、横、仰焊时,多采用直径在1.6 mm以下的焊丝;在平焊位置焊接中厚板时,可以采用直径在1.2 mm以上的焊丝。焊丝直径的选择见表6-5:

表6-5 焊丝直径的选择

焊丝直径/mm	焊件厚度/mm	施焊位置	熔滴过渡形式
0.8	1～3	全位置	短路过渡
1.0	1.5～6	全位置	短路过渡
1.2	2～12	全位置	短路过渡
	中厚	平焊、平角焊	细滴过渡
1.6	6～25	全位置	短路过渡
	中厚	平焊、平角焊	细滴过渡
2.0	中厚	平焊、平角焊	细滴过渡

(2)焊接电流

焊接电流的大小应根据焊件厚度、焊丝直径、焊接位置及熔滴过渡形式来确定。在相同的送丝速度下,随着焊丝直径的增加,焊接电流越大,熔敷速度和熔深都会越大,熔宽也略有增加。焊丝直径与焊接电流的关系见表6-6。

表 6-6　　焊丝直径与焊接电流的关系

焊丝直径/mm	焊接电流/A	
	颗粒过渡	短路过渡
0.8	150～250	60～160
1.2	200～300	100～175
1.6	350～500	100～180
2.0	500～750	150～200

(3) 电弧电压

电弧电压必须与焊接电流配合恰当,否则会影响到焊缝成形及焊接过程的稳定性。电弧电压随着焊接电流的增加而增大。短路过渡焊接时,通常电弧电压在 16～24 V 范围内。细滴过渡焊接时,对于直径为 1.2～3.0 mm 的焊丝,电弧电压可在 25～36 V 范围内选择。

(4) 焊接速度

在一定的焊丝直径、焊接电流和电弧电压条件下,随着焊速增加,焊缝宽度与焊缝厚度减小。焊接过快,不仅气体保护效果变差,可能出现气孔,而且还易产生咬边及未熔合等缺陷;焊接过慢,则焊接生产率降低,焊接变形增大。一般半自动二氧化碳保护焊的焊接速度为 15～30 m/h。

(5) 焊丝伸出长度

焊丝伸出长度取决于焊丝直径,一般约等于焊丝直径的 10 倍,且不超过 15 mm。伸出长度过大,焊丝会成段熔断,飞溅严重,气体保护效果差;过小,不但易造成飞溅物堵塞喷嘴,影响保护效果,也影响焊工视线。

(6) CO_2气体流量

CO_2气体流量应根据焊接电流、焊接速度、焊丝伸出长度及喷嘴直径等选择,过大或过小的气体流量都会影响气体保护效果。通常细丝时,气体流量为 8～15 L/min;粗丝时,气体流量为 15～25 L/min。

(7) 电源极性及回路电感

为了减少飞溅,保证焊接电弧的稳定性,二氧化碳保护焊应选用直流反接。焊接回路的电感值应根据焊丝直径和电弧电压来选择。不同直径焊丝的合适电感值见表 6-7。

表 6-7　　不同直径焊丝电感值

焊丝直径/mm	焊接电流/A	电弧电压/V	电感值/mH
0.8	100	18	0.01～0.08
1.2	130	19	0.10～0.16
1.6	150	20	0.30～0.70

(8) 装配间隙及坡口尺寸

一般对于厚度 12 mm 以下的焊件不开坡口也可焊透。对于必须开坡口的焊件,一般坡口角度可由焊条电弧焊的 60°左右减为 30°～40°,钝边可相应增大 2～3 mm,根部间隙可相应减少 1～2 mm。

(9) 焊枪的倾角

小于 10°时，不论是前倾还是后倾，对焊接没有影响。当焊枪与焊件成后倾角时，焊缝窄，余高大，焊缝成形不好；当焊枪与焊件成前倾角时，焊缝宽，余高小，焊缝成形好。

二、手工钨极氩弧焊

手工钨极氩弧焊(TIG/GTAW)是用高熔点的纯钨或钨合金作为电极，利用从喷嘴流出的氩气在电弧及熔池周围形成连续封闭气流从而保护钨极、焊丝和焊接熔池不被氧化的一种手工操作的非熔化极气体保护电弧焊方法。

(一) 钨极氩弧焊原理及特点

基本原理：如图 6-14 所示，利用钨极和焊件之间产生的焊接电弧熔化母材及焊丝。焊接时保护气体从焊枪的喷嘴中连续喷出，在电弧周围形成气体保护层隔绝空气，以防止其对钨极、熔池及热影响区的有害影响，从而为形成优质焊接接头提供了保障。在焊接时可以填充焊丝，也可以不填充焊丝。

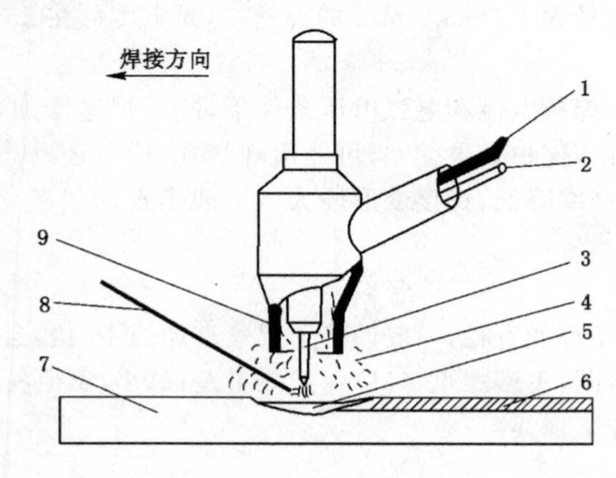

图 6-14　钨极氩弧焊示意图

1——电缆；2——保护气导管；3——钨极；4——保护气体；
5——熔池；6——焊缝；7——工件；8——填充焊丝；9——喷嘴

(二) 焊接工艺参数

手工钨极氩弧焊的主要焊接工艺参数有焊接电流、电弧电压、焊接速度、钨极直径及端部形状、电源种类、钨极伸出长度、喷嘴直径、喷嘴与焊件间的距离及氩气流量等。

1. 焊接电流

焊接电流是最主要的工艺参数，主要根据工件的厚度和空间位置来选择，过大或过小的焊接电流都会使焊缝成形不良或产生焊接缺陷。焊接电流的选择如表 6-8 所示。

表 6-8　不同直径钨极(加氧化物)的许用电流范围

钨极直径/mm	直流正接/A	直流反接/A	交流/A
0.5	2～20	—	2～15
1	10～75	—	15～70
1.6	60～150	10～20	60～125
2	100～200	15～25	85～160
2.5	170～250	17～30	120～210

2. 电弧电压(电弧长度)

电弧电压由弧长决定,电压增大时,熔宽稍增大,熔深减小。通过焊接电流和电弧电压的配合,可以控制焊缝形状。当电弧电压过高时,易产生未焊透并使氩气保护效果变差。因此,应在电弧不短路的情况下,尽量减小电弧长度。钨极氩弧焊的电弧电压选用范围一般是 10～24 V。

3. 焊接速度

焊接速度加快时,氩气流量要相应加大。焊接速度过快,空气阻力对保护气流的影响,会使保护层可能偏离钨极和熔池,从而使保护效果变差。同时,焊接速度还显著地影响焊缝成形。因此,应选择合适的焊接速度。

4. 钨极直径

钨极直径主要按焊件厚度、焊接电流的大小和电源极性来选择。尽可能选择小的直径来承担所需的电流。

5. 电源的种类和极性

电源种类和极性可根据焊件材质进行选择,见表 6-9。

表 6-9 电源种类和极性的选择

电源种类和极性	被焊金属材料
直流正接	低碳钢、低合金钢、不锈钢、铜、钛及其合金
直流反接	适用于各种金属的熔化极氩弧焊,钨极氩弧焊很少采用
交 流	铝、镁及其合金

6. 喷嘴直径及气体流量

增大喷嘴直径的同时,应增大气体流量,此时保护区大,保护效果好。但喷嘴过大时,不仅使氩气的消耗量增加,而且可能使焊炬伸不进去,或妨碍焊工视线,不便于观察操作。故一般钨极氩弧焊喷嘴以 5～14 mm 为佳。

另外,喷嘴直径也可按经验公式选择:

$$D=(2.5\sim3.5)d$$

式中 D——喷嘴直径(一般指内径),mm;

d——钨极直径,mm。

为了可靠地保护焊接区不受空气的污染,必须有足够流量的保护气体。氩气流量越大,保护层抵抗流动空气影响的能力越强。但流量过大时,不仅浪费氩气,还可能使保护气流形成紊流,将空气卷入保护区,反而降低保护效果。所以氩气流量要选择恰当,一般气体流量可按下列经验公式确定:

$$Q=(0.8\sim1.2)D$$

式中 Q——氩气流量,L/min;

D——喷嘴直径,mm。

7. 喷嘴至焊件的距离

这里指的是喷嘴端面和焊件间的距离,这个距离越小,保护效果越好。所以,喷嘴距焊件间的距离应尽量小些,但过小会使操作、观察不便。因此,通常取喷嘴至焊件间的距离为 5～15 mm。

8. 钨极伸出长度

为了防止电弧热烧坏喷嘴，钨极端部应突出至喷嘴之外。钨极端头至喷嘴面的距离叫钨极伸出长度。钨极伸出长度越小，喷嘴与焊件之间距离越近，则保护效果就好，但过近会妨碍观察熔池。通常焊接对接焊缝时，钨极伸出长度为 3～6 mm 较好；焊角焊缝时，钨极伸出长度为 7～8 mm 较好。

9. 焊丝直径

根据焊接电流的大小选择焊丝直径，如表 6-10 所示

表 6-10　　焊接电流与焊丝直径

焊接电流/A	焊丝直径/mm	焊接电流/A	焊丝直径/mm
10～20	≤1.0	200～300	2.4～4.5
20～50	1.0～1.6	300～400	3.0～6.0
50～100	1.0～2.4	400～500	4.5～8.0
100～200	1.6～3.0		

任务实施

（1）参观相关实训室，使学生认识二氧化碳气体保护焊、手工氩弧焊的相关设备。查阅相关资料，分组讨论，总结气体保护焊的优缺点。

（2）阅读教材中的“相关知识”，结合焊接实例，讲解气体保护焊的焊接参数选择的原则及焊接过程中的注意事项。

练习与思考

（1）气体保护电弧焊的原理及主要特点是什么？

（2）半自动二氧化碳气体保护焊设备由哪几部分组成？

（3）二氧化碳气体保护焊焊接参数有哪些？如何选择焊丝直径和焊接电流？

（4）钨极氩弧焊原理及特点是什么？

（5）手工钨极氩弧焊的主要焊接工艺参数有哪些？喷嘴直径和气体流量如何确定？

任务四　气焊、气割工艺

知识要点

（1）气焊气割设备的构造、原理和使用方法。

（2）气焊火焰的火焰种类与用途、焊丝与焊剂的作用。

技能目标

（1）熟悉气焊气割的点火、灭火、火焰调节及选择方法。

(2) 掌握气焊、气割的方法。

任务导入

与传统电弧焊相比,气焊、气割具有设备简单、成本低廉、操作方便、不受电力供应限制等优点,因此,在焊接生产中得到了广泛的应用。

任务分析

气焊与气割是利用可燃气体和助燃气体(氧气)混合燃烧的火焰所释放出的热量作为热源,实现金属焊接和切割的方法。本任务主要学习气焊与气割的原理、特点、应用及所用设备、材料、工艺等。

相关知识

一、气焊和气割所需的设备和工具

气焊所用设备和工具主要包括氧气瓶、氧气减压器、乙炔气瓶、乙炔减压器、回火防止器、焊炬、橡皮管等,如图 6-15 所示。

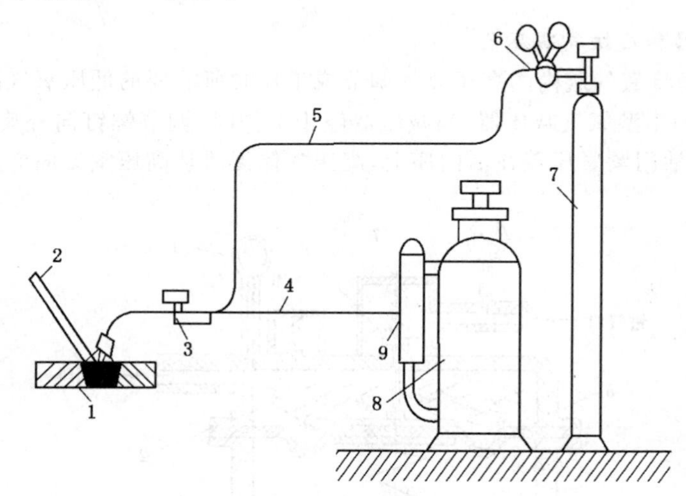

图 6-15 气焊或气割设备和工具示意

1——焊件;2——焊丝;3——焊炬或割炬;4——乙炔橡皮气管;5——氧气橡皮气管;
6——氧气减压器;7——氧气瓶;8——乙炔发生器(乙炔瓶);9——回火防止器

1. 氧气瓶及氧气

氧气瓶是一种储存和运输氧气的高压容器(图 6-16),瓶口上装有开闭氧气的阀门,并套有保护瓶阀的瓶帽,瓶体涂成天蓝色,并用黑漆写上“氧气”字样。常用氧气瓶容积一般为 40 L,出厂压力一般为 12～15 MPa。

2. 乙炔气瓶及乙炔气

乙炔气瓶(图 6-17)是一种储存和运输乙炔气的高压容器,瓶口装有阀门并套有瓶帽保护。按规定,乙炔气瓶外表涂成白色,并用红色字样标明“乙炔火不可近”字样。其外形和氧气瓶相似,略短、略粗,但构造比氧气瓶复杂。乙炔气瓶的工作压力是 1.5 MPa。

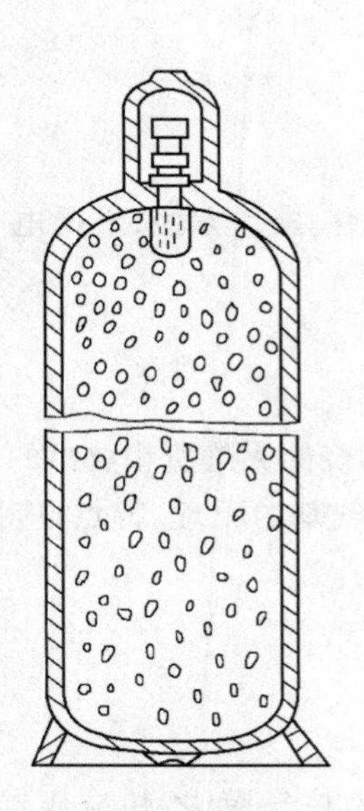

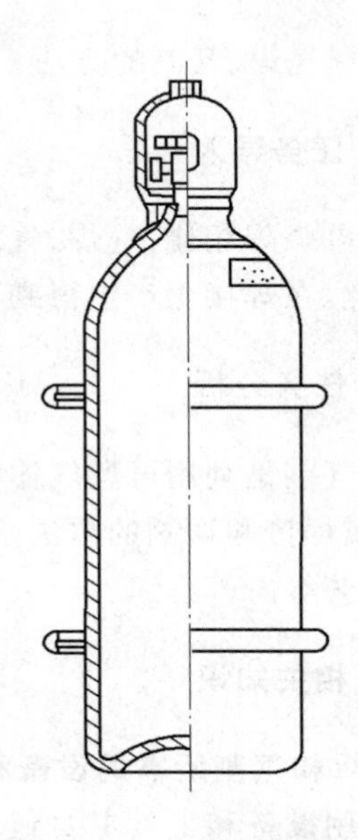

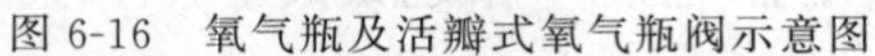

图 6-16　氧气瓶及活瓣式氧气瓶阀示意图　　　　图 6-17　乙炔瓶的构造

3. 氧气减压器和乙炔气减压器

氧气减压器是将氧气瓶内的高压氧气调节成工作时所需要的低压氧气的调节装置。如图 6-18 所示为 QD-1 型氧气减压器，当减压器停止工作时，调节螺钉向外旋出，调压弹簧处于松弛状态，减压活门紧紧压盖在活门座上，高压气体无法从高压室流向低压室。

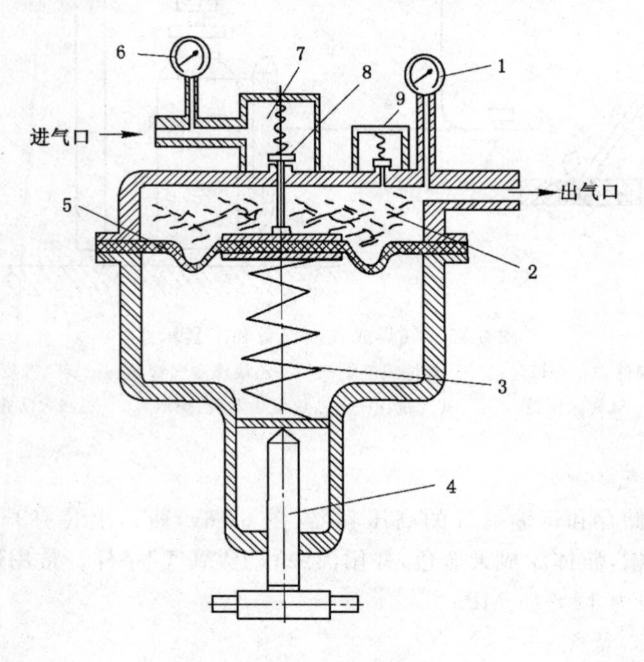

图 6-18　QD-1 型氧气减压器

1——低压表；2——低压气室；3——调压弹簧；4——调压螺钉；
5——薄膜片；6————高压表；7——高压气室；8——减压活门；9——安全阀

乙炔气减压器是将乙炔气瓶内的高压乙炔气调节成工作时所需要的低压乙炔气的调节装置。如图6-19所示为QD-20型单极式乙炔气减压器，其基本构造和原理与单极式氧气减压器相同。

图6-19　QD-20型乙炔减压器

4. 回火防止器

在气焊与气割过程中，气体供应不足，或管道与焊嘴阻塞等原因，均会导致火焰沿乙炔导管向内逆燃，这种现象称为回火。为了防止回火发生，必须在导管与乙炔气瓶(或乙炔发生器)之间装上回火防止器。

5. 焊炬

焊炬是气焊时用于控制气体与氧气的混合比例、流量及火焰并进行焊接的工具。按可燃气体与氧气混合方式的不同，焊炬可分为射吸式焊炬(或称低压焊炬)和等压式焊炬两类。我国广泛使用射吸式焊炬，它适应0.001～0.1 MPa的低压和中压乙炔，结构如图6-20所示。

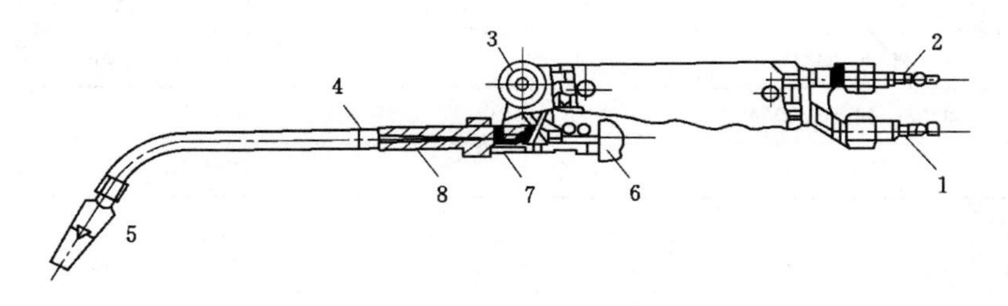

图6-20　射吸式焊炬

1——氧气接头；2——乙炔接头；3——乙炔调节手轮；4——混合气管；5——焊嘴；6——氧气调节手轮；7——氧喷嘴；8——射吸管

6. 割炬

按可燃气体与氧气混合方式的不同，割矩分为射吸式割矩(或称低压割矩)和等压式割矩两类，我国广泛使用的也是射吸式割炬。常用的有G01-30和G01-100型，结构形式如图6-21所示。

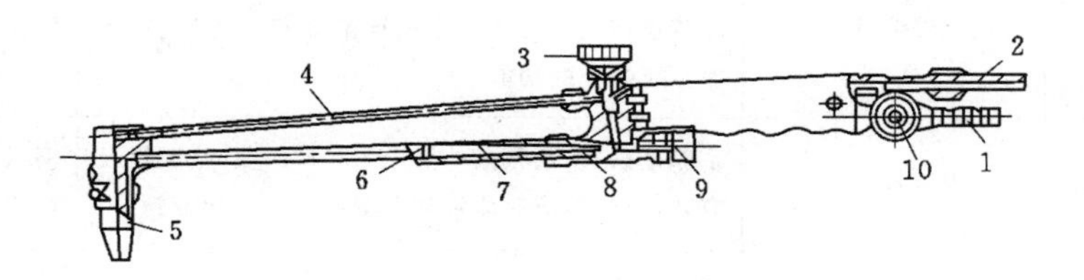

图6-21　射吸式割炬

1——乙炔入口；2——氧气入口；3——高压氧阀；4——氧喷嘴；5——割嘴；6——混合气通道；7——射吸管；8——混合室；9——低压氧阀；10——乙炔阀门

二、气焊、气割材料

1. 焊丝

焊丝是作为填充金属或同时作为导电用的金属丝焊接材料。在气焊和钨极气体保护电弧焊中，焊丝起填充金属的作用；在埋弧焊、电渣焊和其他熔化极气体保护电弧焊时，焊丝既是填充金属，同时也是导电电极。常用的焊丝有碳钢焊丝、低合金结构钢焊丝、合金结构钢焊丝、不锈钢焊丝和有色金属焊丝等。常用锅炉、压力容器、管道气焊焊丝见表 6-11。

表 6-11　　常用锅炉、压力容器、管道气焊焊丝

焊丝牌号	适应焊接的钢材型号
H08	Q235，Q235A
H08MnA	10，20，20g
H08MnRe	20，20g
$H08Mn_2SiA$	15MnV，15MnVN
H10CrMoA	16Mn，20g，25g
H08CrMoA	12CrMo，15 CrMo
H08CrMoV	12CrMoV，15 $CrMo_9$
H08CrMnSiMoVA	20CrMoV
H1Cr18Ni9Ti	1Cr18Ni9Ti

2. 焊剂

气焊过程中，为防止金属的氧化并消除已形成的氧化物，必须使用气焊溶剂，常用气焊溶剂的牌号及适用范围见表 6-12。

表 6-12　　常用气焊溶剂的牌号及适用范围

溶剂牌号	代号	名称	基本性能	用途
气剂 101	CJ101	不锈钢及耐热钢气焊溶剂	熔点为 900 ℃，有良好的湿润作用，能防止熔化金属被氧化，焊后焊渣易清除	不锈钢及耐热钢气焊助溶剂
气剂 201	CJ201	铸铁气焊溶剂	熔点为 650 ℃，呈碱性反应，富潮解性。能有效去除铸铁在气焊时所产生的硅酸盐和氧化物，有加速金属熔化的功能	铸铁气焊助溶剂
气剂 301	CJ301	铜气焊溶剂	系硼基盐类，易潮解，熔点约为 650 ℃，呈酸性反应，能有效溶解氧化铜和助溶剂——氧化亚铜	铜及铜合金气焊助溶剂
气剂 401	CJ401	铝气焊溶剂	熔点约为 560 ℃，呈碱性反应，能有效破坏氧化铝膜，富潮解性，在空气中能引起铝腐蚀	铝及铝合金气焊溶剂

3. 焊接气体

气焊、气割常用的可燃气体主要有乙炔、氢气和液压石油气等，常用的助燃气体是氧气。

三、气焊、气割的操作工艺

（一）气焊的操作工艺

1. 气焊火焰

改变氧气和乙炔气体的体积比，可得到氧化焰、中性焰和碳化焰三种不同性质的气焊火焰，如图 6-22 所示。

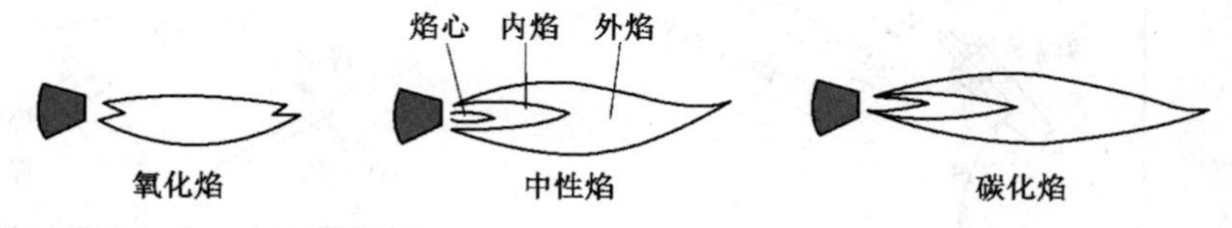

图 6-22 氧-乙炔火焰种类

火焰中有过量的氧，在尖形焰心外面形成一个有氧化性的富氧区的火焰称为氧化焰。氧化焰温度可达 3 100～3 300 ℃，适合于焊接黄铜、锰黄铜、镀锌铁皮等。

在一次燃烧区内既无过量氧又无游离碳的火焰称为中性焰。中性焰的最高温度可达 3 000～3 200 ℃，适合于焊接低碳钢、高碳钢、低合金钢、不锈钢、灰铸铁、紫铜、锡青铜、铝及其合金、铅锡、镁合金等。

火焰中含有游离碳，具有较强还原作用，也有一定渗碳作用的火焰为碳化焰。碳化焰温度可达 2 700～3 000 ℃，适于焊接高碳钢、高碳合金钢（如高速钢）、铸铁及硬质合金等。

2. 接头形式

气焊时主要采用对接接头，而角接接头和卷边接头只是在焊薄板时使用。搭接接头和 T 型接头容易产生较大的变形，所以很少采用。

3. 焊丝直径的选择

气焊焊丝的化学成分要与焊件的化学成分基本相符；焊丝的直径一般是根据焊件的厚度来决定的，见表 6-13。

表 6-13　　气焊焊件厚度与焊丝直径的关系

焊件厚度/mm	1～2	2～3	3～5	5～10	10～15	>15
焊丝直径/mm	1～2	2～3	3～4	3～5	4～6	4～6

4. 焊炬的倾斜角度

焊炬的倾斜角度是指焊嘴长度方向与焊件之间的夹角，其大小主要取决于焊件厚度和母材的熔点与导热性等。焊炬倾斜角度及焊炬与焊丝中心线的角度如图 6-23、图 6-24 所示。

5. 焊接速度

焊接速度与焊件母材的熔点及厚度有关，一般当焊件母材的熔点高、厚度大时焊速应慢些。焊接速度一般以每小时完成的焊缝长度来表示，大小由经验公式来确定。

$$v=\frac{K}{\delta}$$

式中　v——焊接速度，m/h；

K——经验系数，大小由表 6-14 确定；

δ——焊件厚度，mm。

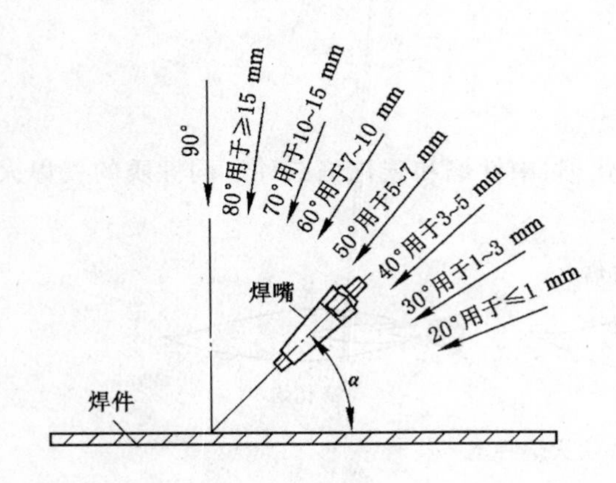

图 6-23　焊炬倾斜角度与焊件厚度的关系

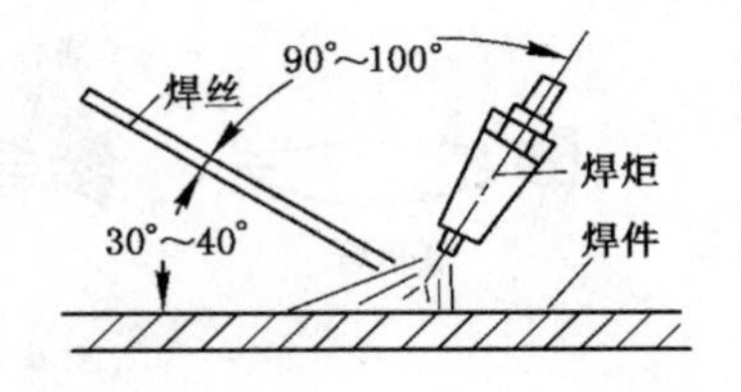

图 6-24　焊炬与焊丝的位置

表 6-14　不同材料气焊 K 值大小

材料名称	碳素钢		铜	黄铜	铝	铸铁	不锈钢
	左向焊	右向焊					
K 值	12	15	24	12	30	10	10

6. 焊接方向

气焊时，按照焊炬与焊丝的移动方向不同，可分为右向焊法和左向焊法两种。

7. 气焊基本操作方法

气焊前，先调节好氧气压力和乙炔压力，装好焊炬。点火时，先微开氧气阀门，再打开乙炔阀门，随后点燃火焰，并将火焰调节成所需要的火焰。在点火过程中，如果有爆破声或火焰熄灭现象，应立即减少氧气或放掉不纯的乙炔气，然后再点火。灭火时，应先关乙炔阀门，再关氧气阀门，以免发生回火并减少烟尘。

（二）气割工艺

气割常用于纯铁、低碳钢、低合金结构钢的下料，铸钢浇注冒口的切除气割及板材开坡口等。

1. 氧-乙炔火焰切割金属的条件

利用氧-乙炔火焰切割金属的条件是：金属材料的燃点必须低于其熔点；燃烧生成的金属氧化物的熔点应低于金属本身的熔点，这样熔渣具有一定的流动性，便于被高压氧气流吹掉；金属在氧气中燃烧时所产生的热量应大于金属本身由于热传导而散失的热量，这样才能保证有足够高的预热温度，使切割过程不断地进行。

2. 气割氧压力

气割氧压力一般根据割矩或板厚选择，通常取 0.2～0.6 MPa。

3. 气割速度

割件越厚，气割速度越慢；相反，割件越薄，气割速度越快。

4. 割嘴与割件间的倾斜角

割嘴与割件间的倾斜角是指割嘴与气割运动方向之间的夹角。割嘴倾斜角的大小由割件厚度来确定。一般割嘴离割件表面的距离是 3～5 mm，并要求在整个切割过程中保持一致。

5. 基本操作方法

气割时将预热火焰对准割件切口进行预热，待加热到金属表层即将氧化燃烧时，再以一定压力的氧气流吹入切割层，吹掉氧化燃烧产生的熔渣。不断移动割矩，切割便可以连续地进行下去，直至切断为止。

任务实施

(1) 参观相关实训室实习工厂，使学生对气焊、气割的相关设备有宏观的了解。查阅相关资料、利用网络资源，结合书本知识，分析讨论，掌握设备的详细的内部结构。

(2) 让学生自行查阅相关资料，掌握焊丝、焊剂、焊接气体的相关知识。

(3) 阅读教材中的“相关知识”，结合焊接实例，讲解气焊、气割的参数的选择的原则及工艺过程中的注意事项。

练习与思考

(1) 焊炬、割炬有何相同与不同之处？

(2) 气焊的焊接参数有哪些？如何选择？

(3) 气割的工艺参数有哪些？如何选择？

(4) 氧-乙炔火焰切割金属的条件是什么？

任务五　其他电弧焊接工艺及焊接新技术

知识要点

(1) 其他焊接方式的工作原理、特点。

(2) 焊接新技术的特点、应用。

技能目标

了解埋弧焊、等离子弧焊、电阻焊、电渣焊、钎焊的原理、特点及适应范围，学习查阅相关国家标准。了解电子束焊、激光焊、搅拌摩擦焊等焊接新技术的特点。

任务导入

随着社会工业发展水平的提高，设备制造业的发展越来越高端化、精密化，传统的电弧焊方式已经不能满足设备加工制造的要求，另外越来越多的新材料也不能采用电弧焊进行焊接，那么我们就需要选择其他的焊接方式焊接新技术来满足现代加工制造业的焊接需求。

任务分析

通过本节的学习，要了解埋弧焊、等离子弧焊、电阻焊、电渣焊、钎焊的焊接设备工作原理、焊接特点及适应范围，要熟悉焊接新技术的种类及其应用现状，了解焊接新技术的发展趋势，为焊接方法的选择提供更加广阔的空间。

相关知识

一、其他焊接工艺

1. 埋弧焊

埋弧焊是指电弧在颗粒状焊剂层下燃烧进行焊接的方法，分为埋弧自动焊和埋弧半自动焊两种。埋弧焊的工作原理是：电弧在颗粒状的焊剂下燃烧，焊丝由送丝机构自动送入焊接区，电弧沿焊接方向的移动靠手工操作或机械自动完成。

自动埋弧焊如图 6-25 所示。电源接在导电嘴和焊件上，颗粒状焊剂通过软管均匀地撒在被焊位置，焊丝由送丝机构均匀地往下送至电弧燃烧区，并维持选定的弧长，在焊接小车的带动下，以一定的移动速度完成焊接。

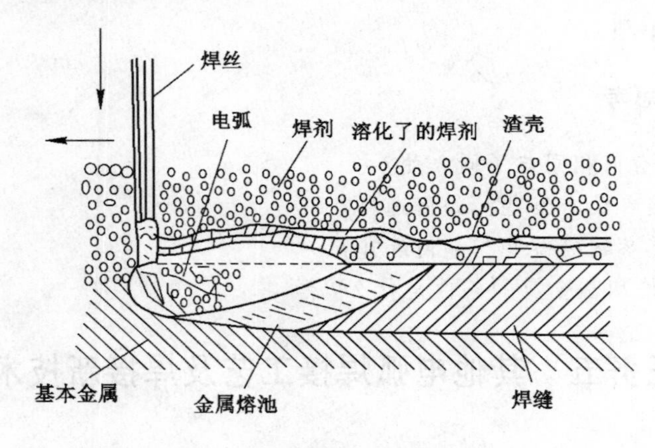

图 6-25　埋弧自动焊示意图

埋弧焊具有生产效率高、焊缝质量高、劳动条件好的特点，主要用于焊接低碳钢、低合金高强度钢，也可用于焊接不锈钢、耐热钢、低温钢及紫铜等。特别适合于大批量焊接较厚的大型结构件的直线焊缝和大直径环形焊缝。

2. 等离子弧焊

等离子弧焊是利用等离子弧作为热源的一种焊接方法。等离子弧是经过压缩的、高能量密度的自由电弧，形成过程如图 6-26 所示：自由电弧在高速通过水冷喷嘴时受到压缩，弧柱周围高速冷却气流使电弧产生热收缩，弧柱的带电粒子流在自身磁场作用下使电弧产生磁收缩，最终形成等离子弧。等离子弧的稳定性、发热量和温度都高于一般电弧，因而具有较大的熔透力和焊接速度。

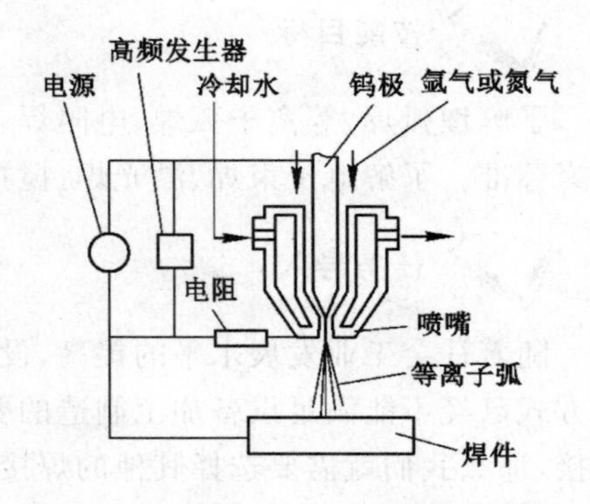

图 6-26　等离子弧发生装置示意图

等离子弧焊具有稳定性好，易于控制，弧柱温度高，穿透能力强，焊接质量高等特点，可以焊接绝大部分金属，主要适于焊接某些焊接性差的金属材料和精细工件等，常用于不锈钢、耐热钢、高强度钢及难熔金属材料的焊接。

3. 电阻焊

电阻焊是将工件组合后通过电极施加压力，利用电流通过接头的接触面及邻近区域产生的电阻热，将其加热到熔化或塑性状态，形成金属结合的焊接方法。生产中根据接头的形式不同，电阻焊分为点焊、缝焊和对焊三种，如图 6-27 所示。

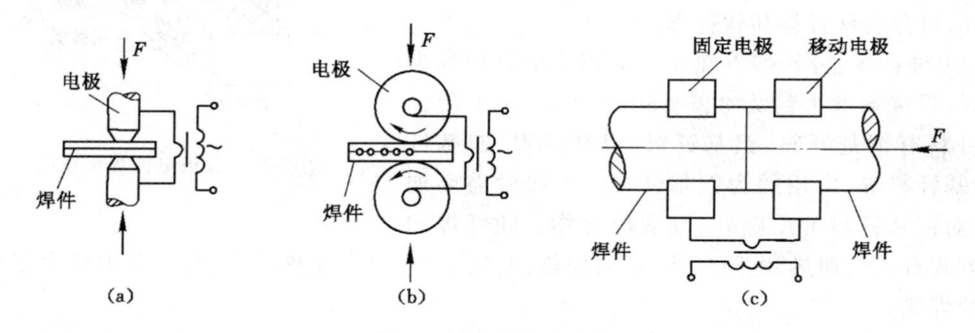

图 6-27　电阻焊示意图

(a) 点焊；(b) 缝焊；(c) 对焊

(1) 点焊：将焊件装配成搭接接头，并压紧在两柱状电极之间，利用电阻热熔化母材金属，形成焊点的电阻焊方法。点焊主要用于薄板焊接。

(2) 缝焊：以旋转的圆盘状滚轮电极代替柱状电极，将焊件装配成搭接或对接接头，并置于两滚轮电极之间，滚轮对焊件加压并转动，连续或断续送电，形成一条连续焊缝的电阻焊方法。缝焊主要用于焊接焊缝较为规则、要求密封的结构。

(3) 对焊：是使焊件沿整个接触面焊合的电阻焊方法，分为电阻对焊和闪光对焊两种。电阻对焊是将焊件装配成对接接头，利用电阻热加热至塑性状态，断电并迅速施加顶锻力完成焊接的方法，主要用于截面简单、直径或边长小于 20 mm 和强度要求不太高的焊件。闪光对焊是将焊件装配成对接接头，接通电源，使其端面逐渐移近达到局部接触，利用电阻热加热这些接触点，使端面金属熔化，直至端部在一定深度范围内达到预定温度时，断电并迅速施加顶锻力完成焊接的方法。闪光焊的接头质量比电阻焊好，焊缝力学性能与母材相当，而且焊前不需要清理接头的预焊表面，主要用于较大截面焊件与不同种类的金属和合金的对接。

4. 电渣焊

电渣焊是利用电流通过熔渣所产生的电阻热作为热源，将填充金属和母材熔化，凝固后形成金属原子间牢固连接的一种熔焊方法。在开始焊接时，使焊丝与起焊槽短路起弧，不断加入少量固体焊剂，利用电弧的热量使之熔化，形成液态熔渣，待熔渣达到一定深度时，增加焊丝的送进速度，并降低电压，使焊丝插入渣池，电弧熄灭，从而转入电渣焊焊接过程。

根据所用电极形状的不同，电渣焊可分为熔嘴电渣焊、非熔嘴电渣焊、丝极电渣焊(图 6-28)、板极电渣焊等。

电渣焊主要用于厚壁压力容器纵焊缝的焊接以及大型的铸-焊、锻-焊或厚板拼焊结构的制造。它的缺点是输入的热量大，接头在高温下停留时间长、焊缝附近容易过热，焊缝金属呈粗大结晶的铸态组织，冲击韧性低，焊件在焊后一般需要进行正火和回火热处理。

5. 钎焊

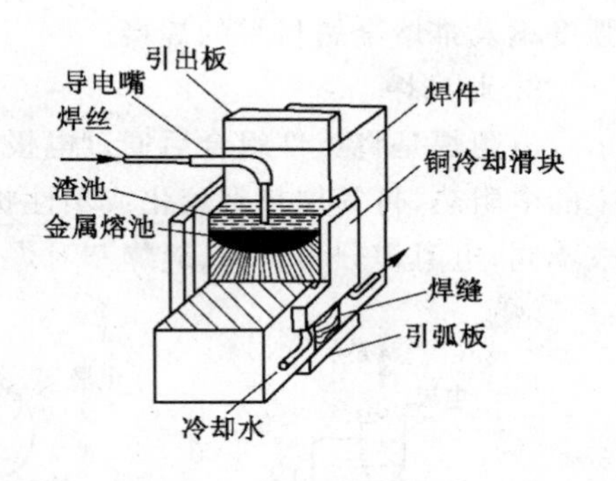

图 6-28 丝极电渣焊示意图

钎焊是采用比母材熔点低的金属材料作钎料，将焊件和钎料加热到高于钎料熔点、低于母材熔化温度，利用液态钎料润湿母材，填充接头间隙并与母材相互扩散实现连接焊件的方法。钎焊根据钎料熔点的不同，可分为硬钎焊和软钎焊。

(1) 硬钎焊：钎料熔点在 450 ℃以上的钎焊称为硬钎焊，焊接强度大约为 300～500 MPa。属于硬钎焊的钎料有铜基钎料、铝基钎料、银基钎料、镍基钎料、锰基钎料等，常用的为铜基钎料。焊接时需要加钎剂，对铜基钎料常用硼砂、硼酸混合物。硬钎焊的加热方式有火焰加热、电阻加热、炉内加热、电弧加热、激光加热等，适合于受力较大工件及工具的焊接。

(2) 软钎焊：钎料熔点在 450 ℃以下的钎焊称为软钎焊，焊接强度一般不超过 140 MPa。属于软钎焊的钎料有锡铅钎料、锡银钎料、铅基钎料、镉基钎料等，常用的为锡铅钎料。软钎焊时所用的钎剂为松香、酒精溶液、氯化锌或氯化锌加氯化氨水溶液。软钎焊时可用铬铁、喷灯或炉子加热焊件。适用于受力不大的仪表、导电元件等的焊接。

二、焊接新工艺

随着科学技术和机械制造业的发展及新材料的不断涌现，焊接技术也在不断发展和提高。目前焊接新技术的发展具有以下特点：第一，随着新材料和特殊结构的要求，涌现出新的技术；第二，传统的焊接方法得到了改进；第三，积极采用计算机控制技术；第四，注重环保，逐步实现清洁生产。

1. 电子束焊

电子束焊是一种高能束流焊接方法。电子束传送到焊接接头的热量和其熔化金属的效果与束流强度、加速电压、焊接速度、电子束斑点质量以及被焊材料的热物理性能等因素有密切的关系。

电子束焊具有焊接深度大，焊缝性能好，焊接变形小，焊接精度高等特点，并具有较高的生产率，能够焊接难熔合金和难焊材料，因此，在航空、航天、汽车、压力容器、电力及电子等工业领域中得到了广泛应用。

2. 激光焊

激光是指激光活性物质(工作物质)受到激励，产生辐射，通过光放大而产生的一种单色性好、方向性强、光亮度高的光束。激光焊就是以激光束作为能源轰击焊件产生热量进行焊接的方法。激光焊具有能量密度高、焊接速度快、焊缝窄、变形小、灵活性大等优点。

激光焊适宜于焊接一般焊接方法难以焊接的材料，如难熔金属、热敏感性强的金属以及热物理性能差异悬殊、尺寸和体积悬殊工件间的焊接，甚至可用于非金属材料的焊接，如陶瓷、有机玻璃等。近年来，激光焊在车辆制造、钢铁、能源、宇航、电子等行业得到了日益广泛的应用。

3. 搅拌摩擦焊

摩擦焊是指利用焊件表面相互摩擦所产生的热，使端面达到热塑性状态，然后迅速顶锻,完成焊接的一种压焊方法。搅拌摩擦焊是基于摩擦焊技术基本原理的一种新型固相连接技术。与传统的熔化焊方法相比,搅拌摩擦焊接头不会产生与熔化有关的焊接缺陷,不需要填充材料和保护气体,无须进行复杂的预处理,焊接后残余应力和变形小,无弧光辐射、烟尘和飞溅,噪声低,因而搅拌摩擦焊是一种经济、高效、高质量的"绿色"焊接技术,被誉为"继激光焊后又一次革命性的焊接技术"。

目前,搅拌摩擦焊技术已在飞机制造、机车车辆和船舶制造等领域得到广泛的应用,主要用于铝合金、铜合金、镁合金、钛合金、铅、锌等金属材料的焊接,黑色金属如钢材等的焊接也已成功实现。

4. 超声波焊接

超声波焊接是利用高频振动波传递到两个需焊接的物体表面,在加压的情况下,使两个物体表面相互摩擦而形成分子层之间的熔合。通过超声波发生器将 50 Hz 电流转换成 15 kHz、20 kHz、30 kHz 或 40 kHz,被转换的高频电能通过换能器再次被转换成为同等频率的机械运动,随后机械运动通过一套可以改变振幅的变幅杆装置传递到焊头。焊头将接收到的振动能量传递到待焊接工件的接合部,再通过摩擦方式转换成热能,将塑料熔化。

超声波焊接焊件表面无变形和热影响区,不需要严格清理,焊件质量高,焊接速度快,适合于焊接厚度小于 0.5 mm 的工件,特别适合于焊接异种材料。超声波不仅可以被用来焊接硬热塑性塑料,还可以加工织物和薄膜。

5. 爆炸焊

爆炸焊是指利用炸药爆炸产生的冲击力造成焊件迅速碰撞,实现连接焊接的一种压焊方法。炸药引爆后的冲击波压力高达几百万兆帕,使覆板撞向基板,两板接触面产生塑性流动和高速射流,结合面的氧化膜在高速射流作用下喷射出来,同时使工件连接在一起。

爆炸焊质量较高,工艺操作比较简单,适合于一些工程结构件的连接,如螺纹钢的对接、钢轨的对接、导电母线的过渡对接、异种金属的连接等。

6. 计算机在焊接技术中的应用

计算机在焊接技术中的应用已取得了很多成果,并取得了较好的经济效益。例如,电弧焊的跟踪自动控制是一种利用计算机以焊枪、电弧或熔池中心相对接缝或坡口中心位置偏差为检测量,以焊枪位移量为操作量组成的调节控制系统,利用此系统可以提高焊接质量和效率。

任务实施

(1) 阅读教材中的"相关知识",利用网络资源,结合生产实际,学习掌握焊接相关知识;能结合原理图,熟练说出某焊接技术的工作原理和焊接特点。

(2) 查阅相关焊接技术的论文,了解焊接技术的发展方向。

练习与思考

找出一种本书中未出现过的新的焊接技术,说明该焊接技术的工作原理、特点及适用范围。

子项目二 铆接与粘接

任务 铆接与粘接

知识要点

(1) 熟悉铆接的基本概念及形式。
(2) 铆接时铆钉的长度和直径的计算。
(3) 粘接的基本概念及技术要点。

技能目标

(1) 熟悉铆接工具的使用方法。
(2) 熟练掌握铆接的工艺要点及注意事项。
(3) 熟练掌握粘接的操作方法。

任务导入

20 世纪 40 年代以后,铆接连接在钢结构中的应用逐渐被焊缝连接和高强度螺栓连接所代替,但由于铆接不受金属材料性能的影响,而且铆接后构件的应力和变形都比较小,所以在承受繁重冲击荷载或振动荷载的构件连接、薄板结构的连接中仍有应用。粘接操作简单方便、连接可靠,在机械制造和设备维修中,很多都可以用粘接满足工艺要求,代替焊接、铆接。本项目我们将对铆接与粘接技术做一个简单的介绍。

任务分析

通过本项目的学习,要求大家了解铆接的种类、形式,铆钉的类型,掌握铆接时铆钉的长度和直径的计算及半圆头铆钉和沉头铆钉的铆接方法;了解粘接技术的特点,粘接剂的类型,明确并熟练掌握粘接工艺过程。

相关知识

一、铆接概述

铆接是利用铆钉把两个以上的被铆件连接在一起的不可拆连接,称为铆钉连接,简称铆接,如图 6-29 所示为将铆钉压入铆接工件的孔内使铆钉头紧贴零件下表面,将铆钉杆的上端镦成铆合头。

(一) 铆接的种类

按使用要求不同,铆接分为活动铆接和固定铆接。

1. 活动铆接

活动铆接用于被铆接件需要绕铆钉轴线相对转动的情况,如剪刀、手用钳等。

2. 固定铆接

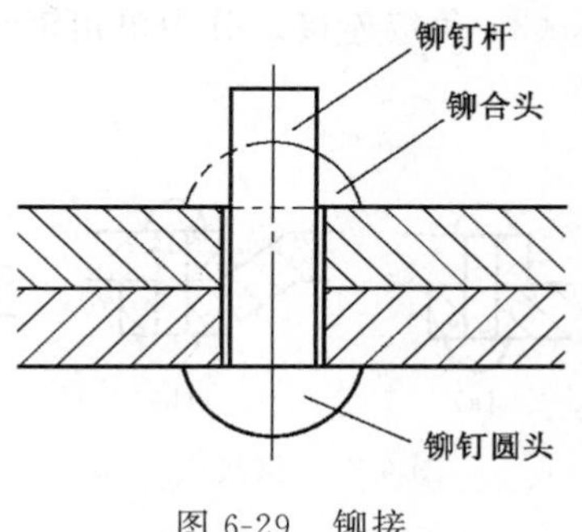

图 6-29　铆接

按使用要求，固定铆接可以分为强固铆接、紧密铆接、强密铆接。

(1) 强固铆接：铆钉受到的作用力大、连接强度高，应用于结构需要有足够强度，承受强大作用力的地方，如桥梁、车辆和起重机等。

(2) 紧密铆接：铆钉只受很小且均匀的压力，接缝处要求严密，应用于低压容器装置。该形式铆接对接缝处的密封性要求比较高，以防止渗漏，如气包、水箱、油罐等。

(3) 强密铆接：铆钉既受很大的压力，接缝处也要求非常严密，一般应用于蒸汽锅炉、压缩空气罐及其他高压容器的铆接。

按铆接方法不同，固定铆接还可以分为冷铆接、热铆接、混合铆接。

(1) 冷铆接：用铆杆对铆钉局部加压，并绕中心连续摆动或者使铆钉受力膨胀，直到铆钉成形的铆接方法。冷铆接所需设备小，节省费用，但铆接材料必须具有较高的塑性。

(2) 热铆接：将铆钉加热到一定温度后进行的铆接。由于加热后铆钉的塑性提高、硬度降低，钉头成形容易，所以热铆时所需的外力比冷铆要小得多；另外，在铆钉冷却过程中，钉杆长度方向的收缩会增加板料间的正压力，当板料受力后可产生更大的摩擦阻力，提高了铆接强度。

(3) 混合铆接：是指在铆接时，只把铆钉的铆合头端部加热。对于细长的铆钉，采用这种方法，可以避免铆接时铆钉杆的弯曲。

(二) 铆钉种类

铆钉按形状、用途和材料等的不同可分为半圆头铆钉、沉头铆钉、平头铆钉、半圆沉头铆钉等，形状如图 6-30 所示，可根据铆接工件的种类及铆接要求选择合适的铆钉。

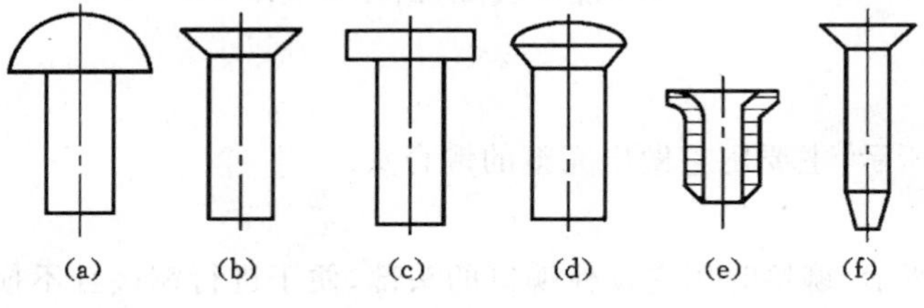

图 6-30　铆钉的种类

(a) 半圆头铆钉；(b) 沉头铆钉；(c) 平头铆钉；(d) 半圆沉头铆钉；(e) 空心铆钉；(f) 皮带铆钉

制造铆钉的材料要有好的塑性，常用的铆钉材料有钢、黄铜、紫铜和铝等。选用铆钉材料应尽量和铆接件的材料相近。

(三) 铆接的形式

铆接件的接合的基本形式有以下三种：

(1) 搭接连接。当要求两块板铆接后仍处于一个平面上时，需要把一块板弯折，然后再搭接，如图 6-31(b)所示。

(2) 对接连接。具体分为单盖板对接和双盖板对接两种，如图 6-32 所示。

(3) 角接连接。分为单角钢角接和双角钢角接两种，如图 6-33 所示。

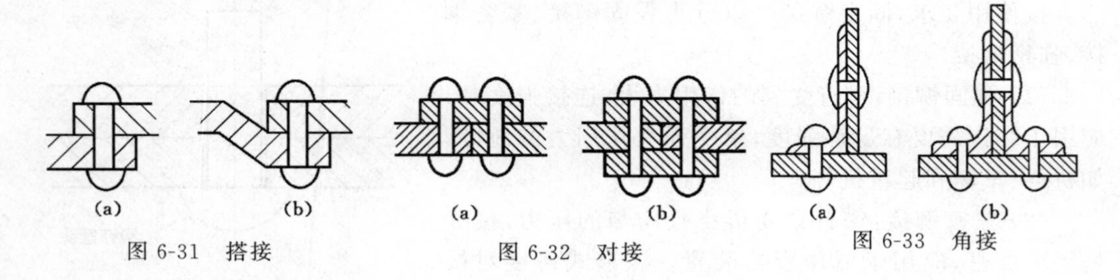

图 6-31　搭接　　图 6-32　对接　　图 6-33　角接

二、铆接工具

1. 铆接锤子

通常用 250～500 g 的锤子，锤子大小的选择根据铆钉直径大小而定，铆接时用锤子来敲打铆接成形。

2. 压紧冲头

如图 6-34(a)所示，主要用它来将铆合的零件相互压紧。

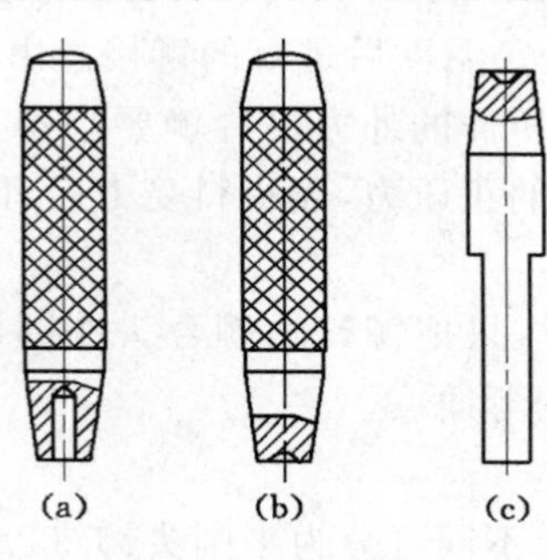

图 6-34　铆接工具

(a) 压紧冲头；(b) 罩模；(c) 顶模

3. 罩模

如图 6-34(b)所示，主要用它做出完整的铆合头。

4. 顶模

如图 6-34(c)所示，铆接时用它顶住铆钉的头部，便于进行铆接且不损坏铆钉头。

三、铆接工艺要点

1. 铆钉直径的确定

铆接时，铆钉直径的大小，是根据铆接板的厚度来确定的，铆钉直径一般按板厚的 1.8 倍来确定，也可按表 6-15 来确定。

表 6-15　标准铆钉直径

板厚/mm	5～6	7～9	9.5～12.5	13～18	19～24	＞25
铆钉直径/mm	10～12	14～25	20～22	24～27	27～30	30～36

板厚按下列方法确定：

（1）搭接时，两板材厚度接近，取厚者的厚度。

（2）两板材厚度相差较大时，取厚者的厚度。

（3）型材与板材铆接时，取两者厚度的平均值。

2．铆钉长度的确定

铆钉长度可以按照下列经验公式确定。

（1）半圆头铆钉

$$L=\sum\delta+(1.25\sim1.5)d$$

（2）沉头铆钉

$$L=\sum\delta+(0.8\sim1.2)d$$

式中　$\sum\delta$——被铆接件总厚，mm；

d——铆钉直径，mm。

3．钉孔直径的确定

钉孔直径的确定，按表 6-16 进行。

表 6-16　　铆钉直径及通孔直径(摘自 GB/T 152.1—1988)

铆钉直径 d		2.0	2.5	3.0	3.5	4.0	5.0	6.0	8.0	10.0
钉孔直径 d	精装配	2.1	2.6	3.1	3.6	4.1	5.2	6.2	8.2	10.3
	粗装配							6.5	8.5	11

4．铆距的确定

铆距是指铆钉间或铆钉与铆接件板边缘的距离。

根据铆接强度和密度的要求，铆钉的排列形式有单排、双排和多排等，在双排和多排的形式中，铆钉的排列还有并列式和交错式，如图 6-35 所示。

铆钉并列排列时，铆钉距离 $t\geqslant3d$（d 为铆钉直径）；铆钉交错排列时，铆钉对角间的距离 $t\geqslant3.5d$。由铆钉中心到铆件边缘的距离 a，与铆钉孔是冲孔或是钻孔有关，钻孔时，$a\approx1.5d$；冲孔时 $a\approx2.5d$。

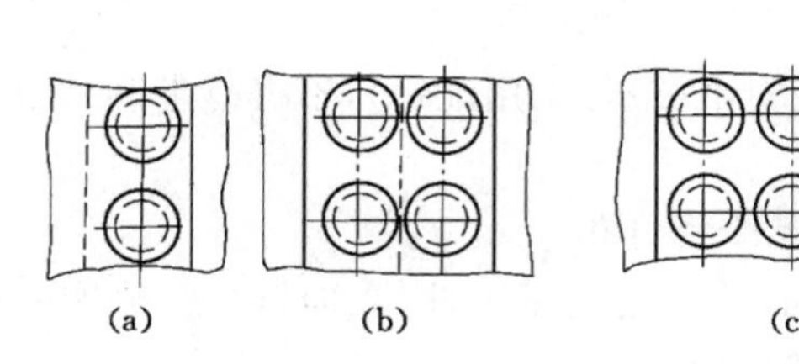

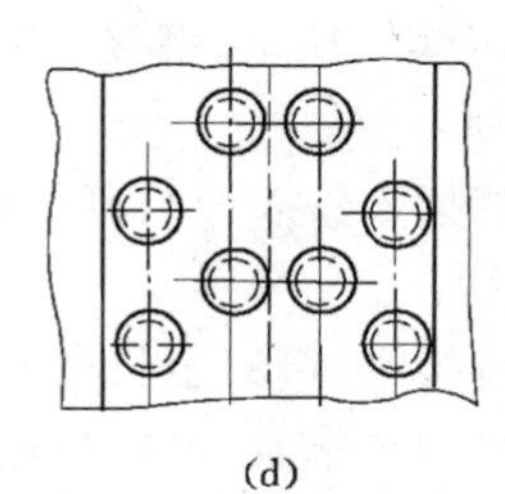

(a)　(b)　(c)　(d)

图 6-35　铆钉的排列形式

(a) 单排；(b) 双排并列；(c) 多排并列；(d) 交错式

5．铆接方法

（1）半圆头铆钉的铆接步骤，如图 6-36 所示。

① 铆钉插入配钻好的钉孔后，将顶模夹紧或置于垂直而稳固的状态，使铆钉半圆头与顶模凹圆相接。用压紧冲头把被铆接件压紧贴实。

② 用锤子垂直锤打铆钉伸出部分使其镦粗。

③ 用锤子斜着均匀锤打周边，初步成形铆钉头。

④ 用罩模铆打，并不时地转动罩模，垂直锤打，成形半圆头。

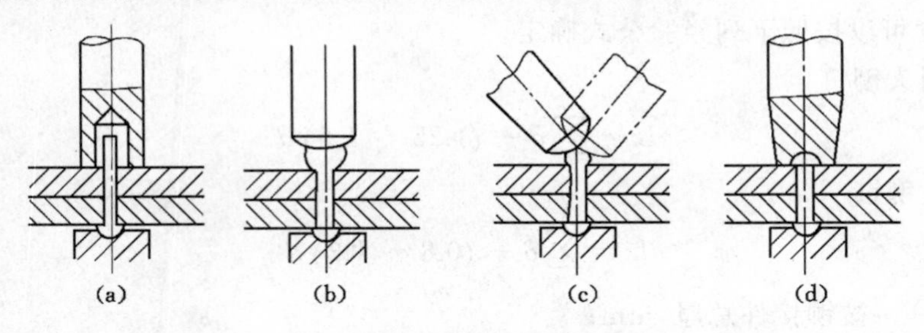

图 6-36　半圆头铆钉铆接步骤

(2) 沉头铆钉铆接的步骤，如图 6-37 所示。

① 铆钉插入孔后，在被铆接件下面支承好淬火平垫铁，在正中镦粗面 1、2。

② 铆合面 2。

③ 铆合面 1。

④ 最后用平头冲子修整。

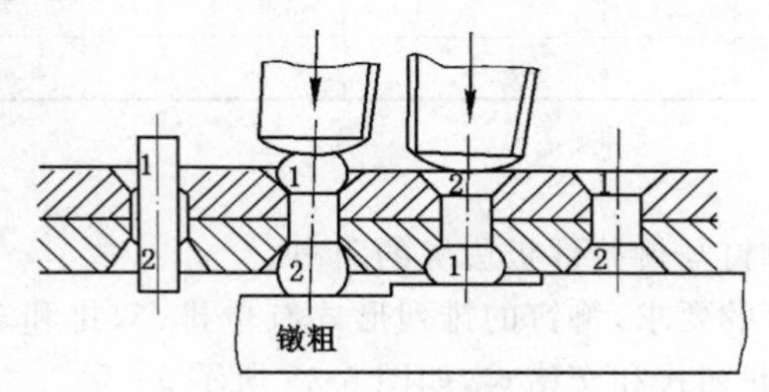

图 6-37　沉头铆钉铆接步骤

四、铆接时应注意的问题

铆接因铆钉质量、铆接工艺不当或其他原因，会造成铆接废品，因此在铆接过程中要注意以下事项：

(1) 铆接零件表面与钉孔要擦净，钉孔对准(最好采用配钻)，不得有毛刺、铁屑，铆接零件应紧密贴合。

(2) 铆接时，铆钉全长被镦粗，要填实整个铆钉孔。

(3) 采用热铆时，铆钉加热温度应准确，并迅速送至工件，立即铆合。热铆的压力必须持续，维持一定的冷却时间，使工件牢固紧密贴合。

(4) 采用机铆时，加压的压杆中心要与铆钉同心。拉铆枪拉力方向应与铆钉杆方向一致，不可拉斜。

(5) 锤击铆接时，尤其是登高铆接作业时应特别注意人身安全。

五、粘接概述

粘接就是用粘接剂把不同或相同材料牢固地连接在一起的操作。采用粘接方法的主要优点如下：

（1）不需要特殊的设备和贵重的原材料。

（2）可以粘接一些不易焊接或铆接的金属和非金属材料。

（3）粘接应力分布均匀，不存在应力集中。

（4）粘接零件不需要经过高精度的机械加工。

（5）具有密封、绝缘、耐水、耐油等特点。

六、粘接剂

粘接剂的选择是粘接工艺的关键，选择合适、质量优良的粘接剂是确保粘接成功的关键。粘接剂按材料分为无机粘接剂和有机粘接剂两大类。无机粘接剂有磷酸盐型和硅酸盐型两种；有机粘接剂品种很多，用得最多的是环氧树脂粘接剂。粘接剂种类见表 6-17。

表 6-17 粘接剂的分类

胶粘剂的分类				典型胶粘剂
有机胶粘剂	合成胶粘剂	树脂型	热塑性胶粘剂	α-氰基丙烯酸酯
			热固性胶粘剂	不饱和聚酯、环氧树脂、酚醛树脂
		橡胶型	树脂酸性	氯丁-酚醛
			单一橡胶	氯丁胶浆
		混合型	橡胶与橡胶	氯丁-丁腈
			树脂与橡胶	酚醛-丁腈、环氧-聚硫
			热固性胶粘剂与热塑性胶粘剂	酚醛-缩醛、环氧-尼龙
	天然胶粘剂	动物性胶粘剂		骨胶、虫胶
		植物性胶粘剂		淀粉、松香、桃胶
		矿物性胶粘剂		沥青
		天然橡胶胶粘剂		橡胶水
无机胶粘剂	硫酸盐			石膏
	硅酸盐			水玻璃
	磷酸盐			磷酸-氧化铜
	硼酸盐			

粘接剂的选择按以下原则：

（1）粘接剂必须能与被粘材料的种类和性质相容。

（2）粘接剂的一般性能应能满足粘接接头使用性能（力学条件和环境条件）的要求，并需注意，同一种粘接剂所得的接头性能会因固化条件不同而有较大差异。

（3）考虑粘接工艺的可行性、经济性以及性能与费用的平衡。

七、粘接工艺过程

粘接的一般工艺过程包括确定部位、粘接面处理、配粘接剂、涂胶、固化、检验等。

1. 确定部位

粘接大致分为两类，一类用于产品制造，一类用于修理。实施粘接前需要对粘接部位有比较清楚的了解，为实施具体的粘接工艺做好准备。

2. 粘接面的处理

处理粘接面是为了获得最佳的表面状态，增加黏附力，提高粘接强度和使用寿命。在粘接前被粘接面均需经过除锈、脱油脂和清洗等处理。除锈可用砂纸打磨，钢丝刷子刷或喷砂。脱油脂和清洗可用香蕉水、丙酮或三氯乙烯等作清洗剂。粘接强度要求高的工件，要使用化学方法进一步处理，常用阳极化法及酸蚀法。

3. 调配粘接剂

粘接剂需按规定的比例现配现用。无机粘接剂的配比按以下经验公式计算：

$$K=\text{氧化铜}/\text{磷酸溶液}=3\sim5\ \text{g/mL}$$

环氧树脂粘接剂的调配，应注意严格的比例和称量准确，否则将直接影响粘接的强度。

4. 涂胶粘接

涂粘接剂时用刷子。要求厚薄尽可能均匀一致，厚度控制在 0.05～0.25 mm；要求按一个方向刷，避免重复，速度要慢。

5. 固化

固化是指让粘接件中的粘接剂在适宜的温度、压力、时间下变为固体，确保粘接强度。固化方法分室温固化和加热固化两种。室温固化法是将胶粘剂涂布于被粘表面，待胶粘剂润湿被粘物表面并且溶剂基本挥发后，压合两个涂胶面即可。加热固化法是将热固性树脂胶粘剂（酚醛树脂、环氧树脂、酚醛-丁腈、环氧-尼龙等胶粘剂）涂布于被粘表面上，待溶剂挥发后，叠合涂胶面，然后加热加压固化，使胶粘剂完成交联反应以达到粘接目的。

6. 检查

固化后，通过目测、破坏性试验（主要是力学性能测试）和无损检验等方法检验固化强度是否符合要求。

任务实施

（1）搜集常用的各种结构形状的铆钉，比较它们的结构、材质和形状，查阅国标，了解其适用范围。

（2）阅读教材中的“相关知识”，结合实际铆钉，能手指口述铆接工艺过程、注意事项。

（3）阅读教材中的“相关知识”，利用网络资源查阅粘接、粘接剂的相关知识，能初步确定粘接的特点、粘接剂的分类，能口述粘接的工艺过程。

练习与思考

（1）铆接的分类有哪几种？各适应于何种场合？

（2）铆钉的直径和长度如何确定？

（3）用沉头铆钉搭接连接 2 mm 和 5 mm 的两块钢板，试确定铆钉直径、长度及钉孔直径。

（4）简述粘接的工艺过程。

项目七　切削成形工艺

任务一　车削及车削机床

知识要点

（1）车削的定义。

（2）车削机床(CA6140)。

（3）车削的工装。

技能目标

认识车削机床的种类、工艺范围和学习查阅国家标准。

任务导入

在机械零件中，有很多的回转类零件，如轴、套、盘类零件等，不论是金属材料的还是非金属材料的，都可以通过车削而成形。车削成形具有生产效率高、工艺范围广、加工精度高等特点，所以在切削成形中的占比是最大的。那么我们就特别想知道，车削是如何使工件成形的，如何才能加工出满足使用要求的零件。

任务分析

学习车削，我们要知道车削的定义，更要掌握车削的设备、车削成形运动、车削成形的特点及车削工艺知识和技能，为后续车削加工零件的结构工艺设计及实际生产、维修加工技能的学习打下基础。

相关知识

一、车削的定义

车削主要是指在车床上，利用车刀和工件之间强制性的相对运动，使车刀把工件毛坯表面多余的材料切除而达到零件要求的尺寸、形状和表面质量的成形技术。

二、车削的主要设备车床

在《金属切削机床 型号编制方法》(GB/T 15375—2008)中，车床是按照工作原理划分的11类机床中的一类，其类别代号为大写的汉语拼音字母“C”(读音为“车”)。车床类机床的种类比较多，分不同组别和系别，在此仅以CA6140型车床为例介绍。具体车床型号及分类知识，请查阅 GB/T 15375—2008 了解。

1. CA6140 型车床的组成结构

如图 7-1 所示即为 CA6140 型车床，其主要组成如下：

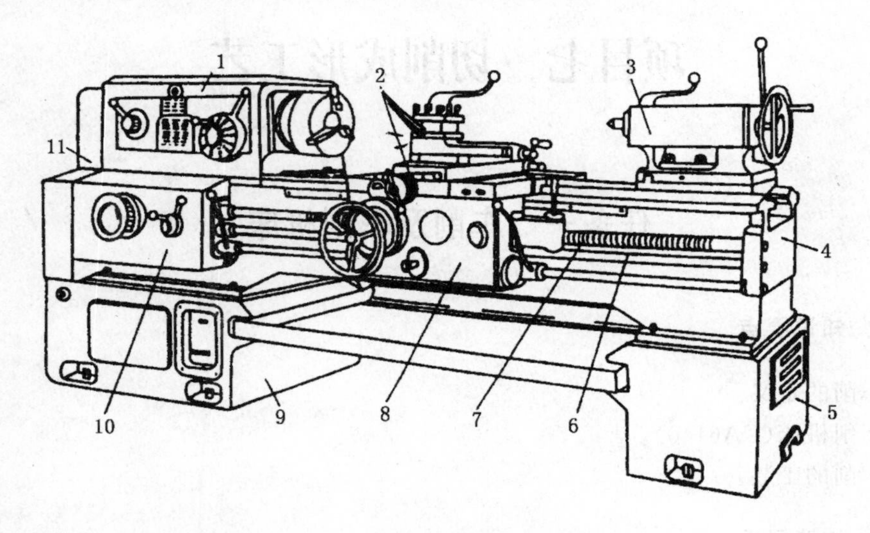

图 7-1　CA6140 型车床外形图

1——主轴箱；2——拖板刀架；3——尾座；4——床身；5——右床腿；6——光杠；
7——丝杠；8——溜板箱；9——左床腿；10——进给箱；11——挂轮变速机构

(1) 主轴箱

主轴箱是主轴变速箱的简称，可通过操作主轴箱外部的转速手柄，使主轴获得多种转速。装在主轴箱上的主轴是一空心轴，用于穿过长棒料。主轴内孔前端为锥孔，用于安装顶尖、芯轴等，以支持轴类零件的加工。外端部有法兰或外螺纹，用于安装卡盘、花盘或拨盘等。

(2) 进给箱

主轴的转动通过进给箱内的齿轮机构传到光杠或丝杠，通过操作箱体外面的进给手柄可使光杠或丝杠得到不同的转速。

(3) 溜板箱

通过溜板箱中的转换机构将光杠或丝杠的转动转变为拖板的移动，经拖板实现刀具的纵向或横向进给运动。拖板分大、中、小三种，大拖板使车刀做纵向运动；中拖板使车刀做横向运动；小拖板可用于纵向车削短工件或绕中拖板转过一定角度来加工锥体，也可以实现刀具的微调。

(4) 刀架

刀架用来装夹刀具，一次可安装四把刀具，还可以调整刀具的使用角度。

(5) 尾座

尾座安装在床身右端的导轨上，其位置可根据需要沿导轨左右调节。它的作用是安装后顶尖以支承工件或安装钻头等刀具。

(6) 床身

床身是车床的基础零件，用来支承和安装车床的各个部件，以保证各部件间有准确的相对位置，并承受全部切削力。床身上有四条精确的导轨，以引导拖板和尾座移动。

此外，还有冷却润滑装置、照明装置及盛液盘等。

2. CA6140 型车床的主要技术规格

床身上最大工件回转直径	400 mm
刀架上最大工件回转直径	210 mm
最大工件长度	750,1 000,1 500,2 000 (mm)
主轴中心至床身平面导轨距离	205 mm
最大车削长度	650,900,1 400,1 900 (mm)
主轴孔径	52 mm
主轴孔前端锥度	莫氏 6 号
主轴转速	
正转(24 级)	10～1 400 r/min
反转(12 级)	10～1 580 r/min
刀架纵向及横向进给量	各 64 种
纵向　一般进给量	0.08～1.59 mm/r
小进给量	0.028～0.054 mm/r
加大进给量	1.71～6.33 mm/r
横向　一般进给量	0.04～0.79 mm/r
小进给量	0.014～0.027 mm/r
加大进给量	0.86～3.16 mm/r
刀架纵向快速移动速度	4 m/s
车削螺纹的范围	
公制螺纹(44 种)	1～192 mm
英制螺纹(20 种)	2～24 牙/英寸
模数螺纹(39 种)	0.25～48 mm
径节螺纹(37 种)	1～96 牙/英寸
尾座套筒锥孔锥度	莫氏 5 号
主电动机	7.5 kW、1 450 r/min

三、车削的主要切削运动及工艺范围

1. 车削运动

要完成切削工作，刀具和工件需要相对运动，即切削运动。其目的是保证刀具按一定规律切除毛坯上的多余材料，从而获得具有一定几何形状、尺寸精度、位置精度和表面质量的工件。根据它们在切削过程中所起的作用不同，切削运动可分为主运动和进给运动。

(1) 主运动

主运动是从工件上切下切屑并形成一定几何形状表面所必需的刀具或工件的运动，是消耗功率最大的运动。对每种加工方法而言，主运动只有一个。主运动方向为刀具切削刃上选定点相对于工件的瞬时运动方向。

(2) 进给运动

进给运动是使工件上未加工部分不断投入切削，从而使切削工作连续进行下去，以加工出完整表面的刀具或工件的运动。进给运动可能有一个或多个。

CA6140 型车床在电动机的拖动下使主轴做回转主运动，使拖板拖着刀架（刀具）做平面内的移动进给运动，如此相对运动就可成形相应的表面。

如图 7-2 所示，车削外圆柱面时的切削运动Ⅰ为主运动，Ⅴ为进给运动。

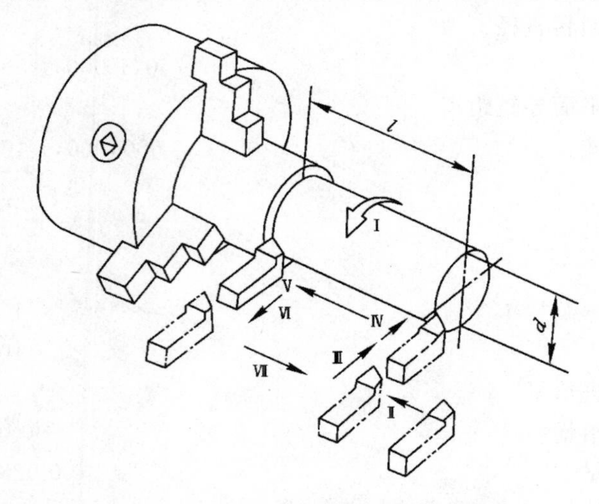

图 7-2 车削圆柱表面时的切削运动

人们把以上的主运动和进给运动合称为表面成形运动，除此之外的其他运动称为辅助运动，主要形式有刀具的切入、退出及返回等，如图 7-2 中的Ⅱ、Ⅲ、Ⅳ、Ⅵ、Ⅶ。

2. 车削的工艺范围

车削加工范围相当广泛，如图 7-3 所示，可以车削加工各种轴类、套类和盘类零件上的回转表面及其端面；可以车削螺纹；还可以进行钻孔、扩孔、铰孔和滚花等工作。操作使用得当，加工尺寸精度可达 IT6～IT5，表面粗糙度 Ra 值可达 0.1～0.4 μm。

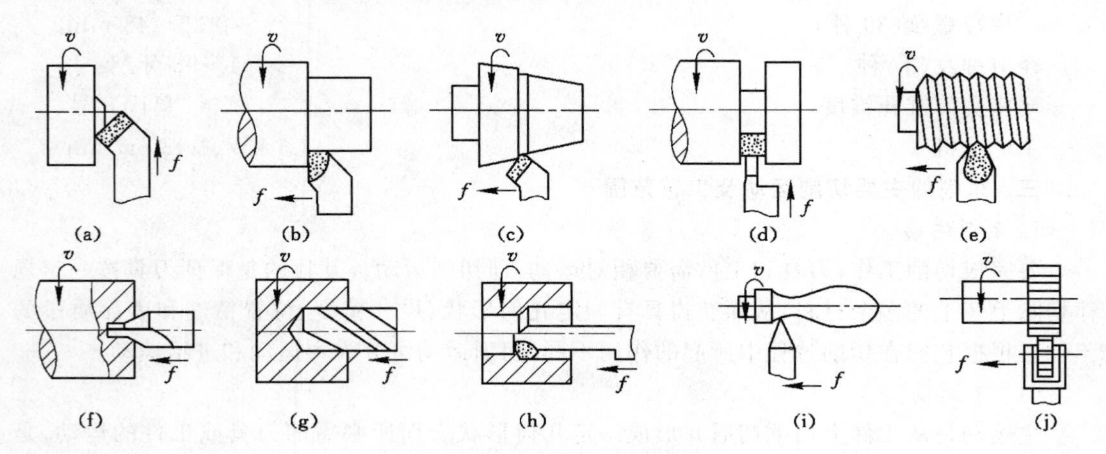

图 7-3 车削加工范围

(a) 车端面；(b) 车外圆；(c) 车圆锥；(d) 切槽或切断；(e) 车螺纹；

(f) 钻中心孔；(g) 钻孔；(h) 镗孔；(i) 车成形面；(j) 滚花

四、车削的工装

要实施正常的车削加工，还需要有与待加工表面成形相应的工装系统，只有借助于相应的工装系统，才能充分发挥车床的功能，满足生产产品的需要。

1. 车削常用夹具

车削常用夹具很多，往往根据需要选用或制作。其中卡盘是应用最为广泛的通用的卧式车床夹具。它靠背面法兰盘上的螺纹直接装在车床主轴上，用来夹持轴类、盘类、套类等零件，一般分为三爪卡盘、四爪卡盘两类。

三爪卡盘有三个相距120°的卡爪，如图7-4所示。当用扳手旋动小锥齿轮时，则带动大锥齿轮转动。大锥齿轮上的平面螺纹与卡爪上的螺纹相啮合，带动三个卡爪同时张开或靠拢。三爪卡盘的夹紧力较小，不能夹持形状不规则零件，但夹紧迅速方便，不需找正，具有较高的自动定心精度，特别适合于中小型工件的半精加工和精加工。

四爪卡盘上面对称分布着四个相同的卡爪，每一个卡爪均可单独动作，故又称四爪单动卡盘，如图7-5所示。用方扳手旋动某个卡爪后面的螺杆，就可带动该卡爪单独沿径向移动。由于四爪卡盘的四个卡爪各自移动，互不相连，所以不能自动定心。

四爪卡盘的夹紧力较大，所以特别适合于粗加工及加工较大的工件。利用卡爪的"单动"性，可对工件进行轴线找正，但比较费时，且找正精度不易控制。

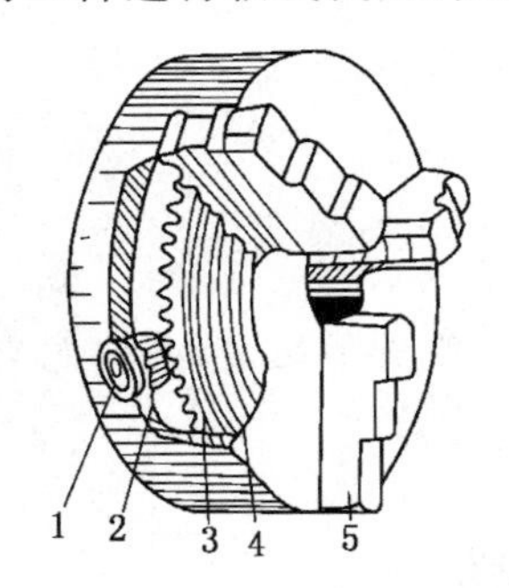

图7-4 三爪卡盘

1——卡盘体；2——小锥齿轮；
3——大锥齿轮；4——平面螺纹；5——卡爪

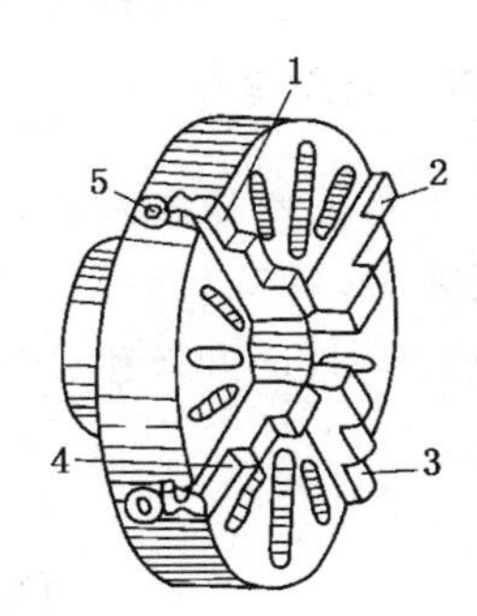

图7-5 四爪卡盘

1、2、3、4——卡爪；
5——螺杆

2. 车削常用刀具

车削刀具可分为整体式、焊接式、机夹式和可转位式四种，如图7-6所示。

整体式车刀一般是指车刀的刀头和刀杆整体用高速钢制造，刃口较锋利，但刀具材料消耗较大；焊接式车刀是焊接硬质合金或高速钢于预制刀柄上，结构紧凑，刚性好，灵活性大，但硬质合金刀片经过高温焊接和刃磨，易产生内应力和裂纹；机夹式车刀的切削部分的刀片与刀体之间是机械连接，避免了焊接式的缺陷，刀体利用率高，刀片可集中精确刃磨，使用灵活；可转位式车刀实际上是可以安装多刃可转位刀片的机夹式车刀，不焊接、刃磨，刀片可快速转位，生产率高，刀具已标准化，方便选用和管理 。

任务实施

(1) 在分析车削定义的基础上，先确定认识车削需要搞清楚的几个问题。

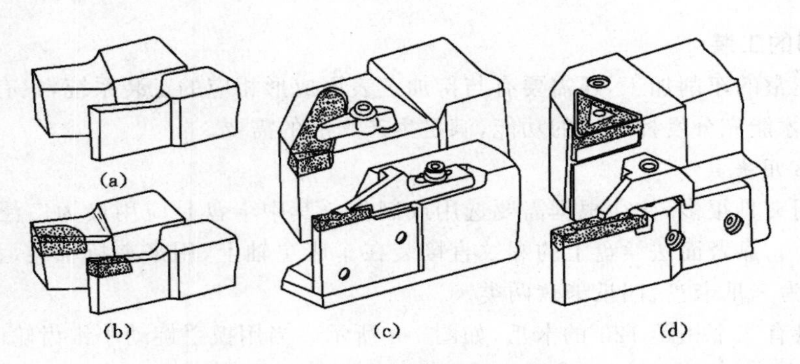

图 7-6 常用车刀

(a) 整体式车刀；(b) 焊接式车刀；(c) 机夹式车刀；(d) 可转位式车刀

(2) 研读“相关知识”中的内容，并查阅相关资料，逐一学习掌握车削机床的分类、组成、技术参数、成形运动、工艺范围及车削常用工装中的常用夹具和刀具等知识。

(3) 以“车削加工”为关键词搜索观看有关车削的网络视频资料，增加对车削的直观认识，加强对车削成形运动和工艺范围的认识理解。

(4) 在条件许可时，可参观真实的车床，体验其结构及运动。

练习与思考

(1) 车床主要由哪些部分组成？各有什么作用？

(2) 查阅资料，解释 CA6140 和 C5132 型车床型号的含义。

(3) 对照图 7-3，说出每种成形表面的特征及车床加工的成形运动，并注意查阅相应刀具的形状特点。

任务二　车削刀具

知识要点

(1) 车刀切削部分的材料。

(2) 车刀的结构、形状及几何角度。

技能目标

能分析选择合理的刀具材料、车刀形状和角度。

任务导入

有了车床，给个工件就可以车削加工了吗？还远远不能。车削是通过刀具与工件的相对运动实现切削的，而且被切削材料还是钢铁之类的，肯定不像削苹果皮那么容易，就是削苹果皮还得选用好的削刀，何况是削钢铁呢？“工欲善其事，必先利其器”，我们必须先学习掌握一些车刀的知识。

任务分析

车刀的组成中,主要是切削部分的材料有特殊的性能要求,要学习掌握目前常用的硬质合金车刀材料(刀片)的一些常识,比较具体,了解就可以;切削部分的结构、形状和几何角度是比较复杂的,要求通过学习能从理论上分辨清楚车刀切削部分的各结构要素、几何角度及其意义。总之是为后续车削加工实践打下理论基础。

相关知识

一、车刀刀具材料

1. 刀具材料的性能要求

(1) 有高的硬度,以便切入工件。刀具材料的硬度至少要高于被切削材料的 1.3～1.5 倍以上,一般常温硬度都在 HRC60 以上。

(2) 有足够的强度和韧性,以便承受切削力和切削时的冲击。

(3) 有高的耐磨性,以便抵抗磨损,延长刀具使用寿命。

(4) 有良好的热硬性,热硬性是指在高温下材料仍能保持其硬度和耐磨性的性能。

此外,还要求刀具材料要有良好的工艺性、导热性、抗黏接性以及热处理性能等。

2. 常用车刀(刀具)材料

(1) 高速钢

高速钢又称锋钢、白钢,含有较多的钨(9%～20%)、铬(3%～5%)、钼、钒等合金元素。常用牌号 W18Cr4V 和 W6Mo5Cr4V2。高速钢的耐磨性、热硬性较工具钢有显著提高,热硬温度达 550～600 ℃。与硬质合金相比,高速钢抗弯强度、冲击韧性较高,工艺性能、热处理性能较好,刃磨锋利,常用作整体式车刀的材料。

(2) 硬切削材料

GB/T 2075—2007 中,切削加工用硬切削材料按用途列举了四类,分别为硬质合金、陶瓷、金刚石、氮化硼。

其中硬质合金是由高耐磨性和高耐热性的碳化物(WC、TiC 等)粉末,用 Co、Mo、Ti 等作黏结剂,经高压成形后烧结而成。其硬度高达 89HRA～94HRA,能耐 850～1 000 ℃的高温,切削速度是高速钢的 4～10 倍,但它的抗弯强度较低,通常是将硬质合金刀片固定在刀体上使用。目前硬质合金已成为主要的车刀材料。切削加工用硬质合金的类别及代号见表 7-1。

表 7-1　硬质合金类别代号

字母符号	硬质合金类别
HW(可省略)	主要含碳化钨(WC)的未涂层的硬质合金
HT	主要含碳化钛(TiC)或氮化钛(TiN)或两者都有的未涂层的硬质合金
HC	上述二类的涂层硬质合金

注:HT 类硬质合金也称“金属陶瓷”。

国家标准对硬切削材料(含硬质合金),按被加工材料的三个大类,规定了切屑形式的三个大组,并分别用字母 P、M、K 表示。每一个大组都有一个相应的识别颜色,蓝、黄或红。而每一个大组又根据使用时的工作条件分成用途小组,在大组字母后加识别数字来表示,且识别数字越大,表征硬切削材料的耐磨性越低、韧性越高。具体见表 7-2。

表 7-2　　硬切削材料按用途分类

切屑形式大组			用途小组			切削性能提高方向		硬切削材料性能提高方向	
符号	被加工材料的大类	识别颜色	代号	被加工材料	使用和工作条件				
P	带长切屑的黑色金属	蓝色	P01	钢、铸钢	精车和精镗,高切削速度,小切屑截面,高精度和小表面粗糙度,无振动的加工	↑增加速度	增加进给量↓	↑耐磨性	韧性↓
			P10	钢、铸钢	高切削速度,小或中切屑截面的车削,仿形车,切螺纹和铣削				
			P20	钢、铸钢、带长切屑的可锻铸铁	中等切削速度,中等切屑截面的车削,仿形车和铣削				
			P30	钢、铸钢、带长切屑的可锻铸铁	中等或低切削速度,中等或大切屑截面车削、铣削和刨削,以及不利条件下的加工				
			P40	钢、带砂眼和孔洞的铸钢	低切削速度,大切屑截面,并可能在不利加工条件下,采用大前角工作的车削、刨削和切槽,以及自动机床上的加工				
			P50	钢、带砂眼和孔洞的中等或低强度钢	要求硬切削材料有很高韧性的加工,低切削速度,大切屑截面,并可能在不利加工条件下采用大前角工作的车削、刨削和切槽,以及自动机床上的加工				
M	带长或短切屑的黑色金属和有色金属	黄色	M10	钢、铸钢和锰钢、灰铸铁、合金铸铁	中等或高切削速度,小或中等切屑截面的车削	↑增加速度	增加进给量↓	↑耐磨性	韧性↓
			M20	钢、铸钢、奥氏体钢或锰钢、灰铸铁	中等切削速度和中等切屑截面的车削、铣削				
			M30	钢、铸钢、奥氏体钢、灰铸铁、耐高温合金	中等切削速度,中等或大切屑截面的车削、铣削、刨削				
			M40	低碳易切削钢、低强度钢、有色金属和轻合金	车削、切断,特别适用于自动机床上				

续表 7-2

切屑形式大组			用途小组			切削性能提高方向		硬切削材料性能提高方向	
符号	被加工材料的大类	识别颜色	代号	被加工材料	使用和工作条件				
K	带短切屑的黑色金属、有色金属和非金属材料	红色	K01	高硬度灰铸铁、85HS以上的冷硬铸铁、高硅铝合金、淬硬钢、高耐磨性塑料、硬纸板、陶瓷	车削、精车、镗削、铣削、刮削	↑增加速度	增加进给量↓	↑耐磨性	韧性↓
			K10	硬度 220HB 以上的灰铸铁、带短切屑的可锻铸铁、淬硬钢、硅铝合金、铜合金、塑料、玻璃、硬橡胶、硬纸板、陶瓷、石料	车削、钻削、拉削、镗削、铣削、刮削				
			K20	硬度 220HB 以下的灰铸铁、有色金属铜、黄铜、铝	要求硬切削材料有很高韧性的车削、铣削、刨削、镗削、拉削				
			K30	低硬度灰铸铁、低强度钢、压缩木材	在不利条件下，并可能采用大前角工作的车削、铣削、刨削和切槽				
			K40	软木或硬木、有色金属	在不利条件下，并可能采用大前角工作的车削、铣削、刨削和切槽				

注：不利条件指的是难于加工的原材料和零件形状，铸造或锻造表皮，硬度变化，切削深度变化，间断切削，易振动的工作。

二、车刀的组成、形状与结构

1. 车刀的组成

车刀由刀头和刀杆组成。刀杆装在机床刀架上，支承刀头工作；刀头又称切削部分，担任切削工作。外圆车刀切削部分的结构要素如图 7-7 所示，其定义如下：

前刀面——刀具上切屑流过的表面。

主后刀面——刀具上与工件过渡表面相对的表面。

副后刀面——刀具上与已加工表面相对的表面。

主切削刃——前刀面与主后刀面的相交线，担负主要切削任务。

刀尖——主、副切削刃的连接部位。为增强刀尖的强度和耐磨性，许多刀具在刀尖处磨出直线或圆弧形的过渡刃。

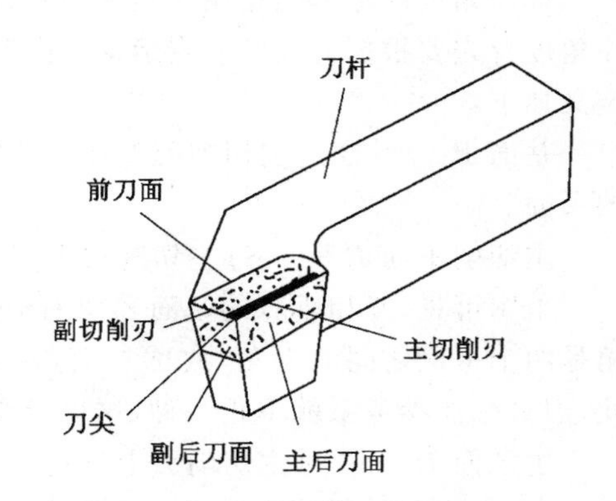

图 7-7　车刀切削部分的结构要素

2. 车刀的形状

车削中根据工件加工表面形状和位置、结构

的不同，选用不同形状的车刀。各种车刀根据其形状和用途来命名。使用中，常用的各种形状的车刀及名称如图 7-8 所示。

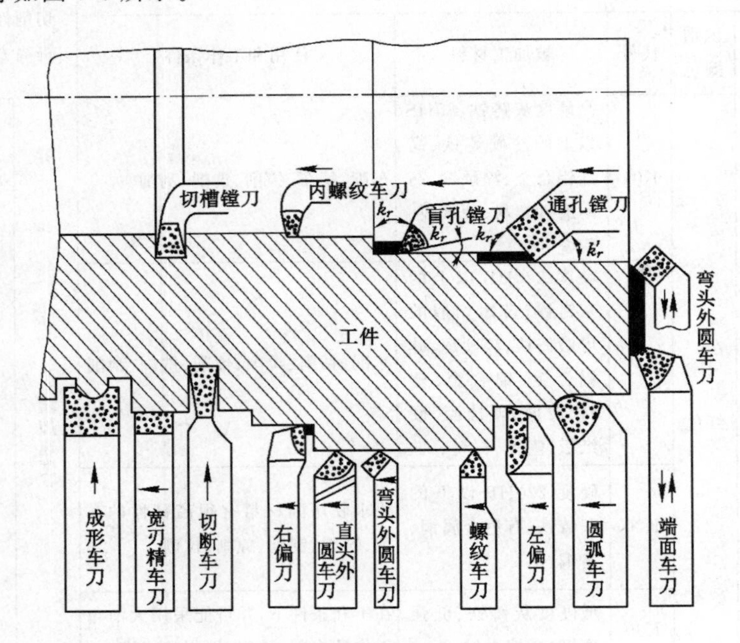

图 7-8　常用车刀的形状及用途

3. *车刀切削部分的主要角度*

刀具除了在材料方面要具备一定的性能外，其切削部分的形状也至关重要。为了确定和测量刀具的几何形状，需建立平面参考系，以它为基准，用角度来反映各刀面和切削刃的空间位置，即刀具的几何角度。

刀具的几何角度有标注角度和工作角度之分。标注角度是指刀具图样上标注的角度，也就是刃磨的角度；工作角度是指切削时由于刀具安装和切削运动影响所形成的实际角度。这里只阐述标注角度。

(1) 标注角度参考系

标注角度参考系是指用于定义刀具设计、制造、刃磨和测量几何角度的参考系。确定标注角度首先要根据刀具的假定运动方向和安装条件，确定参考系平面，如图 7-9(a)所示。其定义如下：

基面 P_r——通过主切削刃上任一选定点，与该点切削速度方向(假定主运动方向)垂直的平面。

主切削平面 P_s——过主切削刃上某选定点与主切削刃相切并垂直于基面的平面。

由图可见，互相垂直的基面和切削平面分别与车刀前面、后刀面形成了夹角。由于该夹角是两个平面之间的夹角，故称二面角。二面角的角度值随测量平面位置的不同而异，因此，刀具标注参考系就不止一种，这里只介绍主剖面参考系。

主剖面 P_o——过主切削刃上选定点并同时垂直于基面和主切削平面的平面。

由 P_r-P_s-P_o 组成的参考系称为主剖面参考系，见图 7-9(b)。

(2) 车刀切削部分的主要角度

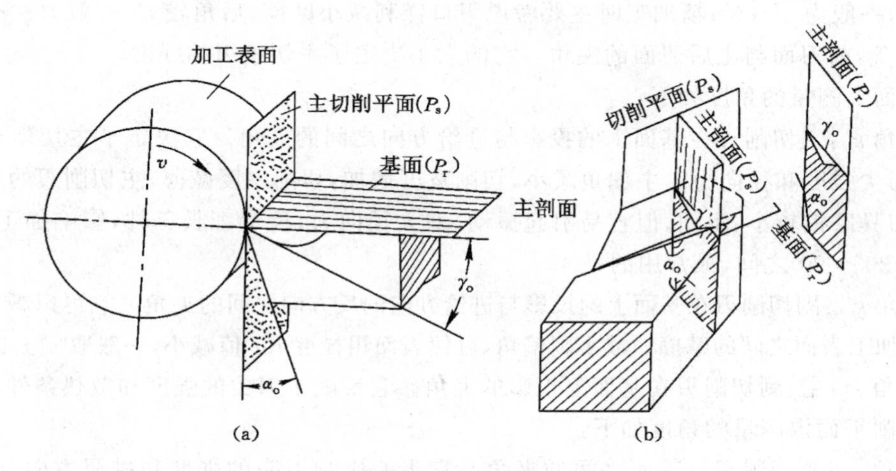

图 7-9　参考系平面

(a) 基面和切削平面；(b) 主剖面参考系

车刀切削部分的主要角度有前角、后角、楔角、主偏角、副偏角、刀尖角、刃倾角等，如图 7-10 所示的在主剖面参考系中的标注角度。

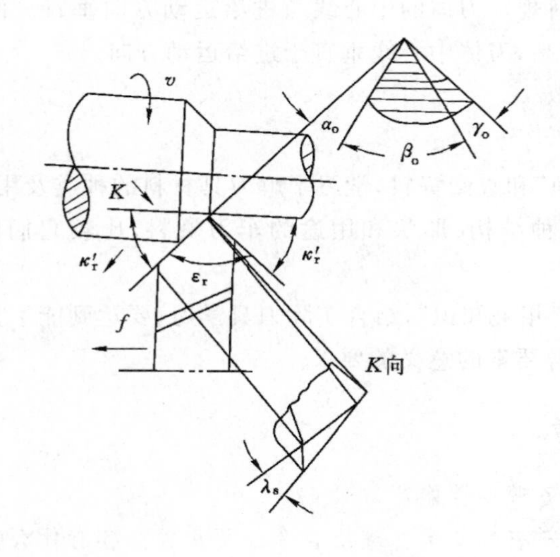

图 7-10　车刀的主要标注角度

在主剖面上测量的角度如下：

前角 γ_o：前刀面与基面之间的夹角，它反映前刀面的倾斜程度。前角有正、负和零值之分。若基面在前面之上为正值，基面在前面之下为负值，基面与前面重合为零度前角。前角越大，刀具越锋利，切削越容易。但前角过大会降低刀头的强度，容易崩刃。硬质合金车刀通常取－5°～20°。

后角 α_o：主后刀面与切削平面之间的夹角。后角的主要作用是减少刀具与加工表面的摩擦，一般为正值。后角过大会降低刀头强度，散热性变差。粗加工时主要考虑刀头强度，后角较小，一般为 4°～6°；精加工时主要考虑刃口锋利减小摩擦，后角较大，一般取 6°～12°。

楔角 β_o：前刀面与主后刀面的夹角。它的大小决定了主切削刃的强度。

在基面上测量的角度如下：

主偏角 κ_r：主切削刃在基面上的投影与进给方向之间的夹角。它决定了主切削刃的工作长度、刀尖强度和径向力。主偏角减小，切削宽度增加，切削厚度减薄，主切削刃的工作长度增加，刀具磨损较小、耐用，但容易引起振动，增大径向力，顶弯细长工件，影响加工精度。一般取在 30°～90°之间，最常用的是 45°。

副偏角 κ'_r：副切削刃在基面上的投影与进给方向的反方向之间的夹角。它可以减少副切削刃与已加工表面之间的摩擦。减小副偏角，可使表面粗糙度 Ra 值减小，一般取 5°～15°。

刀尖角 ε_r：主、副切削刃在基面上投影的夹角。它反映了刀尖的强度和散热条件。

在切削平面内测量的角度如下：

刃倾角 λ_s；主切削刃与基面之间的夹角。它主要影响刀头的强度和排屑方向，改变刀头的受力情况，一般取为 －5°～10°。当刀尖是切削刃上的最高点时刃倾角为正值，当刀尖是切削刃上的最低点时刃倾角为负值，当主切削刃与基面重合时为零度刃倾角。粗加工时，为了提高刀头的强度常取负值；精加工时，为了不使切屑划伤已加工表面则取正值。

以上介绍的车刀主要标注角度，是假设进给速度为零，规定刀具的安装基面垂直于切削平面或平行于基面，同时规定刀体的中心线与进给运动方向垂直。例如外圆车刀安装时规定其刀尖与工件轴线等高，刀体中心线垂直于进给运动方向。

任务实施

(1) 阅读“相关知识”和查阅资料，学习了解刀具材料的种类及用途，重点是硬质合金。

(2) 搜集常用的各种结构、形状和用途的车刀资料，比较它们的结构、材质和形状的不同。

(3) 阅读教材中的“相关知识”，结合实际刀具学习，要达到能手指口述车刀切削部分的结构要素、几何形状及各要素的意义的要求。

练习与思考

(1) 刀具材料应具备哪些性能？

(2) 常用的刀具材料有哪几类？硬质合金分哪几类？各有什么特点？

(3) 车刀切削部分由哪些刀面、刀刃组成？

(4) 车刀切削部分的几何角度有哪些？其大小有何意义？

任务三　车削工艺及车削过程中切削的普遍现象

知识要点

(1) 完整切削表面及切削用量。

(2) 切削过程中的切屑、积屑瘤、加工硬化、切削力、切削热、刀具磨损。

技能目标

能分析选择合理的车刀角度和车削用量。

任务导入

学习掌握了一些有关车削机床及夹具、车削刀具等知识之后，如何应用这些知识去加工成形一个完整的零件？在确定加工过程时要考虑哪些问题呢？

任务分析

重点是车削用量的认识和应用，对于切削过程中的普遍现象，要求能理性分析即可。

相关知识

一、车削工艺

（一）切削时产生的表面

在切削过程中，工件表面一直存在着三个不断变化的表面。如图 7-11 所示为在不同车削方式下形成的表面：1 为已加工表面；2 为待加工表面；3 为加工表面。

（1）已加工表面：通过刀具切削所产生的合乎要求的表面，即工件上已经切去多余金属的表面。

（2）待加工表面：工件上即将被切除金属的表面。

（3）加工表面：切削刃正在工件上加工的表面。这个表面是已加工表面和待加工表面之间的过渡表面。

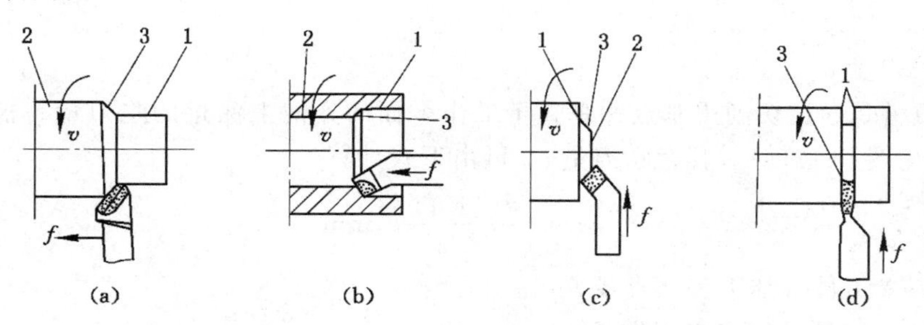

图 7-11　不同车削方式下形成的表面

(a) 车外圆；(b) 车孔；(c) 车端面；(d) 切槽或切断

（二）切削用量三要素

切削用量三要素指切削速度 v，进给量 f（进给速度 v_f）和背吃刀量 a_p，在不同车削方式下的切削用量如图 7-12 所示。

1. 切削速度 v

主运动的线速度称为切削速度，即切削刃选定点相对于工件的主运动的瞬时速度，它表示单位时间内工件和刀具沿主运动方向相对移动的距离，其单位为 m/min。

车削时的切削速度：

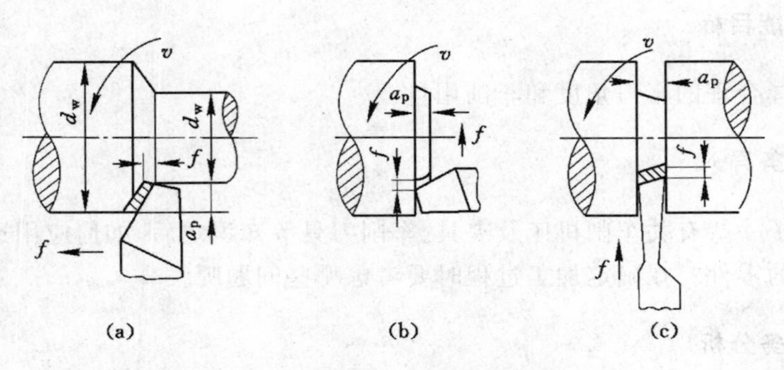

图 7-12 不同车削方式下的车削用量

(a) 车外圆；(b) 车端面；(c) 切槽或切断

$$v=\frac{\pi d_{w}n_{s}}{1\,000}\quad \text{m/min}$$

式中 d_w——工件待加工表面的直径或刀具的最大直径，mm；

n_s——主运动的转速，r/min。

2. 进给量 f（进给速度 v_f）

进给量 f 是刀具或工件每转一周时，刀具在进给运动方向上相对工件的位移量，其单位是 mm/r。

进给速度 v_f 是切削刃上选定点相对于工件的进给运动的瞬时速度，其单位是 mm/min。

它们之间的关系在车削时为：

$$v_f=fn$$

3. 背吃刀量 a_p

背吃刀量是通过切削刃基点并垂直于工作平面的方向上测量的吃刀量。根据定义，纵车外圆时[见图 7-12(a)]，其背吃刀量 a_p 可由下式计算

$$a_p=\frac{d_w-d_m}{2}\quad \text{mm}$$

式中 d_w——工件待加工表面直径，mm；

d_m——工件已加工表面直径，mm。

而车端面和切槽的背吃刀量如图 7-12(b)(c)所示。

在车削时，确定合理的切削用量三要素对顺利切削和保证切削质量有至关重要的作用，需要根据被加工工件的结构及技术要求、工件材料、刀具材料及结构性能、工装系统等综合确定，可参考相应的切削用量资料或车工技术资料。但实践加工的经验是不可或缺的，是需要在工匠精神激励下虚心学习和实践积累才能掌握的。

二、车削过程中切削普遍现象

车削过程和其他切削加工过程一样，都是刀具从工件上将多余材料切下的过程，其实质是一种挤压变形、分离的过程。切削层材料受刀具的挤压而产生变形是切削过程的前提。切削过程中因被切削材料的变形以及和刀具摩擦引起的积屑瘤、切削力、切削热等物理现象都是普遍现象。

（一）切屑

1. 切屑的形成

金属切削过程实际上就是切屑的形成过程。如图 7-13 所示，在切削过程中，被切削金属层在刀具切削刃和前刀面的作用下，经受挤压，开始产生弹性变形，随着刀具的继续切入，产生塑性变形，刀具再继续切入，金属层通过剪切滑移后被挤裂而成切屑。

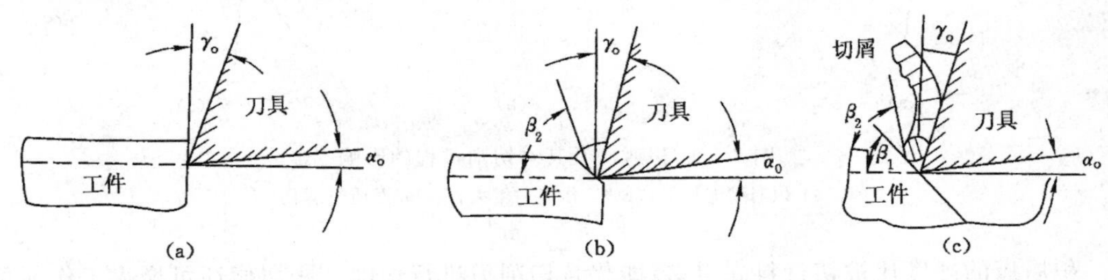

图 7-13 切屑的形成过程

(a) 弹性变形；(b) 塑性变形；(c) 挤裂

2. 切屑的种类

由于工件材料各异，切削条件不一样，因此切削过程中的变形程度也就不同，所产生的切屑也就不一样。一般可分为三类，如图 7-14 所示。

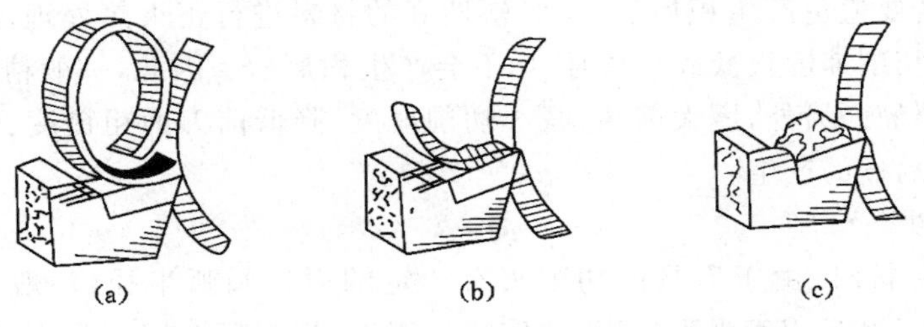

图 7-14 切屑的类型

(a) 带状切屑；(b) 节状切屑；(c) 崩碎切屑

(1) 带状切屑：内表面光滑，外表面呈微小的锯齿形。用较大前角、较高切削速度和较小的进给量切削塑性材料时，多获得此类切屑。其切削过程较平稳，切削力波动小，已加工面比较光滑。但切屑连绵不断，不安全，需有断屑措施。

(2) 节状切屑：外表面呈较大的锯齿形，并有较深的裂纹。在切削速度较低、切削厚度较大、刀具前角较小的情况下，加工中等硬度的塑性材料，容易得到这类切屑。

(3) 崩碎切屑：在切削铸铁、青铜等脆性材料时，由于材料塑性小，当切削层金属发生弹性变形后，一般在发生塑性变形前就被挤裂或崩断，形成不规则的碎块状切屑。工件材料越脆硬，刀具前角越小，切削厚度越大时，越容易形成这类切屑。

（二）积屑瘤

切削金属材料时，在一定范围的切削速度下切削塑性材料，切屑和前刀面的剧烈摩擦，如图 7-15(a)所示，使一部分金属粘接在刀刃附近而形成一块组织性能与刀具、工件材料均不相同的很硬的金属，这块金属被称为积屑瘤。积屑瘤形成后并长大，达到一定高度后又会破裂，而被切屑带走或嵌入已加工表面。这一过程反复发生。

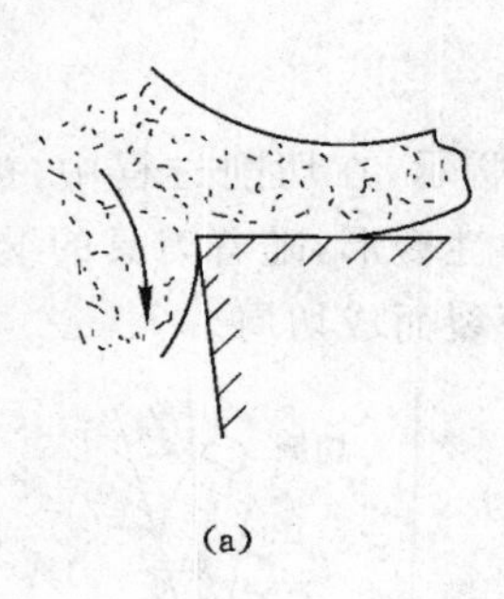

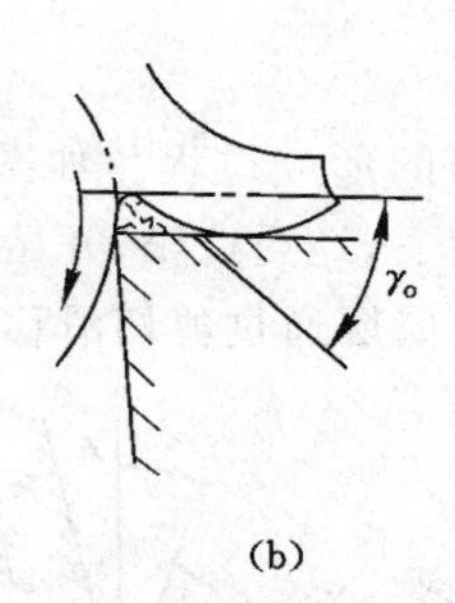

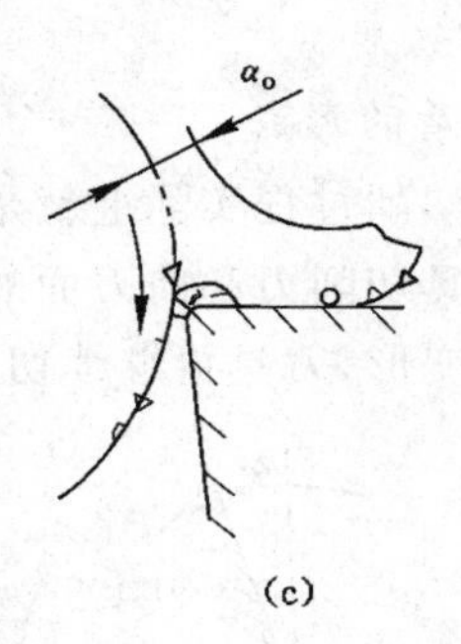

(a) (b) (c)

图 7-15 积屑瘤及其对切削过程的影响

(a) 积屑瘤的形成;(b) 工作前角增大;(c) 表面质量恶化

积屑瘤的硬度比被切材料高得多,能代替切削刃进行切削。积屑瘤还可增大工作前角,如图 7-15(b)所示。因此,积屑瘤可以保护切削刃和减小切削力,粗加工时希望其存在。由于积屑瘤时大时小,时有时无,会影响切削过程的平稳性而导致尺寸精度下降。另外,积屑瘤会在已加工表面刻划痕迹,并且有部分积屑碎片还会粘附在已加工表面上,影响表面粗糙度,如图 7-15(c)所示,因此精加工时应避免产生积屑瘤。

影响积屑瘤形成的主要因素是工件材料的性能和切削速度。工件材料塑性好时,容易产生积屑瘤。若要避免产生积屑瘤,应对塑性好的材料进行正火热处理,提高其硬度和强度,降低塑性。切削速度很低或很高时,均不会产生积屑瘤。因此,一般精车采用高速切削可避免产生积屑瘤。另外,增大前角、减小切削厚度、降低前刀面粗糙度、合理使用切削液等,都可防止积屑瘤的产生。

(三) 加工硬化

切削塑性材料时,由于刀具的切削刃有一定的刃口圆弧半径(一般为 0.012～0.032 mm),在刃口圆弧和后刀面强烈挤压、摩擦的作用下,切削层金属产生剧烈的塑性变形,使晶格扭曲、晶粒破碎,导致表面硬化。一般硬化层的硬度可达原工件硬度的 1～2 倍,深度为 0.02～0.03 mm。这种经切削加工使工件表面硬度增加、塑性下降的现象称加工硬化。

切削加工造成的加工硬化会使工件表面产生细小的裂纹,降低工件的疲劳强度,增加表面粗糙度,使下道工序加工困难。因此,常采用增大刀具的前角、减小刃口的圆弧半径、提高切削速度、使用切削液等措施来减少加工硬化。

(四) 切削力

切削时,切削层金属和工件表面层金属发生弹性变形和塑性变形而形成变形抗力,工件表面与刀具、切屑与刀具发生摩擦而产生摩擦抗力,从而形成总的切削力。它是工艺系统设计的主要依据,其大小还直接影响切削热、刀具耐用度和加工表面质量等。

为了便于测量和研究总切削力 F,以适应工艺分析、机床设计及使用的需要,常将 F 分解为三个互相垂直的分力。以车外圆为例,其分力如图 7-16 所示。

切削力 F_c——总切削力在主运动方向上的分力,又称主切削力。

进给力 F_f——总切削力在进给运动方向上的分力,又称轴向力或进给抗力。

背向力 F_p——总切削力在垂直于工作平面上的分力,又称径向力或吃刀抗力。

切削力 F_c是各分力中最大的,是计算机床动力、刀具和夹具强度的依据。进给力 F_f作用在进给机构上，是设计和校核进给机构的参数。背向力 F_p 能使工件弯曲变形或引起振动，对加工质量影响较大。

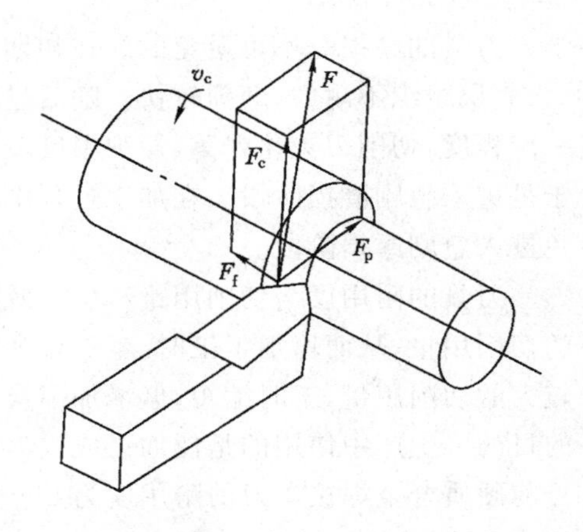

图 7-16　切削力的分力

总切削力 F 的大小与工件材料和切削用量有关。强度、硬度高的材料，F 就大，塑性好的材料，F 也大。a_p 和 f 加大时，则 F 增大。但两者影响程度不同，f 影响小一些，因此，单纯从切削力考虑，加大 f 比加大 a_p 有利。

（五）切削热

在切削过程中，绝大部分的切削功都变成热，这些热称为切削热，它主要来源于两个基本方面：一是切削层金属的变形发出的热，这是切削热的主要来源，二是刀具与工件、刀具与切屑摩擦而产生的热。

切削热由切屑、工件、刀具及周围介质传出。一般不用冷却液车削时，50%～80%的热由切屑带走，40%～10%的热传入车刀，9%～3%的热传入工件，1%左右的热传到周围的空气。

切削热传入刀具，引起刀具温度升高，加剧刀具磨损而影响刀具使用寿命。切削热传给工件，则引起工件变形，影响加工精度和表面质量。因此，切削时应努力减少切削热，改善散热条件。合理选用切削用量、刀具角度和刀具材料，可以减小切削热的产生，增强热的传导。使用大量的切削液，可以改善散热条件，同时还可减少摩擦产生的切削热。

（六）刀具磨损

在切削过程中，刀具由于与切屑和工件产生摩擦而被磨损。这种磨损在刀具的前刀面和后刀面均可能发生，具体的磨损形式分三种，如图 7-17 所示。

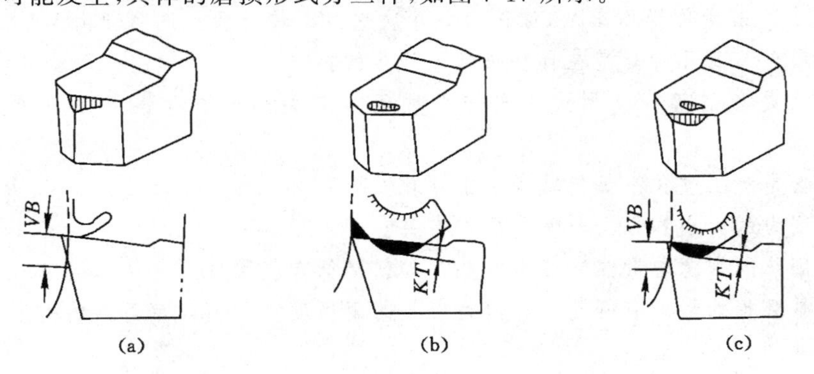

图 7-17　刀具磨损的形式

(a) 后刀面磨损；(b) 前刀面磨损；(c) 前后刀面磨损

刀具磨损到一定程度，就应重磨刀刃。生产中，把刀具由磨锐开始切削，一直到磨损量达到磨钝标准（一般按后刀面磨损值 VB 到达一定数值作为磨钝标准）为止的总切削时间称为刀具的耐用度，用 T 表示，单位是 min。

刀具的磨损是不可避免的。在初期磨损阶段，由于刀具在刃磨后，刀面的表面粗糙度值大，表层组织不耐磨，磨损较快。随后进入磨损缓慢的正常磨损阶段。当刀具后刀面磨损到一定程度，切削刃钝化严重，切削温度较快地升高，使工件表面粗糙度增大，切削出现振动，于是进入急剧磨损阶段。在加工过程中，应尽量缩短初期磨损阶段，延长正常磨损阶段，避免进入急剧磨损阶段。

刀具的耐用度与切削用量和生产效率有关。如果刀具耐用度定得过高，则要选取较小的切削用量，从而增加了工时，生产效率就较低。相反，如果刀具耐用度定得较低，虽然可用较大的切削用量，工时缩短，但增加了换刀、磨刀时间及费用，同样不能达到高效率、低成本的目的。生产中使用的是使加工成本最低的刀具耐用度，即经济耐用度。如在通用机床上，目前硬质合金焊接车刀的耐用度为 60～90 min。

任务实施

(1) 阅读教材，查找资料，探究车削时切削用量的含义。

(2) 阅读教材，查找资料，探究车削过程中切屑的形式、积屑瘤的形成、加工硬化和切削力的应用、切削热的影响与防止、刀具磨损的分析和应用。

(3) 搜索观看有关车削加工的视频资料。

练习与思考

(1) 在车床上车削一直径为 50 mm、材料为 45 号钢的外圆柱面，若采用代号为 P20 的硬质合金车刀，切削速度确定为 100 m/min，则主轴(工件)转速理论上应设置为多少？若主轴转速设置为 800 r/min，则切削刃上的最大切削速度是多少？

(2) 在车床上把一直径为 50 mm 的 45 号圆钢车削成直径 30 mm、长度为 50 mm 的外圆柱面，若一次吃刀车至直径 30 mm，则背吃刀量是多少？若均匀地分两次吃刀，则每次背吃刀量是多少？若由你操作车削，你认为分几次吃刀比较合理？说明理由。

(3) 切屑分为哪几种？是在什么条件下产生的？

(4) 什么是积屑瘤？其形成主要与哪些因素有关？车削过程中如何防止积屑瘤的产生？

(5) 什么是加工硬化？如何减少加工硬化？

(6) 切削力的大小和方向与哪些因素有关？

(7) 切削热的来源与散热途径有哪些？如何降低车削温度？

(8) 刀具磨损的形式有哪几种？何为刀具的耐用度？如何确定刀具的耐用度？

任务四　铣　　削

知识要点

(1) 铣削的定义。

(2) 铣削机床与铣削刀具。

(3) 铣削运动与铣削用量。

(4) 铣削方式。

技能目标

认识铣削机床和刀具的种类,学会分析铣削用量和铣削方式。

任务导入

机械零件中除了大量的回转体表面结构之外,还有大量的平面、沟槽等结构,铣削是相对比较常用的一种加工方法。

任务分析

认识铣削的任务,主要是认识铣削机床的组成和结构、铣削刀具、铣削成形运动、铣削用量、铣削方法等,实践性比较强,最好是结合现场认识学习。

相关知识

一、铣削的定义

铣削主要是指在铣床上,利用铣刀和工件之间的强制性的相对运动,使铣刀把工件毛坯表面多余的材料切除而达到零件要求的尺寸、形状和表面质量的成形加工方法。

二、铣削的主要设备铣床

在《金属切削机床 型号编制方法》(GB/T 15375—2008)中,铣床是按照工作原理划分的 11 类机床中的 1 类,其类别代号为大写的汉语拼音字母“X”(读音为“铣”)。铣床类机床的种类比较多,分不同组别和系别。在此主要以立式和卧式铣床为例介绍,具体铣床型号及分类知识,请查阅 GB/T 15375—2008。

(一) 立式铣床

图 7-18 所示为立式升降台铣床,其主要组成如下:

(1) 主轴箱

主轴箱是主轴变速箱的简称,单独由主电动机驱动,可通过操作主轴箱外部的转速手柄,使主轴获得多种转速,也称立铣头,可在垂向两侧 45°范围内偏转。主轴内孔前端为锥孔,用于安装刀具、拉杆等。

(2) 工作台

工作台用于安装支承工件,可使工件随工作台可沿床鞍顶部的纵向导轨实现纵向手动或机动进给运动及快速移动。

(3) 床鞍

床鞍用于安装支承工作台,自身可沿升降台顶部的横向导轨实现横向手动或机动进给及快速移动。

(4) 升降台

升降台用于安装支承溜板,自身可沿床身垂直于导轨实现垂向手动或机动进给及快速移动。

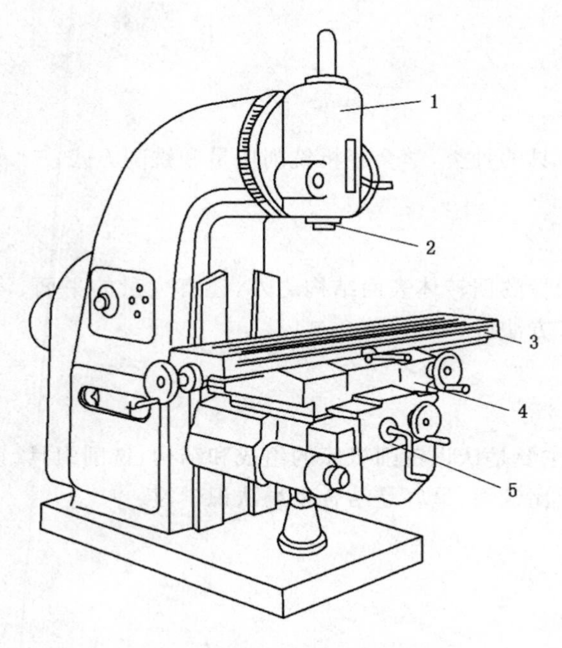

图 7-18 立式升降台铣床

1——铣头；2——主轴；3——工作台；4——床鞍；5——升降台

(5) 底座和床身

底座和床身是机床的基础零件，用来支承和安装铣床的各个部件，以保证各部件间有准确的相对位置，并承受全部切削力。

(二) 卧式铣床

图 7-19 所示的是卧式万能升降台铣床。床身固定在底座上。悬梁安装在床身顶部，并可沿燕尾导轨调整位置。悬梁上的刀杆支架用以支承刀杆，以提高其刚性。升降台安装在床身前侧面垂直导轨上，可上下移动。升降台的水平导轨上装有床鞍，可沿主轴轴线横向移动。床鞍上装有回转盘，转盘上面的燕尾导轨上安装有工作台，工作台可沿其导轨纵向移动。除此之外，工作台还可通过回转盘，绕垂直轴线在±45°范围内调整角度，以便铣削螺旋表面。

三、铣削刀具

铣刀的种类很多，按刀齿的方向分为直齿铣刀和螺线齿铣刀；按齿背形式分为尖齿铣刀和铲齿铣刀；按结构形式分为整体式、焊接式、镶齿式、可转位式；按用途分为圆柱铣刀、面铣刀、盘铣刀、锯片铣刀、立铣刀、键槽铣刀、模具铣刀、角度铣刀、成形铣刀等；而根据铣刀的安装方法不同分为两大类：带孔铣刀和带柄铣刀。

1. 带孔铣刀

带孔铣刀又分为圆柱铣刀、端铣刀、圆盘铣刀、角度铣刀和成形铣刀等，常用铣刀心轴将带孔铣刀安装在卧式铣床上使用。

(1) 圆柱铣刀：如图 7-20(a)所示，圆柱铣刀刀齿分布在圆周上。按刀齿形式不同分直

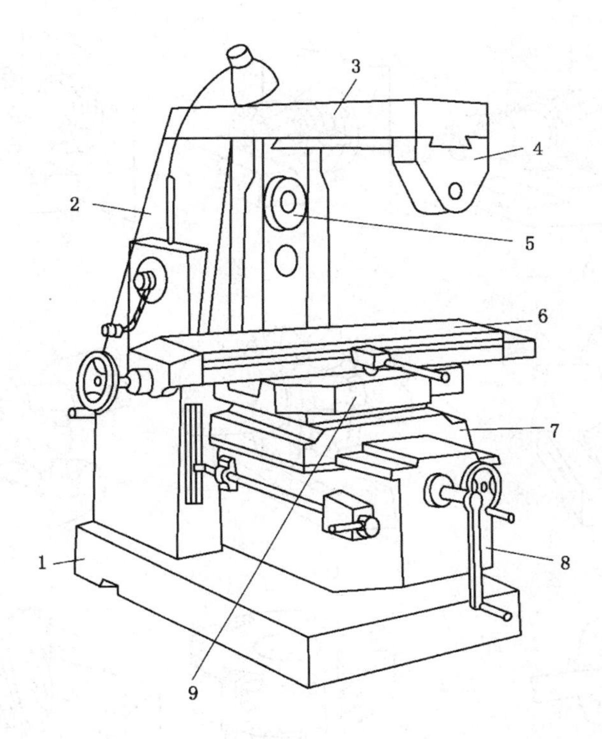

图 7-19　卧式升降台铣床

1——底座；2——床身；3——悬梁；4——刀杆支架；5——主轴；6——工作台；7——床鞍；8——升降台；9——回转盘

齿圆柱铣刀和螺旋齿圆柱铣刀。螺旋齿圆柱铣刀在工作时每个刀齿逐渐切入和切出加工面，切削平稳，加工质量好。螺旋齿圆柱铣刀在生产中广泛应用，主要用其周刃加工平面。

(2) 端铣刀：如图 7-20(b)、(h)所示，端铣刀刀齿分布在刀体端面上。常用的端铣刀有整体端铣刀[图 7-20(b)]和镶齿端铣刀[图 7-20(h)]两种。端铣刀适用于高速铣削台阶面及加工大平面。

(3) 圆盘铣刀：如图 7-20(c)所示是三面刃盘铣刀，这种圆盘铣刀的两个侧面和圆柱面均有刀刃，主要用于加工不同宽度的沟槽及小平面和台阶面。

(4) 角度铣刀：如图 7-20(d)所示，分为单角铣刀和双角铣刀，主要用于加工各种角度沟槽及斜面。

(5) 成形铣刀：如图 7-20(e)、(f)所示。这种铣刀刀刃做成与成形面形状相适应的曲线或直线，主要用于加工特定的成形表面，如链轮、齿轮、凸凹圆弧面等。

2. 带柄铣刀

带柄铣刀多用在立式铣床上，常用的带柄铣刀有立铣刀、键槽铣刀、T 形槽铣刀和燕尾槽铣刀。

(1) 立铣刀：如图 7-20(i)所示，立铣刀刀齿分布在圆柱面和端面上，圆柱面上的刀齿为螺旋刀齿，主要用于加工沟槽、小平面和台阶面等。

(2) 键槽铣刀：如图 7-20(j)所示，主要用于加工键槽。

(3) T 形槽铣刀和燕尾槽铣刀：如图 7-20(k)、(l)所示，专门用于加工 T 形槽和燕尾槽。

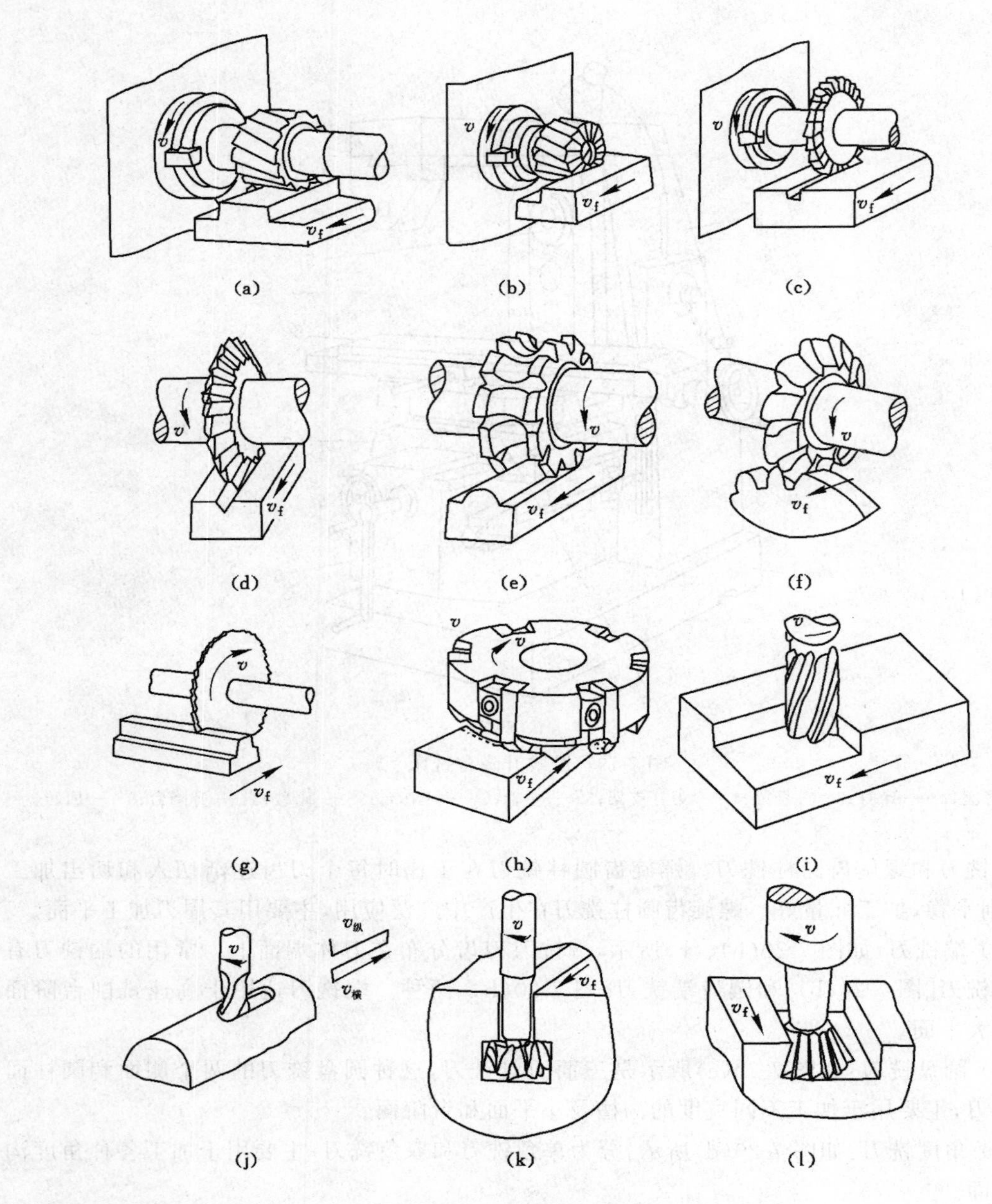

图 7-20 铣刀及铣削加工

(a) 圆柱铣刀铣平面；(b) 套式端面铣刀铣台阶面；(c) 三面刃铣刀铣直槽；(d) 角度铣刀铣槽；(e) 成形铣刀铣凸圆弧；(f) 齿轮铣刀铣齿轮；(g) 锯片铣刀切断；(h) 端铣刀铣大平面；(i) 立铣刀铣台阶面；(j) 键槽铣刀铣键槽；(k) T 形铣刀铣 T 形槽；(l) 燕尾槽铣刀铣燕尾槽

四、铣削运动及铣削的工艺范围

（一）铣削运动

1. 主运动

铣刀的旋转运动为主运动。

2. 进给运动

进给运动为工件随工作台的纵向、横向或垂直向直线移动，或者是刀具的直线移动。

（二）铣削的工艺范围

铣削的加工范围相当广泛，如图 7-21 所示，可以铣削加工各种面、槽，而且加工效率比较高。

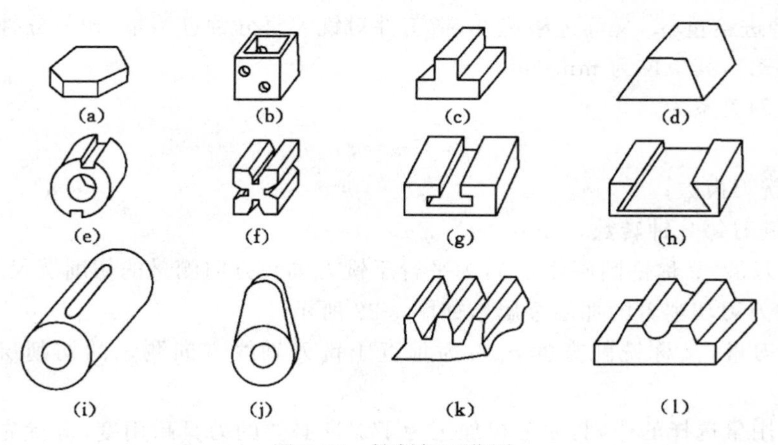

图 7-21　铣削加工范围

(a) 铣外形；(b) 铣内形；(c) 铣台阶；(d) 铣斜面；(e) 铣沟槽；
(f) 铣 V 形面；(g) 铣 T 形槽；(h) 铣燕尾槽；(i) 铣键槽；(j) 铣曲面；(k) 铣轮齿；(l) 铣特型面

五、铣削用量

铣削时的铣削用量由切削速度、进给量、背吃刀量（铣削深度）和侧吃刀量（铣削宽度）四要素组成。其铣削用量如图 7-22 所示。

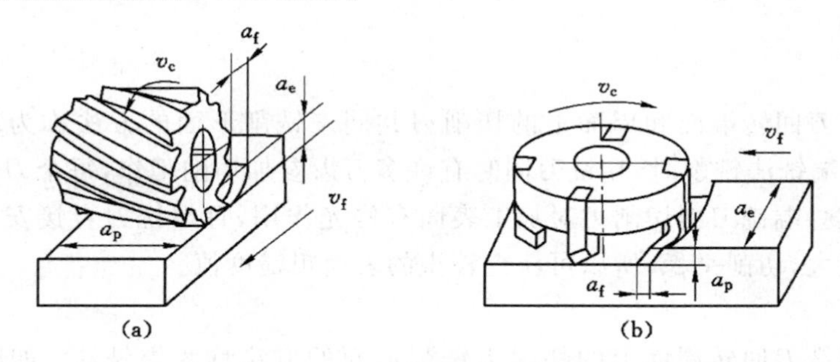

图 7-22　铣削方式及铣削用量

(a) 周铣；(b) 端铣

(1) 切削速度 v_c，即铣刀最大直径处的线速度，可由下式计算：

$$v_c = \frac{\pi d n}{1000} \quad \text{m/min}$$

式中　v_c——切削速度，m/min；

d——铣刀直径，mm；

n——铣刀每分钟转数，r/min。

(2) 进给量：铣削时，工件在进给运动方向上相对刀具的移动量即为铣削时的进给量。

由于铣刀为多刃刀具，计算时按单位时间不同，有以下三种度量方法。

① 每齿进给量 f_z，指铣刀每转过一个刀齿时，工件对铣刀的进给量（即铣刀每转过一个刀齿，工件沿进给方向移动的距离），其单位为 mm/齿。

② 每转进给量 f_r，指铣刀每一转，工件对铣刀的进给量（即铣刀每转一转，工件沿进给方向移动的距离），其单位为 mm/r。

③ 每分钟进给量 v_f，又称进给速度，指工件对铣刀每分钟进给量（即每分钟工件沿进给方向移动的距离），其单位为 mm/min。

上述三者的关系为，

$$v_f = f_r n = z f_z n$$

式中 z——铣刀齿数；

n——铣刀每分钟转数，r/min。

(3) 背吃刀量（又称铣削深度 a_p）：为平行于铣刀轴线方向测量的切削层尺寸（切削层是指工件上正被刀刃切削着的那层金属），如图 7-22 所示。

(4) 侧吃刀量（又称铣削宽度 a_e）：为垂直于铣刀轴线方向测量的切削层尺寸，如图 7-22所示。

(5) 铣削用量选择的原则：通常粗加工为了保证必要的刀具耐用度，应优先采用较大的侧吃刀量或背吃刀量，其次是加大进给量，最后才是根据刀具耐用度的要求选择适宜的切削速度，这样选择是因为切削速度对刀具耐用度影响最大，进给量次之，侧吃刀量或背吃刀量影响最小；精加工时为减小工艺系统的弹性变形，首先考虑较大的切削速度，其次考虑较小的进给量，同时为了抑制积屑瘤的产生。对于硬质合金铣刀应采用较高的切削速度，对高速钢铣刀应采用较低的切削速度，如铣削过程中不产生积屑瘤，则应采用较大的切削速度。最后才考虑合适的吃刀量。

六、铣削方式

1. 端铣法

铣削时，用铣刀回转端面和周面上的切削刃共同来铣削形面的方法称为端铣法，如图 7-22(b)所示。用端铣法铣削时，端铣刀同时有许多刀齿参加切削工作，每个刀齿受力小，可提高刀具的耐用度；端铣刀副切削刃对加工表面有修光作用，且端铣刀直接安装在主轴上，刀杆伸出短，刚度大，切削平稳，所以可获得较小的表面粗糙度值。

2. 周铣法

铣削时，只用铣刀回转周面上的切削刃铣削形面的方法称为周铣法，如图 7-22(a)所示。用周铣法铣削时，铣刀同时工作齿数相对较少，每个刀齿在切入和切出时，铣削力会产生明显的波动，因而铣削过程的平稳性较差，且周铣时，刀具无副切削刃参与，已加工表面实际上是由许多圆弧组成的，难以获得小的表面粗糙度值。周铣可同时用多种铣刀铣削平面、沟槽、齿形、成形面等，适应性广。

3. 顺铣与逆铣

如图 7-23 所示，铣削时，在铣刀与工件接触的地方，铣刀的旋转方向与工件的进给方向相同称为顺铣；相反则称为逆铣。顺铣时，铣刀将工件压向工作台及导轨，从而减少了工作台与导轨的间隙，而且铣削时每齿的切削厚度是由最大变到零，刀具的耐用度较高，能获得较小的表面粗糙度。但由于忽大忽小的水平切削分力与工件进给方向是相同的，容易造成铣削时工作台的窜动和工件进给量的不均匀，从而影响表面加工质量。逆铣时，铣削的厚度由薄到厚，刀刃挤压加工表面，并在其上面滑行一段距离后才切入工件，使加工表面产生冷硬现象，加剧了刀齿磨损，同时也使加工的表面粗糙度值增大。但由于水平切削分力与工件进给方向相反，避免了铣削时的窜刀现象，所以逆铣比顺铣用得较多。逆铣多用于粗加工或加工硬度较高及带有硬皮的工件。精加工时，铣削力较小，为了降低表面粗糙度值，多采用顺铣。

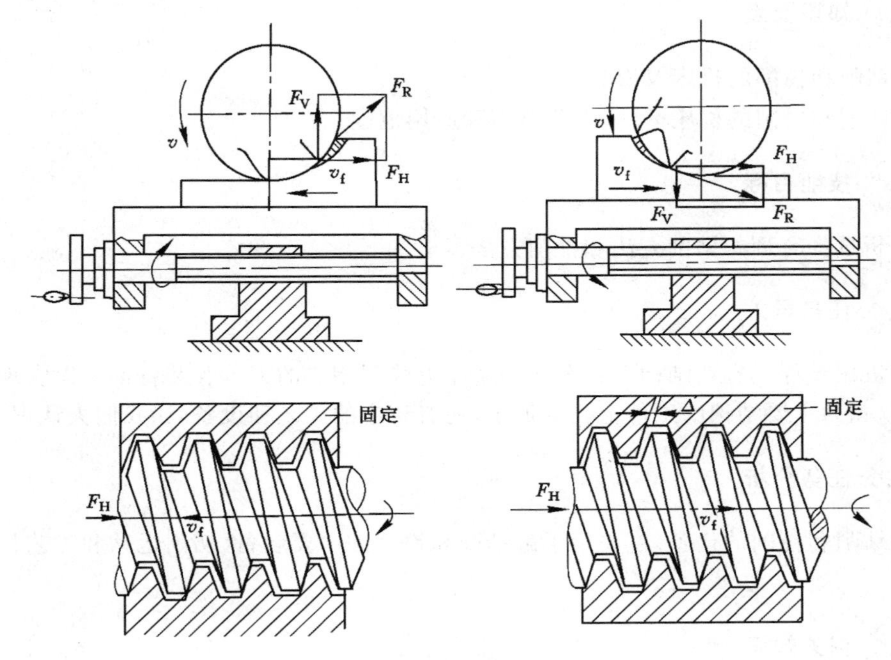

图 7-23　逆铣和顺铣

(a) 逆铣；(b) 顺铣

任务实施

(1) 研读“相关知识”中的内容，并查阅相关资料，逐一学习掌握铣削机床的分类、组成、技术参数、成形运动、工艺范围及铣削刀具、铣削用量、铣削方法等知识。

(2) 以“铣削加工”为关键词搜索观看有关铣削的网络视频资料，或者参观铣削加工现场，增加对铣削的直观认识，加强对铣削成形运动和工艺范围的认识理解。

练习与思考

(1) 一般的立式和卧式升降台铣床主要由哪些部分组成？各有什么作用？

(2) 查阅资料，解释 X5030 和 X6132 型铣床型号的含义。

(3) 对照图 7-21，说出每种成形表面的特征及铣床加工的成形运动，并注意查阅相应刀具的形状特点。

(4) 铣削用量有哪些？说明各自的含义。

(5) 何为周铣？何为端铣？各有什么特点？

(6) 何为顺铣？何为逆铣？各有什么特点？

(7) 查阅有关铣削工艺手册及其他相关资料，积累铣削用量选择的基础常识。

任务五　钻削和镗削

知识要点

(1) 钻削和镗削的机床及刀具。

(2) 钻削和镗削的机床运动、工艺特点和应用范围。

技能目标

能分析选择合理的钻削方法和镗削方法。

任务导入

好多机械零件上有孔结构。在车床和铣床上采用相应的刀具和装备都可以实现孔的加工，但是以孔为主要结构的工件上孔的加工，还有相应的工艺和设备，让我们去认识一下。

任务分析

认识钻削和镗削的任务，主要是了解钻削和镗削的主要装备、切削运动和工艺特点及工艺范围。

相关知识

一、钻削

(一) 钻削的定义

钻削是用钻头在实体上切削成孔的加工方法。

(二) 钻削加工设备

能实现钻削加工的设备较多，如车床、铣床、钻床、镗床等。下面重点介绍钻床。生产中常用的有摇臂钻床、立式钻床和台式钻床等。

1. 摇臂钻床

摇臂钻床有一个能绕立柱回转的摇臂，如图 7-24 所示为 Z3040 型摇臂钻床的外形图，主要组成部件为：底座、立柱、摇臂、主轴箱等。工件和夹具可安装在底座 1 或工作台 8 上。立柱为双层结构，内立柱 2 安装于底座上，外立柱 3 可绕内立柱 2 转动，并可带着夹紧在其上的摇臂 5 摆动。主轴箱 6 可在摇臂水平导轨上移动。通过摇臂和主轴箱的上述运动可以方便地在一个扇形面内调整主轴 7 至被加工孔的位置，而工件在工作台上固定不动。摇臂钻床广泛地应用于单件和中、小批量加工大、中型零件。

2. 立式钻床

立式钻床的主轴中心位置不能调整，如图 7-25 所示为一立式钻床的外形图。主轴 2 通过主轴套筒安装在进给箱 3 上，并与工作台 1 的台面垂直。变速箱 4 及进给箱 3 内布置有

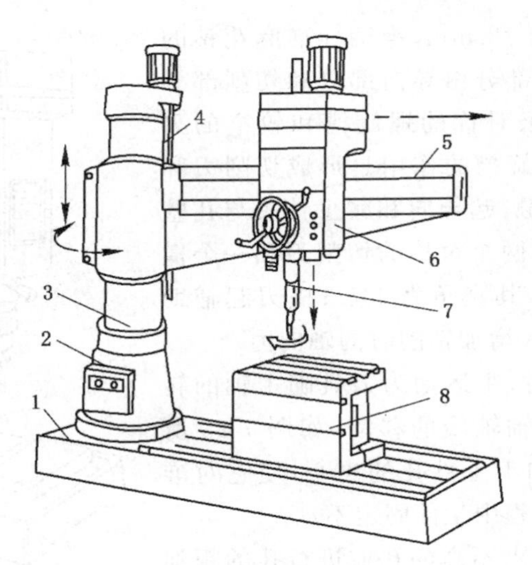

图 7-24 Z3040 型摇臂钻床

1——底座;2——内立柱;3——外立柱;4——摇臂升降丝杠;
5——摇臂;6——主轴箱;7——主轴;8——工作台

变速装置及操纵机构,通过同一电动机驱动,分别实现主轴的旋转主运动和轴向进给运动。工作台和进给箱均安装在立柱 5 的方形导轨上,并可沿导轨上下移动和调整位置,以适应不同高度工件的加工。加工前需调整工件在工作台上的位置,使被加工孔中心线对准刀具的旋转中心。在加工过程中工件是固定不动的。

在立式钻床上,加工完一个孔后再加工另一个孔时需移动工件,这对于大而重的工件操作很不方便,因此,立式钻床仅适用于加工中、小型工件。

3. 台式钻床

台式钻床简称台钻,如图 7-26 所示,实际上这是一种加工小孔的立式钻床。钻孔直径一般在 13 mm 以下,最小可加工 $\phi 0.1$ mm 的孔。台钻小巧灵活,使用方便,适于加工小型零件上的小孔,通常用手动进给。

(三) 钻削刀具及钻削运动

1. 麻花钻及钻孔

钻孔最常用的刀具是麻花钻,其材料多为高速钢制造,直径规格为 0.1～80 mm。标准麻花钻结构如图 7-27(a)所示,它由柄部和工作部分组成。柄部的作用是被夹持并传递扭矩,有直柄和锥柄两种,直柄

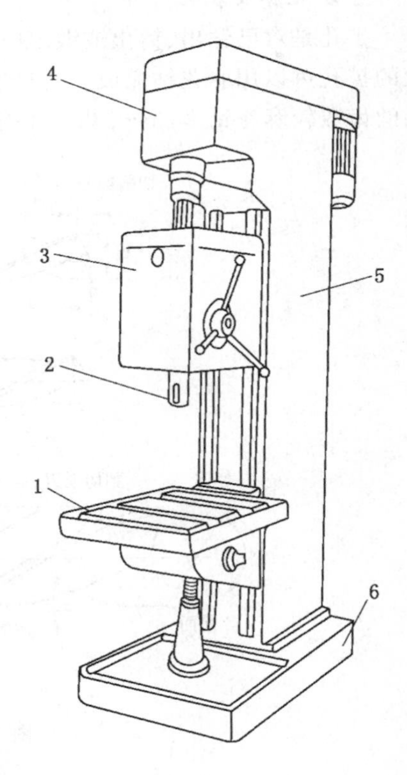

图 7-25 立式钻床

1——工作台;2——主轴;3——进给箱;
4——变速箱;5——立柱;6——底座

标准麻花钻的最大直径为 13 mm，锥柄标准麻花钻的最小直径为 3 mm。工作部分由导向部分和切削部分组成。导向部分包括两条对称的螺旋槽和较窄的刃带，如图 7-27(b)所示，螺旋槽的作用是形成切削刃和排屑；刃带与工件孔壁接触，起导向和减少钻头与孔壁摩擦的作用。切削部分有两个对称的切削刃和一个横刃，切削刃承担切削工作，其夹角为 118°；横刃起辅助切削和定心作用，但会大大增加钻削时的轴向力。

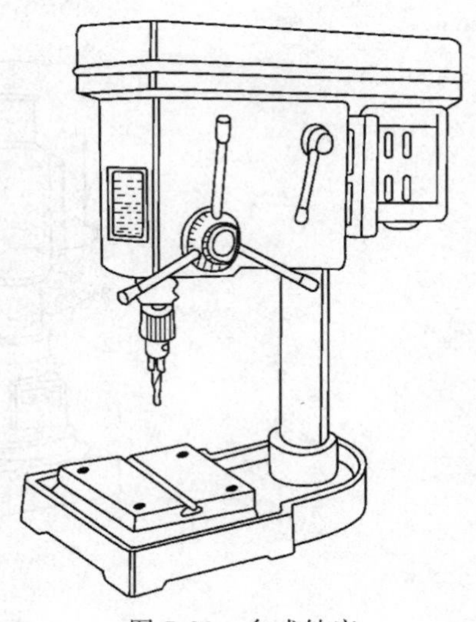

图 7-26　台式钻床

在钻床上进行钻孔时，主运动为刀具随主轴的转动，进给运动为刀具沿主轴轴线的移动，如图 7-28 所示。加工前应调整好被加工工件孔的中心，使它对准刀具的旋转中心。加工过程中工件固定不动。

钻孔只能加工精度要求不高的孔或进行孔的粗加工，公差等级一般为 IT11～IT10 级，一般表面粗糙度值 Ra 为 100～25 μm。

2. 扩孔钻及扩孔

扩孔是对已钻出、铸出或锻出的孔进一步扩大直径的加工方法，如图 7-29(b)所示。一般的扩孔可以用麻花钻完成。对精度要求较高的孔，应采用扩孔钻，如图 7-29(a)所示，扩孔钻的齿数较麻花钻多(3～4 齿)，不存在横刃，切削余量小，排屑容易。

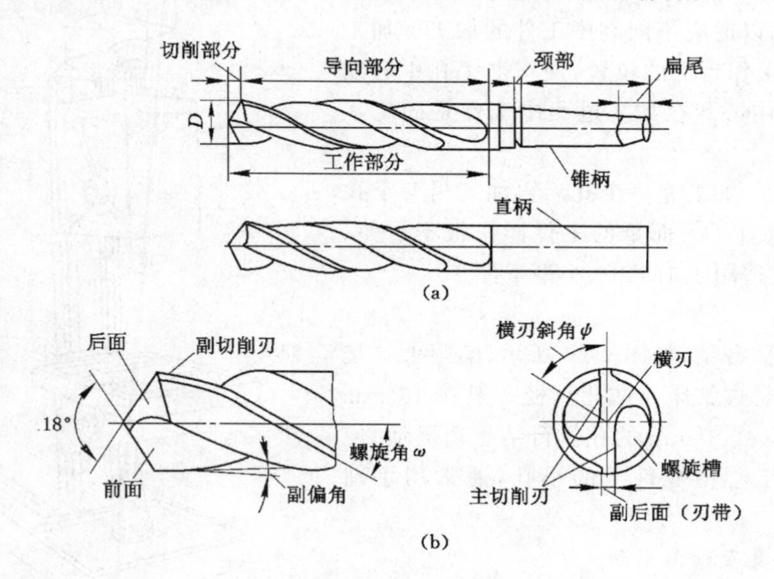

图 7-27　标准麻花钻的结构

当钻削直径 d_w>30 mm 的孔时，为了减小钻削力及扭矩，提高孔的质量，一般先用(0.5～0.7)d_w 大小的钻头钻出底孔，再用扩孔钻进行扩孔，这样可较好地保证孔的精度和控制表面粗糙度，且生产率比直接用大钻头一次钻出时还要高。

扩孔尺寸公差等级为 IT10～IT9，表面粗糙度值 Ra 为 6.3～3.2 μm。

3. 铰刀及铰孔

铰孔是用铰刀在钻孔或扩孔后对孔的精加工，如图7-30(b)所示。对于较小的孔，铰孔是一种较为经济实用的加工方法。铰刀是精加工刀具，可分为手用铰刀与机用铰刀。手用铰刀有做成整体式的，也有做成可调式的，在单件小批和修配工作中常使用尺寸可调的铰刀。机用铰刀直径小的做成带直柄或锥柄的，直径较大的常做成套式结构。

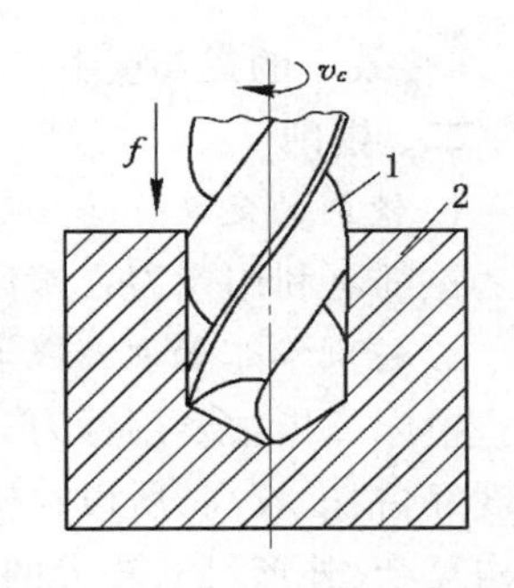

图 7-28　钻床上的钻削运动

根据加工孔的形状不同铰刀可分为柱形铰刀和锥度铰刀。铰刀由工作部分、颈部及柄部三部分组成，如图 7-30(a)所示。

铰孔的尺寸公差等级可达 IT8～IT6，表面粗糙度 Ra 值为 1.6～0.2 μm.。

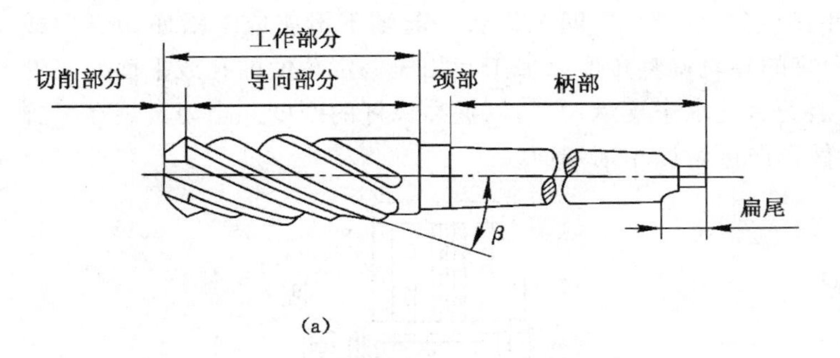

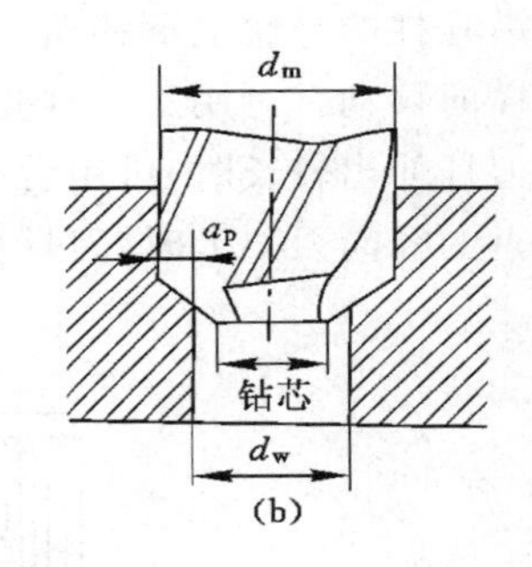

图 7-29　扩孔钻及扩孔

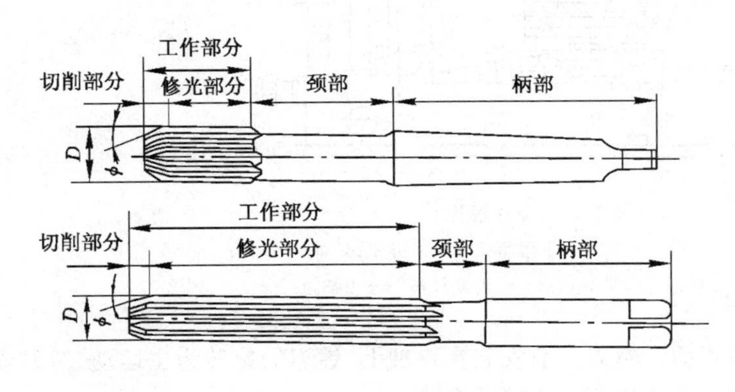

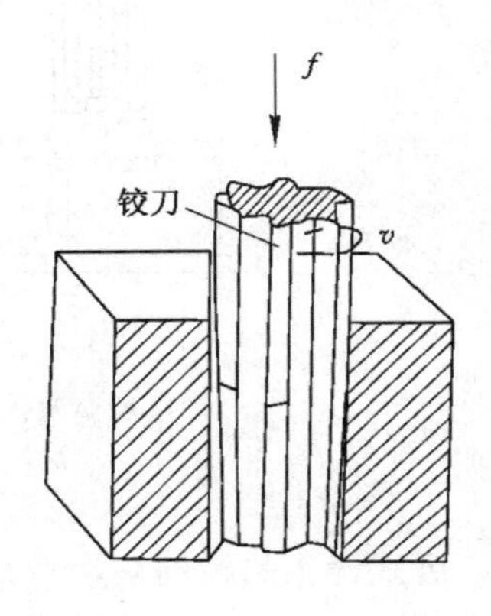

图 7-30　铰刀及铰孔

(四) 钻削的切削特点

钻削是一种采用定尺寸刀具一次成形的切削加工方法，成形方法简单。钻削加工时，钻头相对于工件在回转的同时进行切削。钻头两切削刃较长，且各点的切削速度越靠近中心越小，前角由外缘至中心也越来越小，钻头的横刃位于回转中心轴线附近，其前角为负值，无容屑空间，切削速度低，因而会产生较大的轴向抗力；另外，钻削是在空间狭窄的孔中进行的，切屑必须经钻头的螺旋槽排出，因而排屑、散热困难。所以说，钻削的切削条件相对比较差,加工效率的提高受到一定的限制。

二、镗削

1. 镗削的定义

镗削是利用镗刀在镗床上进行切削加工的方法。

2. 镗削加工的机床及机床运动

镗床是指主要用镗刀对工件已有孔进行加工的机床。由于镗床的主轴、工作台等部件刚度好,精度较高,所以在镗床上可加工出尺寸、形状和位置精度均较高的孔,尤其适合加工结构复杂、外形尺寸较大的箱体类工件。

镗床主要有以下几类:卧式镗床、坐标镗床、精密镗床、立式镗床、深孔镗床等。下面以常用的卧式镗床为例说明。

如图 7-31 所示为卧式镗床的外形图。加工时,刀具安装在主轴或平旋盘上。主轴箱可沿立柱的导轨上下移动。工件安装在工作台上,同工作台一起随下滑座或上滑座做纵向或横向移动。可用工作台绕上滑座的导轨调整角度以加工互相成一定角度的孔或平面。当镗刀杆伸出较长时,可用后立柱上的后支承来支承镗杆,以提高镗杆的刚度。当刀具装在平旋盘的径向刀架上时,刀具可以做径向进给以车削端面。

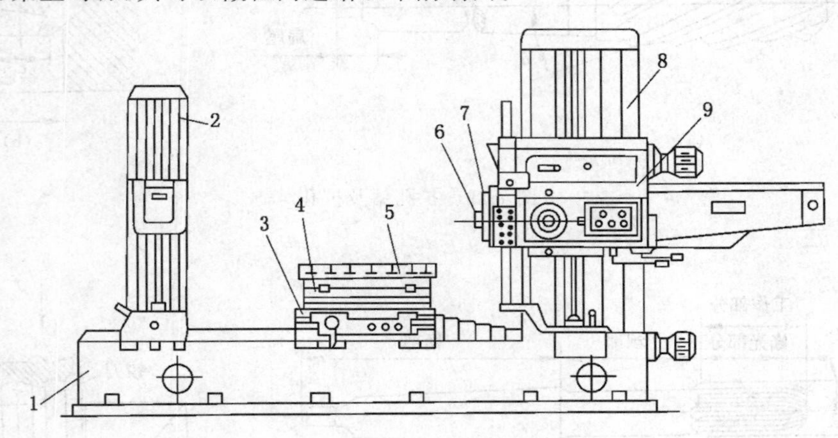

图 7-31　卧式镗床

1——床身;2——后立柱;3——下滑座;4——上滑座;5——工作台;
6——主轴;7——平旋盘;8——前立柱;9——主轴箱

卧式镗床的镗轴是水平布置的。镗刀一般安装在镗轴上,镗刀的旋转为主运动,镗刀或工件的移动为进给运动。镗床的主要参数是镗轴的直径。

3. 镗削的刀具及加工特点

镗削加工应用最多的是镗孔,可以加工单个孔、孔系、通孔、台阶孔、孔内回转槽等。

常用镗孔刀具有单刃镗刀、双刃镗刀等,如图 7-32 所示。单刃镗刀结构简单,适应性强,可镗削加工通孔或盲孔;双刃镗刀生产效率高,可获得较高的加工精度和低的表面粗糙度。

镗削主要适用于加工机座、箱体、支架等外形复杂的大型零件,如图 7-33 所示。一般镗孔的尺寸公差等级为 IT8～IT7,表面粗糙度 Ra 值为 1.6～0.8 μm;精镗时,尺寸公差等级为 IT7～IT6,表面粗糙度 Ra 值为 0.8～0.1 μm。

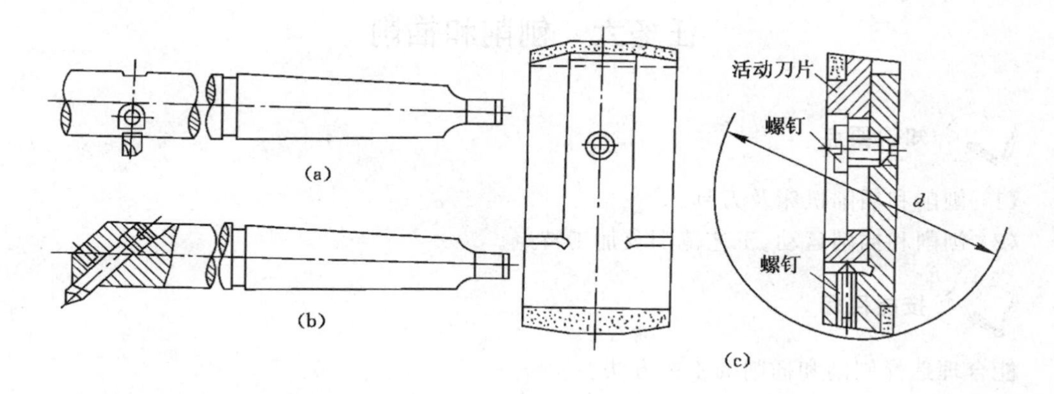

图 7-32　镗刀

(a) 通孔镗刀；(b) 盲孔镗刀；(c) 浮动可调镗刀片

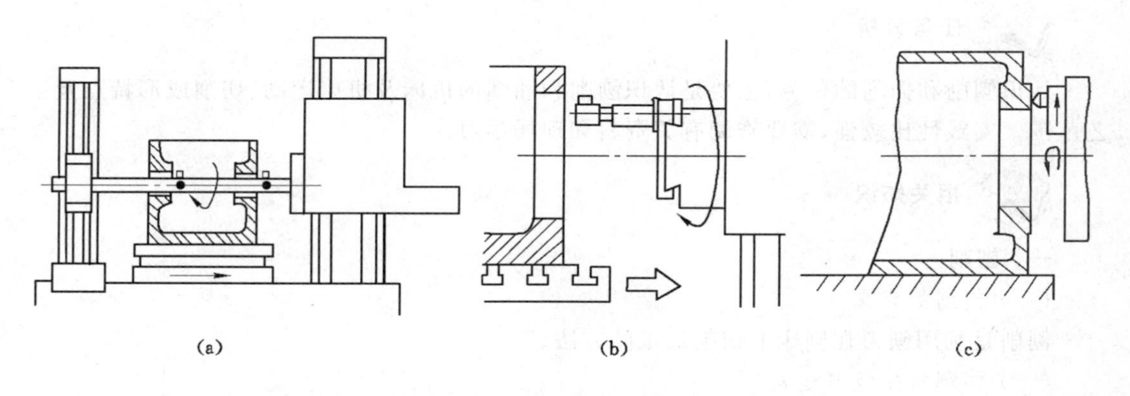

图 7-33　镗削加工

(a) 镗同轴孔；(b) 镗大孔；(c) 在镗床上加工端面

任务实施

在教师的指导下，研读“相关知识”，并结合实际教学条件，通过观看钻削和镗削的视频资料或在机床加工现场，认识钻削和镗削的装备、成形运动、加工特点及工艺范围，并与车床和铣床上加工孔的工艺进行比较。

练习与思考

(1) 简述台式钻床、摇臂钻床和立式钻床的结构特点与适用场合。

(2) 标准麻花钻有哪几部分组成？各有什么作用？

(3) 试分析扩孔钻、铰刀与麻花钻在结构上有何不同。

(4) 简述钻削与镗削加工各自的特点。

任务六　刨削和插削

知识要点

(1) 刨削和插削机床及刀具。

(2) 刨削和插削运动、工艺范围及加工特点。

技能目标

能合理选择刨削和插削的工艺方法。

任务导入

加工平面、沟槽的方法除铣削之外，还有刨削、插削等，让我们认识一下刨削和插削吧。

任务分析

认识刨削和插削的任务，主要是认识刨削和插削的机床及机床运动、切削成形特点及工艺范围。实践性比较强，需要查阅有关资料和现场学习。

相关知识

一、刨削

(一) 刨削的定义

刨削是利用刨刀在刨床上切削加工的方法。

(二) 刨削机床及其运动

刨床是指用刨刀进行切削加工的机床。按照刨床的结构特征和用途，可分为牛头刨床和龙门刨床等多种类型。

1. 牛头刨床

牛头刨床用于加工中、小型工件，其加工长度一般不超过 1 000 mm。在进行刨削时，工件装夹于工作台上，刨刀装夹于刀架中，如图 7-34 所示。开动机床后，滑枕带动刨刀实现往复直线运动(主运动)，工作台在横梁上做横向间歇运动(进给运动)。工作台的垂直升降和横向移动，根据工件加工需要，都可手动调节。

进给运动是在空行程中通过棘轮机构传动带动工作台沿横梁水平导轨间歇运动来实现的。摇动刀架上方的手柄可调节吃刀深度，或实现刨侧面时的手动垂直(或斜向)进给。刀架可绕水平轴调整一定角度，以加工斜面。

为防止刀具与工件之间发生摩擦，在空行程时抬刀板将刨刀抬起；工作行程时，再靠自重或利用电磁装置将刨刀复位。

2. 龙门刨床

龙门刨床如图 7-35 所示。刨削时，工件装夹在工作台上，工作台沿床身导轨做直线往复运动(主运动)；侧刀架可沿立柱导轨上下移动(垂直间歇进给)，用于加工垂直面；垂直刀架可沿横梁导轨做水平移动(水平间歇进给),用于加工水平面,同时横梁又可带动全部垂直刀架沿立柱导轨上下移动以调节刨刀高度。另外,所有刀架均可转过一个角度以刨削斜面。

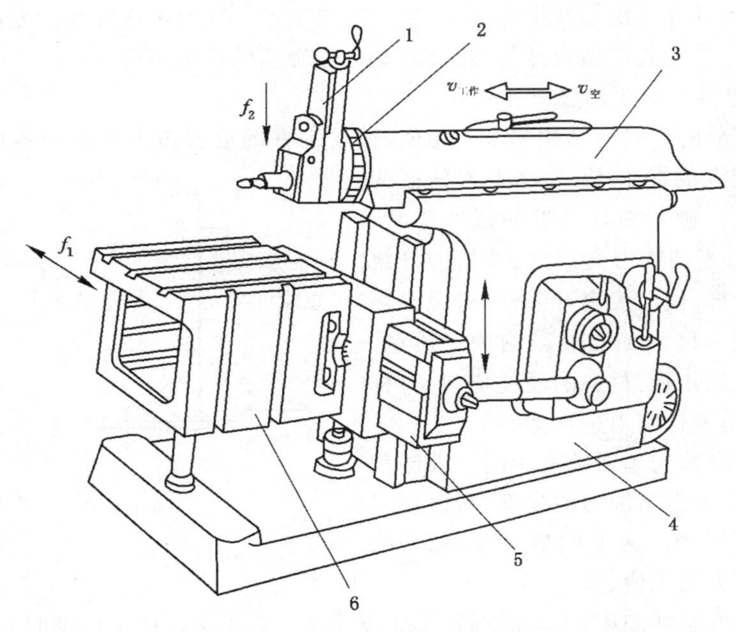

图 7-34　牛头刨床

1——刀架;2——转盘;3——滑枕;4——床身;5——横梁;6——工作台

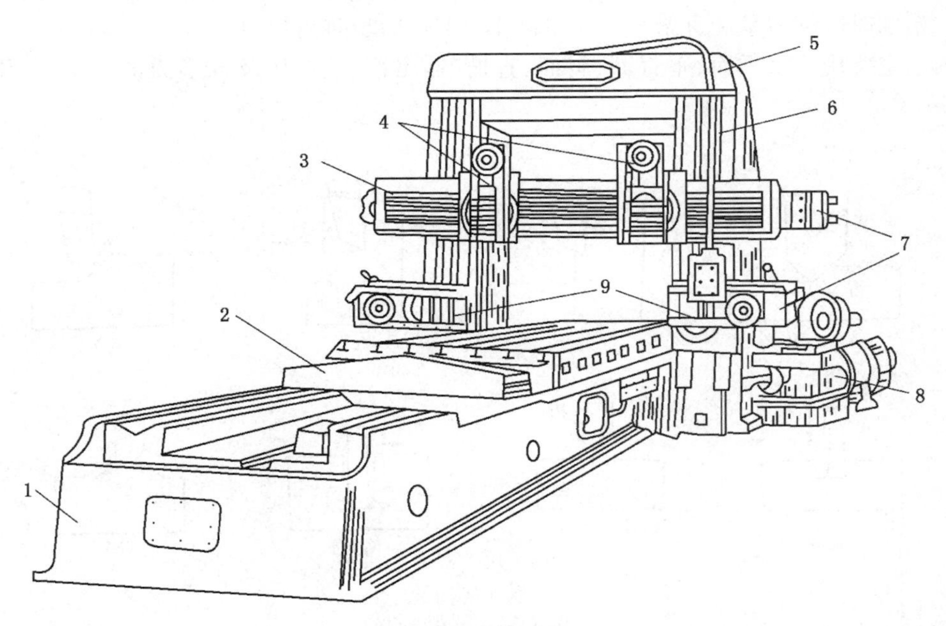

图 7-35　龙门刨床

1——床身;2——工作台;3——横梁;4——垂直刀架;5——顶梁;

6——立柱;7——进给箱;8——减速箱;9——侧刀架

龙门刨床主要用来加工大平面，尤其是长而窄的平面，也可用来加工沟槽或同时加工几个中、小型零件的平面。由于巨型工件装夹较费时，所以大型龙门刨床往往还有铣头和磨头等附件，以便使工件在一次安装中完成刨、铣及磨等工作。这种机床又称为龙门刨铣床或龙门刨铣磨床，其工作台既可做快速的主运动，又可做慢速的进给运动。

（三）刨削刀具与刨削工艺范围

刨刀切削部分的形状与结构和车刀相似，根据工件的成形需要有各种各样的刨刀。由于刨削时产生较大的冲击力，故刨刀刀杆截面尺寸比车刀要大。刨刀刀杆一般做成弯头状，如图 7-36 所示。当切削力突然增大时，刀杆绕 O 点产生弯曲变形，使刀尖离开工件，避免损坏刀刃或切削刃扎入已加工表面影响加工质量。如果工件加工余量相近，材料的硬度均匀，刀杆刚度好，也可采用直杆刨刀进行加工。

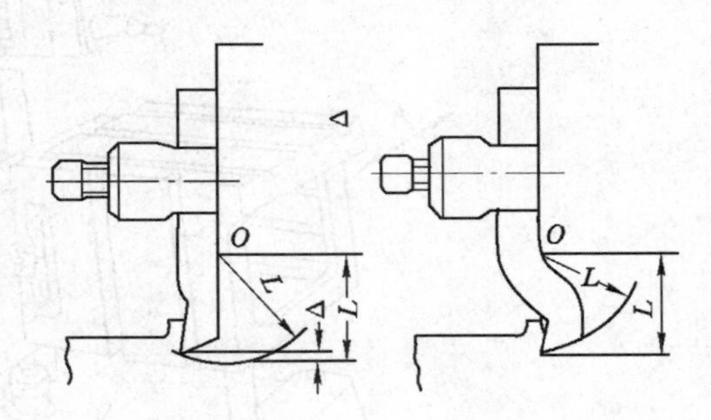

图 7-36 刨刀刀杆形状

刨刀的几何参数与车刀基本相同。因刨削时容易产生冲击，为提高刨刀的强度，所以刨刀的前角一般比车刀小。为使刨削平稳，刨刀的刃倾角应选取较大的负值。

刨削的加工方法和刨床、刀具的调整都比较简单。在牛头刨床上刨削时，小型工件可夹在虎钳内，较大的工件是直接用压板、螺钉等固定在工作台上。在龙门刨床上刨削，大都采用螺钉和压板将工件直接夹在工作台上。当工件表面质量要求较高时，先粗刨，然后再进行精刨。精刨时的吃刀量和进给量应比粗刨小，切削速度可略高一些。

刨削主要用于水平面、垂直面、斜面、直槽、燕尾槽、T 形槽及成形面的加工，如图 7-37 所示。

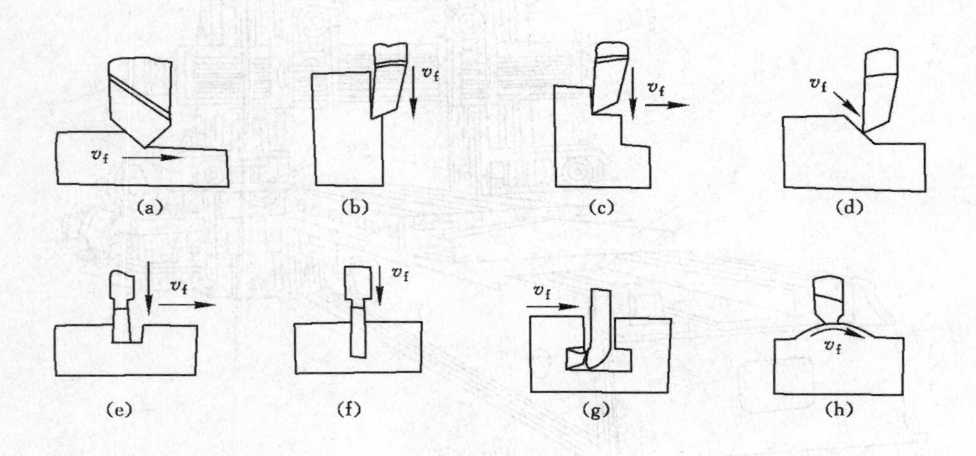

图 7-37 刨削加工

(a) 刨平面；(b) 刨垂直面；(c) 刨台阶面；(d) 刨斜面；
(e) 刨直槽；(f) 切断；(g) 刨 T 形槽；(h) 刨成形面

在牛头刨床上刨削时，滑枕处于悬臂状态，悬臂越长则刚性越差，再加上冲击引起的振动，使刨削精度降低。牛头刨床刨削的经济精度为IT11～IT10，表面粗糙度 Ra 值为 3.2～1.6 μm，只能满足一般使用要求。龙门刨床上刨削加工则不存在上述不利因素。

刨削的主运动为往复直线运动，受惯性限制，很难提高主运动的速度，再加上空行程时不切削，所以刨削生产效率较低，一般只适用于单件小批量生产及修配。

（四）刨削用量

（1）刨削速度：机械传动牛头刨床主运动的速度参数是用滑枕频率（每分钟往复次数）来表示的，在同一档频率下，滑枕行程不同时切削速度也不同。所以刨削速度常用平均速度来表示，其值可按下式计算：

$$v_c = \frac{2Ln}{1\,000}\ (\text{m/mim})$$

式中　L——刨刀的行程长度，mm；

n——滑枕每分钟往复次数，min^{-1}。

（2）进给量 f：刨刀每往返一次，工件横向移动的距离，如图 7-38 所示。

（3）背吃刀量（刨削深度 a_p）：已加工表面与待加工表面之间的垂直距离，如图 7-38 所示。

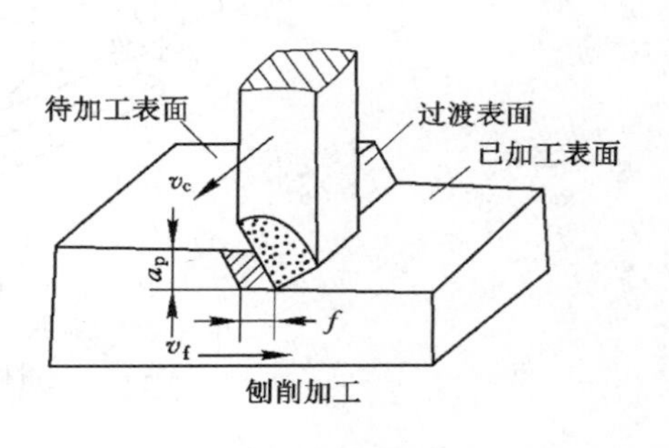

图 7-38　刨削切削用量示意图

（五）刨削加工的特点

（1）刨削的通用性好，生产准备容易。

（2）刨床结构简单，操作方便，有时一人可操作几台刨床。

（3）刨刀与车刀基本相同，制造和刃磨简单。

（4）刨削的生产成本较低，尤其对窄而长的工件或大型工件的毛坯或半成品可采用多刀、多件加工，有较高的经济效益。

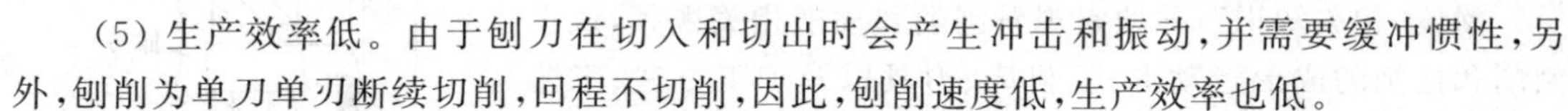

（5）生产效率低。由于刨刀在切入和切出时会产生冲击和振动，并需要缓冲惯性，另外，刨削为单刀单刃断续切削，回程不切削，因此，刨削速度低，生产效率也低。

（6）加工质量不高。刨削加工工件的尺寸精度一般为IT10～IT8，表面粗糙度值 Ra 一般为 6.3～1.6 μm，直线度一般为 0.04～0.12 mm/m。因此刨削加工一般用于毛坯、半成品、质量要求不高及形状较简单零件的加工。

二、插削

插削是指用插刀在插床上进行切削加工的方法。插床外形如图 7-39 所示。工作时，滑枕可沿滑枕导轨座上的导轨做上下往复运动，使刀具实现主运动，向下为工作行程，向上为空行程。滑枕导轨座可以绕销轴在小范围内调整角度，以便加工倾斜的内外表面。床鞍和溜板可分别做横向及纵向进给，圆工作台可绕其垂直轴线回转，完成圆周进给或分度。床鞍和溜板可分别带动工作台做纵向和横向进给。上述各方向的进给运动均在滑枕空行程结束后短时间内进行。

插削运动如图 7-40 所示：插刀的垂直往复直线运动为主运动，工作台带动工件做直线或圆周进给运动。

插削主要加工工件的内表面，如内孔键槽及多边形孔等，有时也用于加工成形内外表

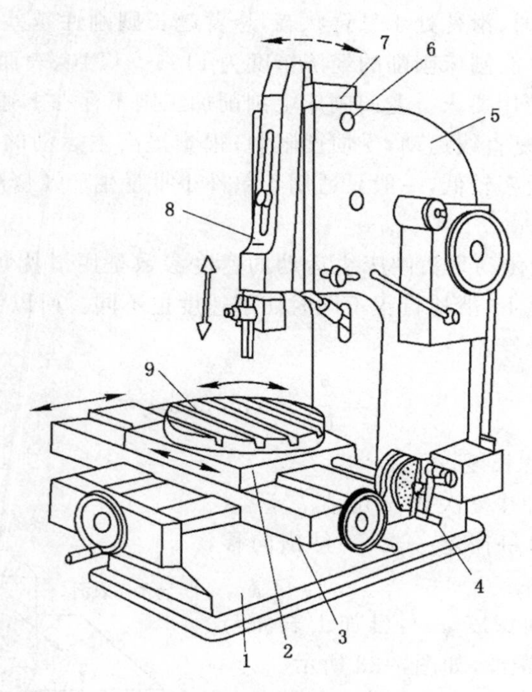

图 7-39 插床

1——床身；2——溜板；3——床鞍；4——分度装置；5——立柱；6——销轴；7——滑枕导轨座；8——滑枕；9——圆工作台

面。插床的生产效率较低，通常只用于单件、小批量生产。

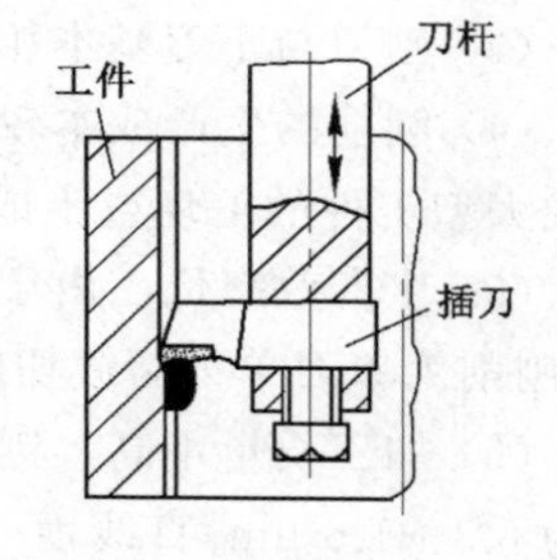

图 7-40 插削运动示意图

任务实施

阅读“相关知识”，并搜索观看刨削和插削相关视频，认识刨削和插削的成形运动形式、机床、刀具以及加工方法、工艺范围；有条件的话，参观刨削和插削加工现场，感性认识切削成形的过程。

练习与思考

(1) 简述牛头刨床的组成及机床运动。

(2) 分析刨削加工有哪些特点。

(3) 简述刨削与插削的区别。

任务七 磨 削

知识要点

(1) 磨削机床和砂轮。

(2) 磨削运动和加工方法。

(3) 磨削的特点和工艺范围。

技能目标

能分析和选择磨削加工方法。

任务导入

前面介绍的普通车削、铣削、镗削、刨削等加工都很难实现微量切削，且不能切削硬质材料，而磨削是采用砂轮对工件进行切削、刻划、滑擦等综合作用的微量切削，可以实现对工件的半精加工和精加工，以及对硬质材料的加工。

任务分析

认识磨削，主要是认识磨削机床、砂轮和磨削运动、磨削方法及工艺范围。砂轮部分常识性的知识多，需要查阅一些资料；而磨床及运动、工艺范围，需要视频资料或现场学习。

相关知识

一、磨削的定义

磨削是利用砂轮对工件进行微量切削加工的方法。

二、磨削机床

磨床是指用磨具或磨料对工件表面进行精密切削加工的机床。磨床的种类很多，目前生产中应用较多的有外圆磨床、内圆磨床、平面磨床和工具磨床等。

1. 外圆磨床

外圆磨床可完成外圆柱面、外圆锥面、台阶面、端面的磨削。此外，还可以使砂轮架和头架分别转过一定的角度，利用内圆磨具磨削内圆柱、内圆锥面等。图 7-41 所示为万能外圆磨床外形图，它由床身、头架、工作台、砂轮架、内圆磨具、尾架、横向进给装置、液压传动装置和冷却装置等组成。床身用来安装各种部件，其内部安装有液压传动装置和其他装置。床身上有两条相互垂直的导轨，纵向导轨安装工作台，横向导轨安装砂轮架。砂轮装在砂轮架的主轴上，由电动机通过带传动带动旋转，一般只有一级转速。砂轮架的横向移动既可用横向进给手轮调整，也可用液压传动自动地周期进给，快速引进与快速退出。在工作台面上装有头架和尾架。被加工工件支承在头架和尾架的顶尖上，或夹持在头架主轴上的卡盘中，头架内的变速机构可使工件获得不同的转速。尾架在工作台上可前后调整位置，以适应装夹不同长度工件的需要。液压系统驱动工作台沿床身导轨做直线往复运动，使工件实现纵向进给运动。工作台由上下两部分组成。上工作台可绕下工作台的心轴在水平面内偏转一定角度(顺时针方向为 3°，逆时针方向为 6°)，以便磨削锥度较小的长圆锥面。为便于装卸工件和进行测量，砂轮架可做定距离的横向快速进退。装在砂轮架上的内磨装置装有内圆磨削砂轮，由电动机经带轮直接传动。砂轮架和头架都可绕垂直轴线回转一定角度，以磨削锥度较大的短圆锥面。回转角的大小可从刻度盘上读出。

磨床工作台的纵向往复运动，是由机床的液压传动装置来实现的。液压传动具有较大

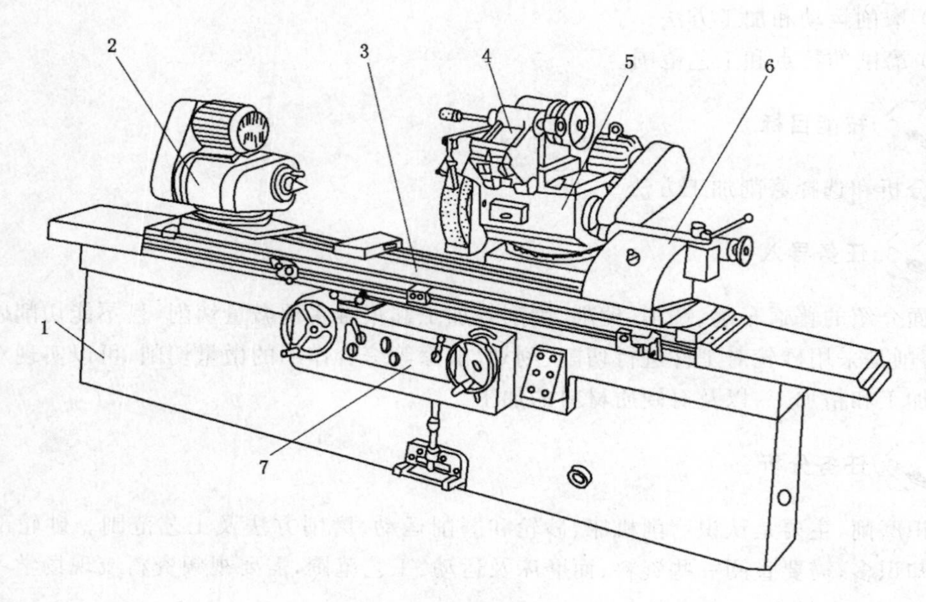

图 7-41 万能外圆磨床

1——床身;2——工件头架;3——工作台;4——内磨装置;5——砂轮架;6——尾架;7——控制箱

范围的无级调速、机床运转平稳、无冲击振动、操作简单方便等优点。

2. 平面磨床

根据砂轮磨削方式的不同,平面磨床分为用砂轮圆周面进行磨削及用砂轮端面进行磨削两类。根据工作台形状不同,平面磨床又可分为矩形工作台和圆形工作台两类。普通平面磨床的主要类型有卧轴矩台式、卧轴圆台式、立轴矩台式和立轴圆台式等。常用的卧轴矩台平面磨床如图 7-42 所示,它由床身、工作台、砂轮架、立柱、液压传动系统等部件组成。在磨削时,工件安装在工作台上,工作台装在床身水平纵向导轨上,由液压传动系统驱动做纵向往复直线运动,也可用手轮调整工作台的运动。工作台上装有电磁吸盘或其他夹具以装夹工件。砂轮架沿滑座的燕尾导轨做横向间歇进给运动,滑座和砂轮架一起可沿立柱的导轨做垂直间歇切入进给运动。

三、磨削刀具——砂轮

砂轮是磨削的切削刀具,它是由磨料和结合剂焙烧而成的多孔体。砂轮的特性取决于磨料、粒度、结合剂、硬度、组织、形状尺寸及制造工艺。砂轮对磨削加工的精度、表面粗糙度和生产率有着重要影响。

与其他切削刀具相比较,砂轮有一种特殊性能——自锐性(又叫自砺性),它是指被磨钝了的磨料颗粒在切削力的作用下自行从砂轮上脱落或自行破碎,从而露出新的锐利刃口的性能。砂轮因为具有自锐性,才能保证在磨削过程中始终锐利,才能保证磨削的生产效率和质量。

1. 磨料

磨料是砂轮中直接担负着切削工作的材料,是砂轮上的“刀头”。因此,磨料必须锋利,并具有高的硬度及良好的耐热性能和一定的韧性。磨料主要分为两大类:刚玉类和碳化物类,见表 7-3。

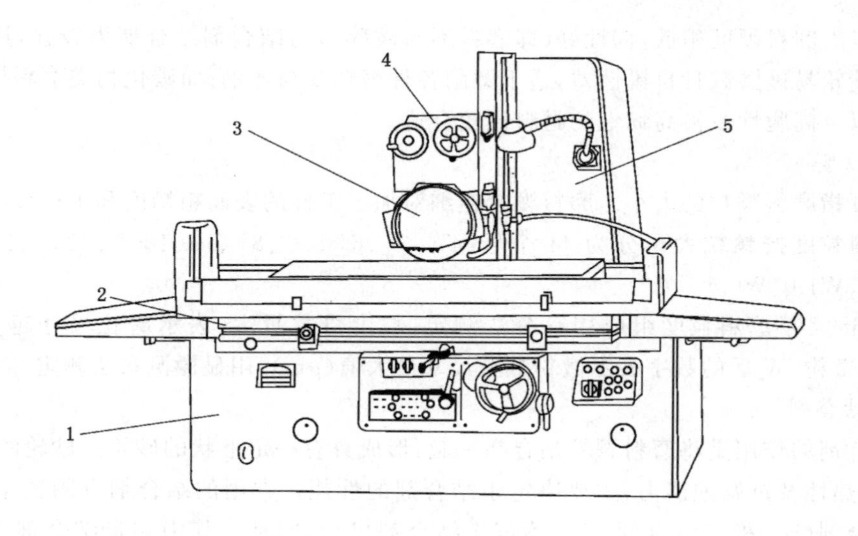

图 7-42　卧轴矩台式平面磨床

1——床身；2——工作台；3——砂轮架；4——滑座；5——立柱

表 7-3　　常用磨料及适用范围

系列	磨料名称	代号	特　性	适　用　范　围
刚玉	棕刚玉	A	棕褐色。硬度高，韧性大，价廉	碳素钢、合金钢、可锻铸铁、硬青铜
	白刚玉	WA	白色。硬度比棕刚玉高，韧性比棕刚玉低	淬火钢、高速钢、高碳钢、薄壁零件
	单晶刚玉	SA	浅黄色或白色。硬度和韧性比白刚玉高	不锈钢、高钒钢、高速钢等强度高、韧性大的材料
	微晶刚玉	MA	棕褐色。强度高，硬度低，韧性大，自锐性好	不锈钢、轴承钢和特种球墨铸铁，也可用于高速和低粗糙度磨削
	铬刚玉	PA	玫瑰红或紫红色。韧性比白刚玉好，硬度低	同白刚玉
	锆刚玉	ZA	黑褐色。硬度最低，但强度高	耐热合金钢、钛合金和奥氏体不锈钢
	镨钕刚玉	NA	淡白色。在刚玉中硬度最高，韧性高于白刚玉，自锐性好	球墨铸铁、高磷和铜锰铸铁以及不锈钢、超硬高速钢
碳化物	黑碳化硅	C	黑色，有光泽。在碳化物中硬度最低，性脆而锋利，导热性和导电性良好	铸铁、黄铜、铝、耐火材料及非金属材料
	绿碳化硅	GC	绿色。硬度和脆性比黑碳化硅高，导热性和导电性良好	硬质合金、宝石、陶瓷、玉石、玻璃
	立方碳化硅	SC	淡绿色。强度比黑碳化硅高，磨削能力较强	韧而黏的材料，如不锈钢等；轴承沟道或对轴承进行超精度加工
	碳化硼	BC	灰黑色。硬度比黑、绿碳化硅高，耐磨性好	研磨或抛光硬质合金、拉丝模、人造宝石、玉石和陶瓷等

刚玉类磨料硬度稍低，韧性好(即磨料不易破碎)，与结合剂结合能力较强，用刚玉磨料制成的砂轮易被磨钝且自锐性差，适于磨削各种钢料及高速钢；而碳化物类磨料用来磨削特硬材料以及高脆性或极高韧性的材料比较合适。

2. 粒度

粒度指磨料颗粒的大小。磨料颗粒粗细对加工工件的表面粗糙度和生产效率有重要影响。磨料粒度按颗粒大小分为 41 个号：4#、5#、6#、7#、8#、…、180#、220#、240#、W63、W50、…、W1.0、W0.5。

4# 至 240# 磨料粒度组成用筛分法测定，粒度号数越大，表示磨粒尺寸越小；W63 至 W0.5 叫微粉，W 后的数字表示微粉颗粒尺寸最大值(μm)，用显微测量法测定。

3. 结合剂

结合剂的作用是将磨料颗粒粘合在一起，形成具有一定形状的砂轮。砂轮的强度、抗冲击性、耐热性及抗腐蚀能力，主要决定于结合剂的性能。常用的结合剂有陶瓷结合剂(V)、树脂结合剂(B)、橡胶结合剂(R)、菱苦土结合剂(Mg)四种。其中陶瓷结合剂具有很多优点，如耐热、耐水、耐油、耐普通酸碱等，故应用较多。其主要缺点是较脆，经不起冲击等。

4. 硬度

砂轮的硬度是指在外力作用下砂轮表面磨粒脱落的难易程度。磨粒不易脱落，表明砂轮的硬度高；反之，硬度就低。砂轮硬度对磨削性能影响很大，硬度太低，磨粒尚未变钝便脱落，使砂轮形状难于保持且损耗很快；硬度太高，磨粒钝化后不易脱落，砂轮的自锐性减弱，易产生大量的磨削热，造成工件烧伤或变形。在实际生产中，一般情况下是磨削硬材料的选用较软的砂轮，磨削软材料时选用较硬的砂轮。但在磨削有色金属和导热性差的工件时，为防止磨屑堵塞砂轮或烧伤工件，应选用较软的砂轮。在精磨和成形磨时，应选用较硬的砂轮。

国家标准将砂轮硬度分为超软、软、中软、中、中硬、硬、超硬等七大级，每一大级又细分为几个小级，各有相应代号表示。

5. 组织

砂轮的组织是指磨粒、结合剂、气孔三者间的体积关系。砂轮的组织号以磨粒在砂轮中占有的体积百分数(即磨粒率)表示。砂轮组织疏松，则容屑空间大，空气及冷却润滑液容易进入磨削区，能改善切削条件。但组织疏松会使磨削粗糙度提高，砂轮外形也不易保持，所以必须根据具体情况选择相应的组织。砂轮的组织号及用途见表 7-4。

表 7-4　砂轮组织号及用途

类别	紧密的				中等的					疏松的					
组织号	0	1	2	3	4	5	6	7	8	9	10	11	12	13	14
磨粒率/%	62	60	58	56	54	52	50	48	46	44	42	40	38	36	34
用途	成形磨削和精密磨削，可以保持砂轮的成形性，获得较小的表面粗糙度				磨削淬火钢工件，刀具的刃磨等					磨削韧性大而硬度不高的工件					

6. *形状尺寸*

砂轮的形状尺寸主要由磨床型号和工件形状决定。按照国家标准，国产砂轮分为平行系列、筒形系列、杯形系列、碟形系列以及专用系列等。图 7-43(a)所示为最常用的平行系列中通用平形砂轮(P)，可磨内外圆、平面及刃磨刀具。图 7-43(b)所示为碟形系列中的碟形三号砂轮(D_3)，可装在双砂轮磨齿机上磨削齿轮。

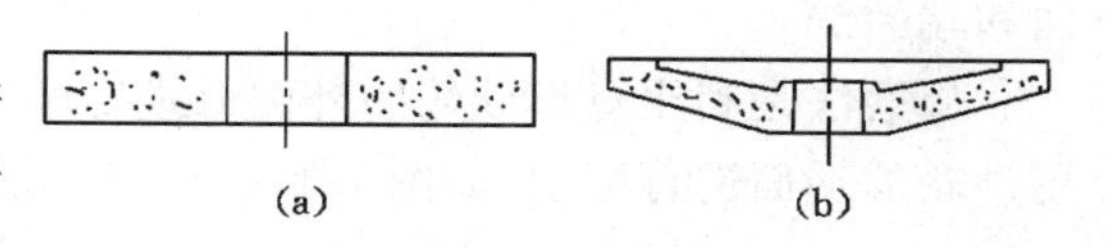

图 7-43　砂轮形状

(a) 平行砂轮；(b) 碟形三号砂轮

7. *砂轮代号*

砂轮代号按形状、尺寸、磨料、粒度、组织、结合剂、线速度的顺序排列，并印在砂轮端面上。例如，PSA400×50×127A60L5B35 表示双面凹砂轮，外径×厚度×孔径＝400 mm×50 mm×127 mm，棕刚玉，60# 粒度，硬度中软 2 级，组织号是 5，树脂结合剂，最高线速度 35 m/s。

四、磨削运动及磨削方法

(1) 外、内圆磨削的主运动为砂轮的旋转；进给运动为工件的圆周进给运动、工件或砂轮的纵向进给运动和砂轮的横向吃刀运动。根据进给运动方式不同，分为纵磨法和横磨法。

① 纵磨法：磨削内外回转面时，工件做圆周进给运动的同时，工件或砂轮沿工件的轴向做纵向进给运动，每单行成或往复行成终了，砂轮做横向吃刀运动，如图 7-44(a)、(b)所示。

② 横磨法：磨削内外回转面时，当砂轮宽度大于磨削宽度时，只需工件做圆周进给运动，砂轮做横向的连续或断续的进给运动，如图 7-44(c)、(d)所示

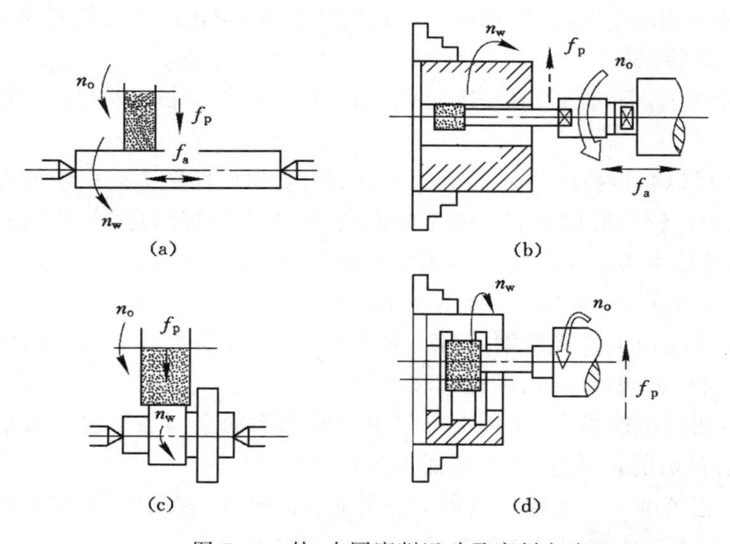

图 7-44　外、内圆磨削运动及磨削方法

(a) 纵磨法磨光滑外圆柱面；(b) 纵磨法磨光滑内圆柱面；

(c) 横磨法磨光滑外圆柱面；(d) 横磨法磨光滑内圆柱面

(2) 平面磨削的进给运动为工件的纵向(往复)进给运动或工件的圆周进给运动、砂轮或工件的横向进给运动和砂轮的垂直吃刀运动。根据砂轮及其工作表面的不同，分为周磨

法和端磨法。

周磨法是利用盘形砂轮的外圆面进行磨削，如图 7-45(a)、(b)所示；而端磨法则是利用碗砂轮的端面进行磨削，如图 7-45(c)、(d)所示。

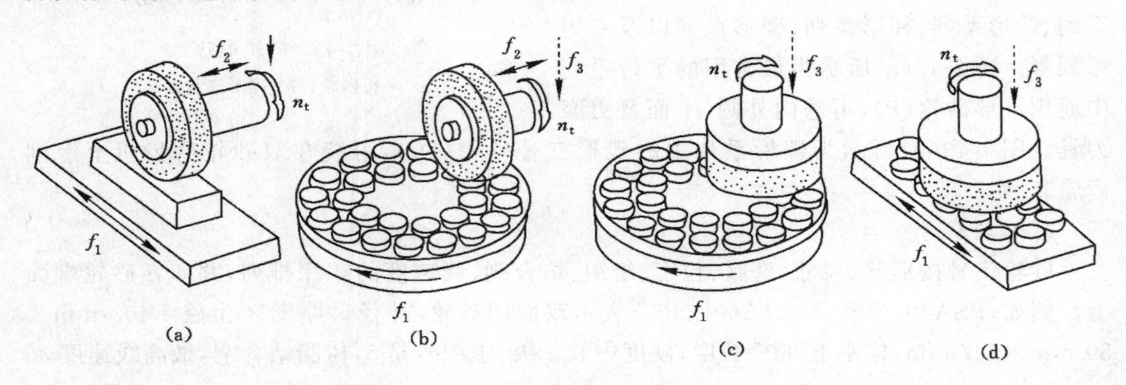

图 7-45 平面磨削运动及磨削方法

(a) 矩台周磨平面；(b) 圆台周磨平面；(c) 圆台端磨平面；(d) 矩台端磨平面

五、磨削热

磨削热是在磨削过程中，由于被磨削材料层的变形、分离及砂轮与被加工材料间的摩擦而产生的热。磨削热较大，热量传入砂轮、磨屑、工件或被切削液带走。然而砂轮是热的不良导体，因此几乎 80%的热量传入工件和磨屑，并使磨屑燃烧。磨削区域的高温会引起工件的热变形，从而影响加工精度，严重的会产生工件表面灼伤、裂纹等缺陷，因此磨削时应特别注意对工件的冷却和减小磨削热，以减小工件的热变形，防止产生工件表面灼伤和裂纹。

六、磨削加工的特点

磨削也是一种切削，但切削刀具是砂轮，磨削过程是切削、刻划和滑擦三种作用的综合。其加工特点是：

(1) 磨削加工可以获得较高的加工精度和很小的表面粗糙度值。由于砂轮可以实现微量切削，以及磨床相比较一般切削加工机床精度高、刚度和稳定性好，并且具有微量进给的机构，所以一般磨削精度可达 IT7～IT6，表面粗糙度 Ra 值可达 0.2～0.8 μm，当采用小粗糙度磨削时，表面粗糙度 Ra 值可达 0.008～0.1 μm。

(2) 磨削不但可以加工如碳素钢、铸铁、合金钢等，而且还可以加工淬火钢及其他刀具不能加工的硬质材料，如硬质合金、陶瓷和玻璃等。

(3) 磨削时的切削深度很小，在一次行程中所能切除的金属层很薄。所以磨削不适合加工余量比较大的粗切削，一般用于半精加工和精加工。

(4) 磨削的工艺范围广。磨削可以加工外圆面、孔、平面、成形面、螺纹和齿轮齿面等各种各样的表面，还常用于各种刀具的刃磨。

任务实施

(1) 阅读“相关知识”，并现场探究磨床组成、结构及运动，尤其是其高精度和低粗糙度的加工特性。

(2) 阅读“相关知识”，并查阅有关国家标准，积累砂轮的组成结构及性能参数常识知识。

(3) 阅读“相关知识”,结合视频资料或现场学习,分析掌握磨削的方法及特点,了解磨削的工艺范围。

练习与思考

(1) 砂轮中磨料的作用是什么? 作为磨料的材料有什么性能要求? 目前主要的磨料有哪几类? 各有什么特点?

(2) 解释砂轮的硬度、粒度和组织的含义。

(3) 分别说明纵磨法、横磨法、周磨法和端磨法的特征。

(4) 分析说明磨削热的来源和对磨削加工的影响。

(5) 简述磨削加工的特点。

任务八　切削技术的发展

知识要点

(1) 高速切削理论与关键技术。

(2) 精密切削技术。

(3) 绿色切削技术的理念与应用。

技能目标

增强对切削技术发展的关注意识。

任务导入

前面学习的都是传统的切削加工方法,是在普通机床上用传统的刀具进行切削成形。而目前数控机床基本普及,其在运动合成、位置控制、刀具系统方面都达到了复杂(五轴联动)、高精度和高性能的程度,而且随着航空航天、仪器仪表、军工等行业的不断发展,新的加工需求的不断提出,切削技术也就理所当然要不断地发展,我们就要时刻关注和学习不断出现的新技术。

任务分析

了解切削技术发展的学习任务,重要的是开阔眼界,拓展思路,培养创新思维、钻研精神、专业兴趣。本任务只是抛砖引玉,大量的先进的切削技术还需要我们课外去不断学习。

相关知识

一、高速切削技术

(一) 高速切削理论

高速切削理论是 1931 年德国物理学家 Carl J. Salamon 提出的。他指出,在常规切削速度范围内，切削温度随切削速度的提高而升高，但当切削速度达到一定值时，切削温度会随切削速度的提高而降低，且该临界切削速度与工件材料有关。在该临界值的一段范围内，由于切削温度过高，一般刀具材料无法承受，如果能够越过这个范围，就可能应用常规的刀具进行高速切削，这就是高速切削的基本思想。如图 7-46 所示，A 区为常规切削速度的范围，在此范围内，切削温度随着切削速度的增大而提高；B 区为不能切削的速度范围；C 区为高速区，在该速度范围，有可能用现有的刀具进行切削。

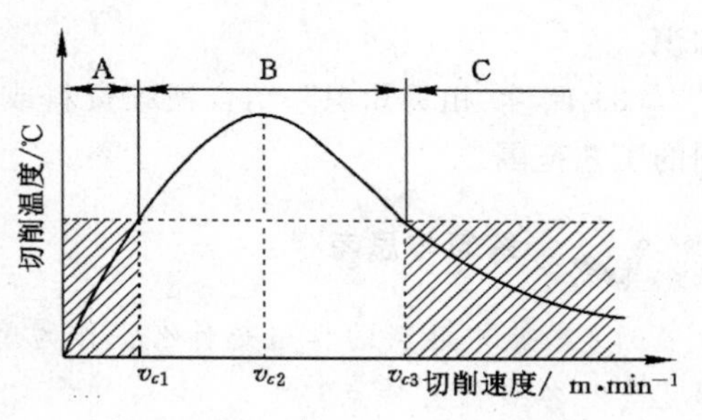

图 7-46　切削速度与切削温度的关系（Salamon 曲线）

（二）高速切削加工技术的指标

高速切削加工技术的切削速度不仅是一个技术指标，而且是一个经济指标。它不仅仅是一个技术上可实现的切削速度，而且必须是一个可由此获得较大经济效益的高切削速度。没有经济效益的高切削速度是没有实际意义的。目前定位的经济效益指标是：在保证加工精度和加工质量的前提下，将通常切削速度加工的加工时间减少 90%，同时将加工费用降低 50%，以此来衡量高切削速度的合理性。所以，高速切削速度没有严格的界定，一般认为是常规切削速度的 5～10 倍甚至更高。表 7-5 和表 7-6 是不同材料及不同切削方法对应的参考高速切削速度。

表 7-5　不同工件材料对应的高速切削速度范围

工件材料	高速切削速度/m·min^{-1}
灰铸铁	800～3 000
钢	500～2 000
铝合金	1 000～7 000
铜合金	900～5 000
钛合金	100～1 000

表 7-6　不同切削方法对应的高速切削线速度范围

切削方法	高速切削速度/m·min^{-1}
车削	700～7 000
铣削	300～6 000
钻削	200～1 100
磨削	5 000～10 000

（三）高速切削的特点

1. 生产效率高

随着切削速度的大幅度提高，进给速度相应提高 5～10 倍。由于主轴转速和进给的高速化，加速时间少了 50%，大大简化了机床的结构。

2. 加工精度高

由于切削力可减少30%以上，工件的加工变形减小，切削热还来不及传给工件，因而基本保持冷态，热变形小，有利于加工精度的提高。

3. 能获得较好的表面完整性

在保证生产率的同时，可采用较小的进给量，减小加工表面的粗糙度值。

4. 加工能耗低，节省制造资源

高速切削时，单位功率的金属切除率显著增大，能耗低，工件在制时间短，从而提高了能源和设备的利用率。

（四）高速切削关键技术的发展

1. 高速主轴系统

高速主轴系统是高速切削技术最重要的关键技术之一。目前主轴转速在15 000～30 000 r/min的加工中心越来越普及，已经有转速高达100 000～150 000 r/min的加工中心。

高速主轴转速极高，目前在结构上几乎全部是交流伺服电动机直接驱动的内装电动机集成化结构，即电主轴，减少了传动部件，具有更高的可靠性。

轴承是决定主轴寿命和负荷容量的关键部件，为了适应高速主轴的需要，设计上采用了先进的主轴轴承、润滑和散热等新技术。目前高速主轴轴承主要采用陶瓷轴承、磁悬浮轴承、空气轴承和液体动、静压轴承等，润滑一般采用油、空气润滑或喷油润滑。

2. 快速进给系统

高速切削时，随着主轴转速的提高，进给速度也必须大幅度地提高。目前切削进给速度一般为30～60 m/min，最高达120 m/min。高速切削机床开始采用全数字交流伺服电动机和控制技术，结构上一般采用新型直线滚动导轨和小螺距大尺寸高质量滚珠丝杠或直线电动机。

3. 高速切削的刀具系统

高速切削要求刀具材料具有高可靠性、良好的高温力学性能和耐热性，还要适应难加工材料和新型材料的加工需要。目前已发展的高速切削刀具材料主要有金刚石、立方氮化硼、陶瓷、碳化钛基硬质合金（金属陶瓷）刀具和涂层刀具和超细硬质合金刀具等。

另外，高速切削对刀具结构和夹固的可靠性要求很高。刀具高速回转引起的离心力作用，会造成刀体和刀片夹紧机构破坏。

二、精密切削技术

随着航空航天、仪表和微电子技术的发展，对零件的尺寸精度、几何特征精度和表面粗糙度的要求越来越高，精密切削加工技术得到了快速的发展，精密切削加工的尺寸精度已达到1 μm以内，表面粗糙度 Ra 为0.001～0.002。具有超高精度、高刚度的机床，精密级的刀具，稳定的切削加工条件是实现精密切削加工的先决条件。

日本丰田等公司联合研制的精密车床，主轴、工作台、导轨均采用陶瓷制造，以减轻重量、减少热变形，而床身则采用铁氧树脂混凝土制造，以提高抗振性和增加重量；将液压油温度控制在±0.1 ℃以内，用以冷却机床的内部机构。试验表明：工作台的运动精度在130 mm行程上最大误差为0.03 μm。

三、绿色切削技术

绿色切削是指在不牺牲产品的质量、成本、可靠性、功能和能量利用率的前提下，充分利用资源，尽量减轻切削过程对环境产生有害影响的程度，其内涵是指在切削过程中实现优质、低耗、高效和清洁化。

绿色切削技术有节约资源型、节省能源型和环保型等。节约资源型切削技术是旨在切削过程中简化工艺系统的组成，节省材料消耗的切削加工技术；节省能源型切削技术是旨在减磨、降耗和低能耗工艺的采用；环保型切削技术旨在通过一定的工艺手段减少或完全消除废液、废气、废渣、噪声等，提高工艺系统的运行效率。

如硬态车削技术，把淬硬钢的车削作为最终精加工工序的工艺方法，即以车代磨的工艺方法（淬硬钢通常是指淬火后具有马氏体组织、硬度和强很高、几乎无塑性的淬火钢）。

如干式切削技术是在切削或磨削过程中少用或不用切削液的新兴工艺技术，是适应清洁生产和降低成本的绿色切削技术。

任务实施

认真阅读“相关知识”的内容，并以“先进切削技术”或“高速切削”“精密加工（切削）”“绿色加工（切削）”为主题，个人搜集有关资料，整理成学习总结材料与同学交流讨论。

项目八　特种加工和数控加工

特种加工是近几十年发展起来的新工艺，指那些不属于传统加工工艺范畴的加工方法，它不同于使用刀具、磨具等直接利用机械能切除多余材料的传统加工方法，是对传统加工工艺方法的重要补充与发展，目前仍在继续研究开发和改进。20世纪40年代发明的电火花加工开创了用软工具、不靠机械力来加工硬工件的方法；50年代以后先后出现电子束加工、等离子弧加工和激光加工。这些加工方法对于高硬度材料和复杂形状、精密微细的特殊零件，有很大的适用性和发展潜力，在模具、量具、刀具、仪器仪表、飞机、航天器和微电子元器件等制造中得到越来越广泛的应用。

数控加工是指采用数字程序（或信号）控制机床运动和加工工艺过程的加工方法（或技术），自20世纪40年代开始发展，到现在已经广泛应用于切削加工和特种加工的各种机床。数控加工是目前解决零件品种多变、批量小、形状复杂、精度高等问题和实现高效化、自动化、智能化加工的有效方法。

任务一　电火花加工工艺

知识要点

（1）电火花加工的原理。

（2）电火花加工的分类。

（3）电火花加工的特点。

技能目标

了解各种电火花加工的工艺特点、原理及应用范围。

任务导入

电火花加工是与机械加工完全不同的一种新工艺。随着工业生产的发展和科学技术的进步，具有高熔点、高硬度、高强度、高脆性，高黏性和高纯度等性能的新材料不断出现。具有各种复杂结构与特殊工艺要求的工件越来越多，这就使得传统的机械加工方法不能加工或难于加工。因此，人们除了进一步发展和完善机械加工法之外，还努力寻求新的加工方法。电火花加工法能够适应生产发展的需要，并在应用中显示出很多优异性能，因此，得到了迅速发展和日益广泛的应用。

任务分析

学习电火花加工工艺，我们要知道什么是电火花加工，电火花加工的原理、加工规律、应用的范围及特点。

相关知识

一、电火花加工基本原理

电火花加工（EDM）又称放电加工，也有称之为电脉冲加工的，它是一种直接利用热能和电能进行加工的工艺。电火花加工与金属切削加工的原理完全不同，在加工过程中，工具和工件不接触，而是靠工具和工件之间的脉冲性火花放电，产生局部、瞬时的高温把金属材料逐步蚀除掉。由于放电过程可见到火花，所以称为电火花加工。

如图 8-1 所示，工件 1 和工具 4 分别与脉冲电源 2 的两输入端相连接。自动进给调节装置 3（此处为电动机及丝杠螺母机构）使工具和工件经常保持一个很小的放电间隙，当脉冲电压加到两极之间时，便在当时条件下相对某一间隙最小处或绝缘强度最低处击穿介质，在该局部产生火花放电，瞬时高温使工具和工件表面都蚀除掉一小部分金属，各自形成一个小凹坑，如图 8-2 所示。其中图 8-2(a)是单个脉冲放电后的电蚀坑，图 8-2(b)是多次脉冲放电后的电极表面。脉冲放电结束后，经过一段间隔时间，使工作液恢复绝缘后第二个脉冲电压又加到两极上，又会在当时极间距离相对最近处或绝缘强度最弱处击穿放电，又电蚀出一个小凹坑。这样以相当高的频率，连续不断地重复放电，工具电极不断地向工件进给，就可以将工具的形状反向复制在工件上，加工出所需要的零件。整个加工表面是由无数个小凹坑所组成的。

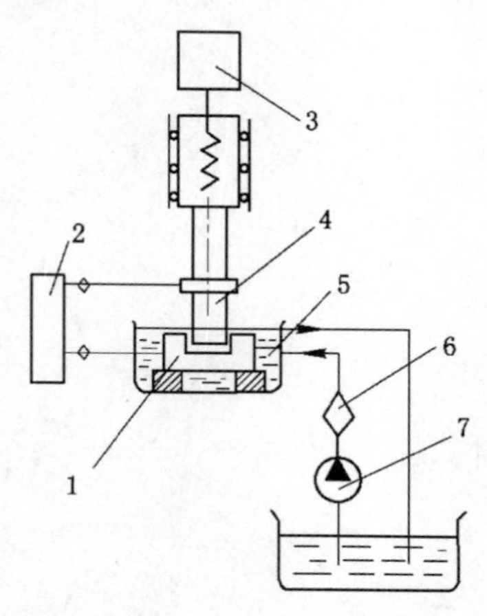

图 8-1　电火花加工原理示意图

1——工件；2——脉冲电源；3——自动进给调节装置；
4——工具；5——工作液；6——过滤器；7——工作液泵

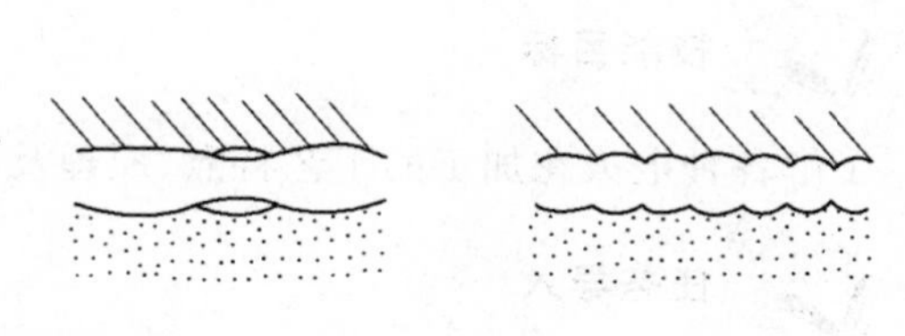

图 8-2　放电后的电极表面

(a) 单个脉冲；(b) 多个脉冲

二、电火花加工过程

每次电火花腐蚀的微观过程是由电力、磁力、流体动力等综合作用的过程。大致可分为四个阶段：极间介质的击穿形成放电通道；介质热分解、电极材料融化、气化热膨胀；蚀除产物抛出；间隙介质消电离。

1. 极间介质的击穿和放电通道的形成

电火花加工的基本原理决定了工作介质的击穿状态将直接影响电火花加工的规律性。电火花加工通常是在液体介质中进行的，属液体介质击穿的应用范围。电火花加工的工艺特性决定极间介质必定存在各种各样的杂质如气泡、蚀除颗粒等，且污染程度是随机的。用分光光度计观察电火花加工过程中放电现象显示，放电时产生氢气，氢气泡的电离导致了间隙介质的击穿。

初始电子（气泡初始电离产生）的存在和足够高的电场强度，是在液体介质中形成放电通道的必要条件。极间电压和极间距离直接影响极间电场强度，电压升高，击穿所需时间减少，通道电流密度的上升率增大，进而能量密度的上升率增大。极间距离既影响极间电场强度，又影响电子碰撞电离的效果。间距大，电子在极间运动的时间长，碰撞次数多，逐级电离效果增强，使击穿所需电场强度降低。但间距的增大却减小了极间外加电场强度。

2. 介质热分解、电极材料融化、气化热膨胀

放电通道是由数量大体相等的带正电粒子（正离子）和带负电粒子（电子）以及中性粒子（原子或分子）组成的等离子体。带电粒子高速运动时相互碰撞，产生大量的热，使通道温度相当高，但分布是不均匀的，从通道中心向边缘逐渐降低，通道中心温度可高达 10 000 ℃以上。通道高温首先把工作液介质气化，进而热烈分解气化。电极表面局部得到高能，就发生了融熔化、气化的相变过程，电极表面出现了微观相变区。

3. 蚀除产物的抛出

电火花加工过程中电极材料的抛出是在脉冲持续时间结束后的爆炸抛出，而不是在脉冲持续时间内连续抛出。等离子通道光谱分析表明，通道中不存在电极材料，而是氢气。因通道中的高温高压使电极表面的相变区也处于高温高压状态，通道崩溃后，相变区外部的高温高压消失，相变区内部的高温高压能量就要爆炸性释放，将相变区的材料喷爆抛入介质中。表面张力和内聚力的作用，使抛出的材料具有最小的表面积，冷凝时凝聚成细小的圆球颗粒。实际上，金属材料的蚀除、抛出过程远比上述的要复杂。总之，材料的抛出是热爆炸力、电动力、流体动力等综合作用的结果，对这一复杂的抛出机理的认识还在不断深化中。

4. 极间介质的消电离

两次脉冲放电之间，必须有一定间隔时间，使间隙介质消电离。即放电通道中的带电粒子复合为中性粒子，间隙中电蚀产物排除，介质温度降低，恢复本次放电通道处间隙介质的绝缘强度。否则，将总是重复在同一处发生放电而导致电弧放电，不能保证每次放电总是发生在两极最近处或电阻率最小处。

脉冲间隔时间的选择，不仅要考虑介质本身消电离所需的时间（与脉冲能量有关），还要考虑电蚀产物扩散、排出放电区域的难易程度（与脉冲爆炸力大小、放电间隙大小、抬刀及加工面积有关）以及放电通道中的热量传散。

三、电火花加工应具备的条件

（1）在脉冲放电点必须有足够大的能量密度，能使金属局部熔化和气化，并在放电爆炸力的作用下，把熔化的金属抛出来。为了使能量集中，放电过程通常在液体介质中进行。

（2）工具电极和工件被加工表面之间要经常保持一定的放电间隙。这一间隙随加工条件而定，通常为几微米至几百微米。如果间隙过大，极间电压不能击穿极间介质。因此，在

电火花加工过程中必须具有工具电极的自动进给和调节装置。

(3) 放电形式应该是脉冲的,放电时间要很短,一般为 $10^{-7}\sim10^{-3}$ s。这样才能使放电所产生的热量来不及传导扩散到其余部分,将每次放电点分布在很小的范围内,否则像持续电弧放电,产生大量热量,只是金属表面熔化、烧伤,只能用于焊接或切割。

(4) 必须把加工过程中所产生的电蚀产物(包括加工焦、焦油、气体之类的介质分解产物)和余热及时地从加工间隙中排除出去,保证加工能正常地持续进行。

(5) 在相邻两次脉冲放电的间隔时间内,电极间的介质必须能及时消除电离,避免在同一点上持续放电而形成集中的稳定电弧。

(6) 电火花放电加工必须在具有一定绝缘性能的液体介质中进行,例如煤油、皂化液或去离子水等。液体介质又称工作液,必须具有较高的绝缘强度,以利于产生脉冲性的放电火花。同时,工作液应能及时清除电火花加工过程中产生的金属小屑、炭黑等电蚀产物,并且对工具电极和工件表面有较好的冷却作用。

四、电火花加工的特点及分类

1. 电火花加工的特点

(1) 适用的材料范围广。可以加工任何硬、软、韧、脆、高熔点的材料。电火花加工是靠脉冲放电的热能去除材料的,材料的可加工性主要取决于材料的热学性能,如熔点、沸点、比热容、导热系数等,而几乎与其力学性能(硬度、强度等)无关,这样就能"以柔克刚",可以实现用软的工具加工硬韧的工件。

(2) 适于加工特殊及复杂形状的零件。由于加工中工具电极和工件不直接接触,没有机械加工的切削力,因此适宜加工低刚度工件及微细加工。由于可以简单地将工具电极的形状复制到工件上,因此特别适用于复杂几何形状工件的加工,如复杂型腔模具加工等。最小内凹圆角半径可达到电火花加工能得到的最小间隙(通常为 0.02～0.3 mm)。

(3) 脉冲参数可以在一个较大的范围调节,可以在同一台机床上连续进行粗、半精及精加工。精加工时精度一般为 0.01 mm,表面粗糙度为 Ra 为 0.63～1.25 μm;微细加工时精度可达 0.002～0.004 mm,表面粗糙度为 Ra 为 0.04～0.16 μm。

(4) 直接利用电能进行加工,便于实现自动化。

2. 电火花加工的局限性

(1) 主要用于金属材料等导电体的加工。

(2) 加工效率比较低。

(3) 加工精度受限制。

(4) 加工表面有变质层甚至微裂纹。

(5) 受最小角部半径的限制。

(6) 受外部加工条件的限制。

(7) 加工表面存在光泽问题。

3. 电火花加工工艺方法分类

按工具电极的形状、工具电极和工件相对运动的方式和用途的不同,大致可分为电火花穿孔成形加工、电火花线切割加工、电火花磨削和镗磨、电火花展成加工(同步共轭回转加工)、电火花表面强化与刻字。前四类属电火花成形、尺寸加工,是改变零件形状或尺寸的加工方法;最后一类属表面加工方法,用于改善或改变零件表面性质。

五、电火花加工的基本工艺规律

1. 影响放电蚀除量的主要因素

(1) 极性效应

单纯由于正、负极性不同而彼此电蚀量不一样的现象叫作极性效应。为了充分地利用极性效应,最大限度地降低工具电极的损耗,应合理选用工具电极的材料,根据电极对材料的物理性能、加工要求选用最佳的电参数,正确地选用极性,使工件的蚀除速度最高,工具损耗尽可能小。

(2) 电参数

电火花加工脉冲电源的可控参数有:脉宽、脉间、峰值电流、开路电压、脉冲的前沿上升率和后沿下降率。对蚀除量影响的综合作用规律可以用脉冲能量的大小和变化率来描述。

(3) 金属材料热学常数

热学常数是指熔点、沸点(气化点)、热导率(导热系数)、比热容、熔化潜热、气化潜热等。

2. 电火花加工的加工速度和工具的损耗速度

电火花加工时,工具和工件同时遭到不同程度的电蚀。单位时间内工件的蚀除量称之为加工速度,亦即生产率;单位时间内工具的蚀除量称之为损耗速度。

(1) 加工速度

提高单脉冲放电的相变量并及时将相变材料转移离开电极表面和加工区就是提高加工速度。

(2) 工具电极损耗速度

要降低工具电极的相对损耗,首先要根据电极对材料特性确定最佳脉宽,其次有效利用电火花加工过程中的各种效应,如极性效应、吸附效应、传热效应等。

3. 影响加工精度的主要因素

主要影响因素有放电间隙的大小及其一致性、工具电极的损耗及其稳定性和二次放电。

4. 电火花加工表面完整性

评定电火花加工表面完整性的主要参数是:表面粗糙度、表面变质层和表面力学性能(硬度、耐磨性、残余应力、耐疲劳性能)。

六、电火花加工工艺方法分类

表 8-1 列举了常见的电火花加工工艺方法。

表 8-1　电火花加工工艺方法分类

类别	工艺方法	特　点	用　途	备　注
1	穿孔成形加工	工具为成形电极,主要是一个进给运动	型腔加工、冲模、挤压模、异形孔	约占电机床总数的 30%
2	电火花线切割加工	工具为线状电极,两个进给运动	冲模、直纹面、窄缝、下料	占总数的 60%
3	内孔、外圆成形磨	工具与工件间有相对旋转运动,有径向、轴向进给运动	精密小孔、外圆小模数滚刀	占总数的 3%
4	同步共轭回转加工	均做旋转运动,且纵横进给	精密螺纹、异形齿轮、回转表面	占总数的 2%

续表 8-1

类别	工艺方法	特 点	用 途	备 注
5	高速小孔加工	细管电极旋转，穿孔速度极高	线切割预穿丝孔；深径比很大的小孔，如喷嘴等	占总数的1%
6	表面强化、刻字	工具在工件上振动，工具相对工件移动	工具刃口强化、刻字	占总数的2%～3%

七、电火花加工设备和工作液

1. 电火花加工机床

电火花加工工艺及机床设备的类型较多，按工艺过程中工具与工件相对运动的特点和用途不同可分为六大类：D7125、D7140等型电火花成形机床，D7003A型电火花高速小孔加工机床，DK7725型、DK7732型数控电火花切割机床，D6310型电火花小孔内圆磨床，JN-2型、JN-8型内外螺纹电火花加工机床，D9105型电火花强化机。

2. 脉冲电源

脉冲电源又称脉冲发生器，其作用是把220 V或380 V的50 Hz工频交流电转换成一定形式的单向脉冲电流，供给电极放电间隙产生火花所需要的能量来蚀除金属。脉冲电源对电火花加工的生产率、表面完整性、加工精度和工具电极损耗等技术经济指标有很大的影响。

3. 自动进给调节系统

自动进给调节系统的作用是维持某一稳定的放电间隙，保证电火花加工正常稳定地进行，获得较好的加工效果。

4. 工作液及其循环过滤系统

(1) 工作液的作用

电火花加工中，工作液的作用有：压缩放电通道，提高放电的能量密度，提高蚀除效果；加速极间介质的冷却和消离过程，防止电弧放电；加剧放电时的流体动力过程，以利于蚀除金属的抛出；通过工作液的流动，加速蚀除金属的排出，以保持放电工作稳定；改变工件表面层的理化性质；减少工具电极损耗，加强电极覆盖效应。

(2) 工作液循环过滤系统

工作液循环过滤系统包括工作液(煤油)箱、电动机、泵、过滤装置、工作液槽、油杯、管道、阀门、引射器以及测量仪表等。

为了不使工作液越用越脏，影响加工性能，必须加以净化、过滤。其具体方法有自然沉淀法、介质过滤法、高压静电过滤法、离心过滤法等。

目前生产上应用的循环系统形式很多。常用的工作液循环过滤系统应可以充油，也可以抽油。目前国内已有多家专业工厂生产工作液过滤循环装置。

任务实施

(1) 搜集相关的文字、图片及视频资料，进一步拓展对电火花加工工艺的理论知识理解。

(2) 如条件允许，可以组织学生到相关企业对电火花加工工艺进行认识实习，以提升其对理论知识的理解和实践技能。

练习与思考

(1) 简述电火花加工的定义以及电火花加工的物理本质。

(2) 电火花加工的过程大致可分为哪四个阶段?

(3) 简述电火花加工的特点及分类。

(4) 简述电火花加工的基本工艺规律。

任务二　超声波加工工艺

知识要点

(1) 超声波加工的原理。

(2) 超声波加工的应用。

(3) 超声波加工的特点。

技能目标

了解超声波加工的工艺特点、原理及应用范围。

任务导入

电火花加工和电化学加工一般只能加工导电材料,不能加工不导电的非金属材料。而超声波加工弥补了电火花加工的电化学加工的不足,不仅能加工硬脆金属材料,而且更适合于加工不导电的硬脆非金属材料,如玻璃、陶瓷、半导体锗和硅片等。同时超声波还可用于清洗、焊接和探伤等。

任务分析

超声波加工的实质是磨料的机械冲击与超声波冲击及空化作用的综合结果,本任务主要讲解超声波加工的相关知识。

相关知识

超声波加工是特种加工的一种,是利用超声波振动的工具在有磨料的液体介质中或干磨料中,产生磨料的冲击、抛磨、液压冲击及由此产生的气蚀作用来去除材料,以及利用超声振动使工件相互结合的加工方法。

一、超声波的定义与特性

1. 超声波的定义

声波是人耳能感受的一种纵波,它的频率在 20～16 000 Hz,范围内。当频率超过16 000 Hz 超出一般人耳听觉范围,就称为超声波。人耳听不到的频率低于 20 Hz,称为次声波。

超声波的上限频率范围主要是取决于发生器,实际用的最高频率的界限,是在 5 000

MHz 的范围以内。在不同介质中的波长范围非常广阔，例如在固体介质中传播，频率为 25 kHz 的波长约为 200 mm，而频率为 500 MHz 的波长约为 0.008 mm。

超声波和声波一样，可以在气体、液体和固体介质中传播。由于超声波频率高、波长短、能量大，所以传播时反射、折射、共振以及损耗等现象更显著。在不同的介质中，超声波传播的速度 c 亦不同，例如 $c_{空气}=331\ m/s$；$c_{水}=1\ 430\ m/s$；$c_{铁}=5\ 850\ m/s$。速度 c 与波长 λ 和频率 f 之间的关系可用下式表示：

$$\lambda=\frac{c}{f}$$

2. 超声波的特性

超声波和声波一样，可以在气体、液体和固体介质中纵向传播，它主要具有下列特性：

(1) 超声波能传递很强的能量。超声波的作用主要是对其传播方向上的障碍物施加压力(声压)。因此，有时可用这个压力的大小来表示超声波的强度，传播的波动能量越强，则压力也越大。

(2) 当超声波经过液体介质传播时，将以极高的频率压迫液体质点振动，在液体介质中连续地形成压缩和稀疏区域，由于液体基本上不可压缩，因此产生压力正、负交变的液压冲击和空化现象。由于这一过程时间极短，液体空腔闭合压力可达几十个大气压，并产生巨大的液压冲击。这一交变的脉冲压力作用在邻近的零件表面上会使其破坏，引起固体物质分散、破碎等效应。

(3) 超声波通过不同介质时，在界面上发生波速突变，产生波的反射和折射现象。能量反射的大小，决定于这两种介质的波阻抗。

(4) 超声波在一定条件下，会产生波的干涉和共振现象。

二、超声波加工

1. 超声波加工的结构、原理

超声波加工是利用工具断面的超声振动，通过磨料悬浮液加工脆硬材料的一种成形方法，如图 8-3 所示。加工时，在工具头与工件之间加入液体与磨料混合的悬浮液，并在工具头振动方向加上一个不大的压力，超声波发生器产生的超声频电振荡通过换能器转变为超声频的机械振动，变幅杆将振幅放大到 0.01～0.15 mm，再传给工具，并驱动工具端面做超声振动，迫使悬浮液中的悬浮磨料在工具头的超声振动下以很大速度不断撞击、抛磨被加工表面，把加工区域的材料粉碎成很细的微粒，从材料上被打击下来。虽然每次打击下来的材料不多，但由于每秒钟打击 16 000 次以上，所以仍存在一定的加工速度。与此同时，悬浮液受工具端部的超声振动作用而产生的液压冲击和空化现象促使液体钻入被加工材料的隙裂处，加速了破坏作用，而液压冲击也使悬浮工作液在加工间隙中强迫循环，使变钝的磨料及时得到更新。

2. 超声波换能器

超声波换能器的作用是将高频电振动转变为机械振动。实现这种转变主要采用以下两种方法：

(1) 磁致伸缩法。某些铁磁体或铁氧化体在变化的磁场中，由于磁场的变化，其长度也发生变化的现象，称为磁致伸缩效应。磁致伸缩换能器因为具有较低的 Q 值(Q 是能量峰值的锐度)，所以它能传递很宽的频率。这使变幅杆设计的灵活性增大，也使与变幅杆连接

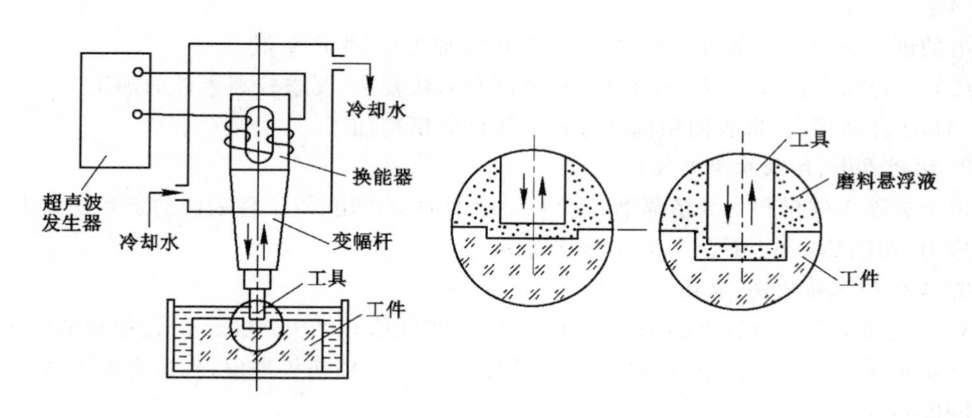

图 8-3　超声波加工结构图

在一起的刀具允许在加工中磨损后可重磨。磁致伸缩换能器工作时会大量生热，产生较大的电能损失，且使电声转换效率降低。

(2) 压电效应法。利用压电晶片在外电场中随电场方向的改变而形变发生相反变化的压电效应原理，将高频电振动转变为机械振动的器件称为压电换能器。压电换能器电声转换效率高，不易有热量损失，不需要任何冷却措施，适应旋转操作，生产容易。但要加工 0.1～1 GHz 级的超高频超声波换能器很困难，日本提出用钛扩散、周期地形成自发极化反相区域，同时在表面配置叉指电极做成新型超高频超声换能器，可得到变换损失低于 5.5 dB、相对带宽为 0.9 的宽频带横波超声换能器。

3. 变幅杆

变幅杆的作用是将来自换能器的超声振幅由 0.005～0.01 mm 放大至 0.01～0.1 mm，以便进行超声波加工。变幅杆之所以能放大振幅，是由于通过其任一截面的振动能量是不变的(传播损耗不计)，截面小的地方能量密度大，振动振幅也就越大。在进行大功率的超声加工及精密加工时，往往将变幅杆与工具设计制成一个整体；在进行小功率的超声加工及加工精度不高时，则将变幅杆与工具设计制成可拆卸式。目前，对超声变幅杆的研究和优化已广泛应用了 CAD/CAM 技术和有限元分析技术。如使用 ANSYS 软件对变幅杆进行优化：首先分析需要的所有数据(材料属性、频率范围等)，定义结构的几何形状；然后求解，计算固有频率、位移、应变和应力；最后是估计分析结果和画出应力曲线。工具是变幅杆的负载，其结构尺寸、质量大小以及与变幅杆连接的好坏，对超声振动共振频率和超声波加工性能均有很大影响。工具可以通过焊接或螺钉固定在变幅杆上，也可以和变幅杆设计成整体。采用可拆卸式，虽然能快速更换工具，但可能出现工具松懈、超声能量损失、疲劳破坏等问题。

加工时在工具头与工件之间加入液体与磨料混合的悬浮液，并在工具头振动方向上加上一个不大的压力，超声波发生器产生的超声频电振荡通过换能器转变为超声频的机械振动，变幅杆将振幅放大到 0.01～0.15 mm，再传给工具，并驱动。

三、超声加工的特点

1. 加工范围广

(1) 可加工淬硬钢、不锈钢、钛及其合金等传统切削难加工的金属以及非金属材料，特别是一些不导电的非金属材料如玻璃、陶瓷、石英、硅、玛瑙、宝石、金刚石及各种半导体等，对导电的硬质金属材料如淬火钢、硬质合金也能加工，但生产率低。

（2）适合深小孔、薄壁件、细长杆、低刚度和形状复杂、要求较高零件的加工。

（3）适合高精度、低表面粗糙度等精密零件的精密加工。

2. 切削力小、切削功率消耗低

由于去除工件材料主要依靠磨粒瞬时局部的冲击作用，故工件表面的宏观切削力很小，切削应力、切削热更小，不会产生变形及烧伤。

3. 工件加工精度高，表面粗糙度低

超声波加工可获得较高的加工精度（尺寸精度可达 0.005～0.02 mm）和较低的表面粗糙度（Ra 值为 0.05～0.2 mm），被加工表面无残余应力、烧伤等现象，也适合加工薄壁、窄缝和低刚度零件。

4. 工具硬度要求低

由于工件材料的碎除主要靠磨料的作用，磨料的硬度应比被加工材料的硬度高，而工具的硬度可以低于工件材料。工具可用较软的材料，做成较复杂的形状，且不需要工具和工件做比较复杂的相对运动便可加工各种复杂的型腔和型面。一般，超声加工机床的结构比较简单，操作、维修也比较方便。

5. 加工方法多样

可以与其他多种加工方法结合应用，如超声振动切削、超声电火花加工和超声电解加工等。

6. 存在明显的缺点

超声波加工的缺点是，加工面积不够大，而且工具头磨损较大，故生产率较低。

四、超声加工的应用

几十年来，超声加工技术的发展迅速，在超声振动系统、深小孔加工、拉丝模及型腔模具研磨抛光、超声复合加工领域均有较广泛的研究和应用，尤其是在难加工材料领域解决了许多关键性的工艺问题，取得了良好的效果。

1. 型孔、型腔加工

型孔、型腔加工如图 8-4 所示。一般来说，孔加工工具的长度总是大于孔的直径，在切削力的作用下易产生变形，从而影响加工质量和加工效率。特别是对难加工材料的深孔钻削来说，会出现很多问题。例如，切削液很难进入切削区，造成切削温度高；刀刃磨损快，产生积屑瘤，使排屑困难，切削力增大等。其结果是加工效率、精度降低，表面粗糙度值增加，工具寿命短。采用超声加工则可有效解决上述问题。

2. 切削

用普通机械加工切割脆硬的半导体材料是很困难的，采用超声切割则较为有效。超声波切割具有切口光滑、牢靠，切边准确，不会变形，不翘边、起毛、抽丝、皱折等优点。

3. 复合加工

将超声加工与其他加工工艺组合起来的加工模式，称为超声复合加工。超声复合加工，强化了原加工过程，使加工的速度明显提高，加工质量也得到不同程度的改善，实现了低耗、高效的目标。它主要有超声电解复合加工、超声电火花复合加工、超声抛光及电解超声复合抛光。

4. 超声清洗

其原理主要是基于清洗液在超声波作用下产生空化效应。空化效应产生的强烈冲击液

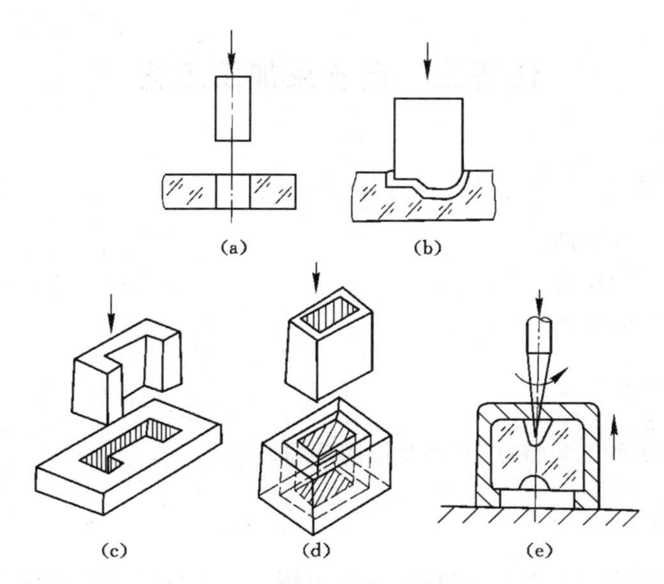

图 8-4　超声波型腔、型孔加工

(a) 加工圆孔;(b)加工型腔;(c) 加工异形孔;(d)套料加工;(e) 加工细微孔

直接作用到被清洗的部位,使污物遭到破坏,并从被清洗表面脱落下来。

此方法主要用于几何形状复杂、清洗质量要求高而用其他方法清洗效果差的中小精密零件,特别是工件上的深小孔、微孔、弯孔、盲孔、沟槽、窄缝等部位的精清洗,生产率和净化率都很高。目前多在半导体和集成电路元件、仪器仪表零件、电真空器件、光学零件、医疗器械等的清洗中应用。

5. 超声波焊接

超声波焊接就是利用超声振动作用去除工件表面的氧化膜,使工件露出本体表面,使两个被焊工件表面在高速振动撞击下摩擦发热并亲和粘在一起。

它可以焊接尼龙、塑料及表面易生成氧化膜的铝制品,还可以在陶瓷等非金属表面挂锡、挂银,从而改善这些材料的可焊性。

任务实施

(1) 搜集相关的文字、图片及视频资料,进一步拓展对超声波加工工艺的理论知识理解。

(2) 如条件允许,可以组织学生到相关企业对超声波加工工艺进行认识实习,以提升其对理论知识的理解和实践技能。

练习与思考

(1) 简述超声波加工的原理和特点。

(2) 简述超声波加工应用。

任务三　电子束加工工艺

知识要点

（1）电子束加工的原理。

（2）电子束加工的应用。

（3）电子束加工的特点。

技能目标

了解电子束加工的工艺特点、原理及应用范围。

任务导入

电子束加工技术在国际上日趋成熟，应用范围广。国外定型生产的40～300 kV的电子枪（以60 kV、150 kV为主），已普遍采用CNC控制，多坐标联动，自动化程度高。电子束焊接已成功地应用在特种材料、异种材料、空间复杂曲线、变截面焊接等方面。目前正在研究焊缝自动跟踪、填丝焊接、非真空焊接等，最大焊接熔深可达300 mm，焊缝深宽比20∶1。电子束焊已用于运载火箭、航天飞机等主承力构件大型结构的组合焊接，以及飞机梁、框、起落架部件、发动机整体转子、机匣、功率轴等重要结构件和核动力装置压力容器的制造。

任务分析

学习电子束加工工艺，我们要知道什么是电子束加工，电子束加工的原理、加工规律，电子束加工应用的范围及特点。

相关知识

一、电子束加工概述

电子束加工（EBM）利用电子束的热效应可以对材料进行表面热处理、焊接、刻蚀、钻孔、熔炼，或直接使材料升华。电子束曝光则是一种利用电子束辐射效应的加工方法。

电子束加工包括焊接、打孔、热处理、表面加工、熔炼、镀膜、物理气相沉积、雕刻以及电子束曝光等，其中电子束焊接是发展最快、应用最广泛的一种电子束加工技术。电子束加工的特点是功率密度大，能在瞬间将能量传给工件，而且电子束的能量和位置可以用电磁场精确和迅速地调节，实现计算机控制。因此，电子束加工技术广泛应用于制造加工的许多领域，如航空、航天、电子、汽车、核工业等，是一种重要的加工方法。

二、电子束加工原理与装置

电子束是在真空条件下，利用聚焦后能量极高（106～109 W/cm^2）的电子束，以极高的速度冲击到工件表面极小面积上，在极短的时间（几分之一微秒）内，其能量的大部分转变为热能，使被冲击部分的工件材料达到几千摄氏度及以上的高温，从而引起材料的局部熔化和气化，被真空系统抽走。

电子束加工的基本原理(图 8-5)是:在真空中从灼热的灯丝阴极发射出的电子,在高电压(30～200 kV)作用下被加速到很高的速度,通过电磁透镜汇聚成一束高功率密度的电子束。当冲击到工件时,电子束的动能立即转变成为热能,产生出极高的温度,足以使任何材料瞬时熔化、气化,从而可进行焊接、穿孔、刻槽和切割等加工。由于电子束和气体分子碰撞时会产生能量损失和散射,因此,加工一般在真空中进行。

电子束加工机由产生电子束的电子枪、控制电子束的聚束线圈、使电子束扫描的偏转线圈、电源系统和放置工件的真空室,以及观察装置等部分组成。先进的电子束加工机采用计算机数控装置,对加工条件和加工操作进行控制,以实现高精度的自动化加工。电子束加工机的功率根据用途不同而有所不同,一般为几千瓦至几十千瓦。

控制电子束能量密度的大小和能量注入时间,就可以达到不同的加工目的,如果只使材料局部加热就可进行电子束热处理;使材料局部熔化可进行电子束焊接;提高电子束能量密度,使材料熔化和气化,就可进行打孔、切割等加工;利用较低能量密度的电子束轰击高分子材料时产生化学变化的原理,进行电子光刻加工。例如,电子束曝光可以用于电子束扫描,将聚焦到小于 1 μm 的电子束斑在大约 0.5～5 mm 的范围,可曝光出任意图形。

电子枪是获得电子束的装置,它包括电子发射阴极、控制栅极和加速阳极等,如图 8-6 所示。其中阴极经电流加热发射电子,带负电荷的电子高速飞向高电位的正极,在飞向正极的过程中,经过加速,又通过电磁镜把电子束聚焦成很小的束流。发射阴极一般用纯钨或钽做成,大功率时用钽做成块状阴极。在电子束打孔装置中,电子枪阴极在工作过程中受到损耗,因此每过 10～30 h 就要进行更换。控制栅极为中间有孔的圆筒形,其上加以较阴极为负的偏压,既能控制电子束的强弱,又有初步的聚集作用。加速阳极通常接地,而在阴极加以很高的负电压以驱使电子加速。

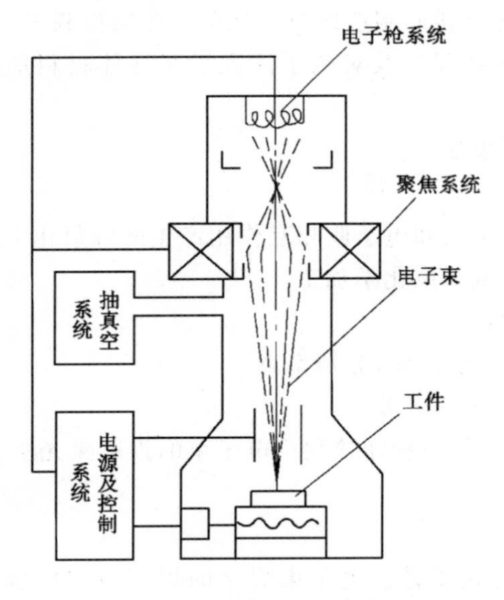

图 8-5 电子束加工原理

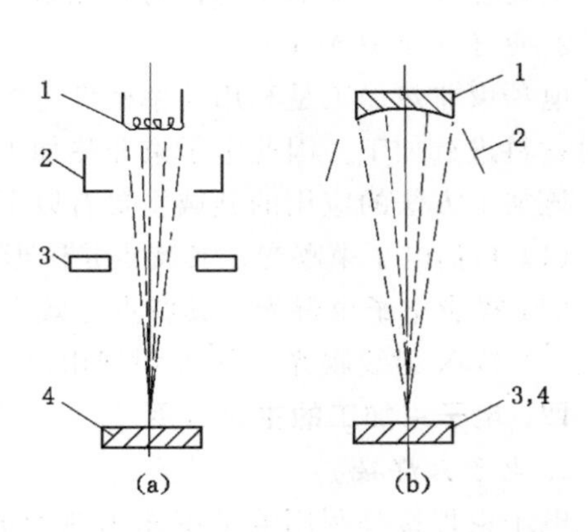

图 8-6 电子枪

1——发射电子的阴极;2——控制栅极;
3——加速阳极;4——工件

真空系统的作用是保证在电子束加工时达到 $1.33\times10^{-2}\sim1.33\times10^{-4}$ Pa 的真空度，因为只有在高真空时，电子才能高速运动。为了消除加工时的金属蒸气影响电子发射，使其不稳定现象，需要不断地把加工中产生的金属蒸气抽去。

控制系统由束流聚焦控制、束流位置控制、束流强度控制以及工作台位移的控制等组成。束流聚焦控制是为了提高电子束的能量密度，使电子束聚焦成很小的束流，它基本上决定着加工点的孔径或缝宽。束流强度控制是为了使电流得到更大的运动速度，常在阴极上加上 50～150 kV 及以上的负高压。加工时，为了避免热量扩散到不用加工的部位，常使用电子束间歇脉冲性运动形式。工作台的移控制是为了在加式过程中控制工作台的位置。如果在大面积加工时有伺服电动机控制工作台移动并与电子束的偏转相配合将减少像差和影响线性。

三、电子束加工分类

按照电子束加工所产生的效应，可以将其分为两大类：电子束热加工和电子束非热加工。

1. 电子束热加工

电子束热加工是将电子束的动能在材料表面转化成热能，以实现对材料的加工。包括以下几种：

(1) 电子束精微加工。可完成打孔、切缝和刻槽等工艺，这种设备一般都采用微机控制，并且常为一机多用。

(2) 电子束焊接。与其他电子束加工设备不同之处在于，除高真空电子束焊机之外，还有低真空、非真空和局部真空等类型。

(3) 电子束镀膜。可蒸镀金属膜和介质膜。

(4) 电子束熔炼。包括难熔金属的精炼、合金材料的制造以及超纯单晶体的拉制等。

(5) 电子束热处理。包括金属材料的局部热处理以及对离子注入后半导体材料的退火等。

上述各种电子束加工总称为高能量密度电子束加工。

2. 电子束非热加工

电子束非热加工是利用功率密度比较低的电子束和电子胶相互作用产生的辐射化学效应对材料进行加工。因此电子束非热加工也称为电子束化学加工。

该加工方法的应用的领域主要有以下几方面：

(1) 扫描电子束曝光。其特点是图形变换的灵活性好，分辨率高。

(2) 投影电子束曝光。其特点是效率高，但分辨率较差。

(3) 软 X 射线曝光。软 X 射线由电子束产生，是一种间接利用电子束的投影曝光法。

四、电子束加工的主要应用

1. 电子束焊接

电子束焊接是利用电子束作为热源的一种焊接工艺。电子束焊接的焊缝位置精确可控、焊接质量高、速度快，在核、航空、火箭、电子、汽车等工业中可用作精密焊接。在重工业中，电子束焊机的功率已达 100 kW，可平焊厚度为 200 mm 的不锈钢板。对大工件焊接时必须采用大体积真空室，或在焊接处形成可移动的局部真空。

2. 电子束蚀刻和电子束钻孔

用聚焦方法得到很细的、功率密度为 10^6～10^8 W/cm² 的电子束周期地轰击材料表面的固定点，适当控制电子束轰击时间和休止时间的比例，可使被轰击处的材料迅速蒸发而避免周围材料的熔化，这样就可以实现电子束刻蚀、钻孔(图 8-7)或切割(图 8-8)。电子束可在厚度为 0.1～6 mm 的任何材料的薄片上钻直径为 1 mm 至几百微米的孔，能获得很大的深径比。图 8-7 所示为电子束加工喷丝头异型孔截面的一些实例。利用磁场对电子束方向进行编传，控制合适的曲率半径，可以加工弯孔和弯缝，如图 8-8 所示。

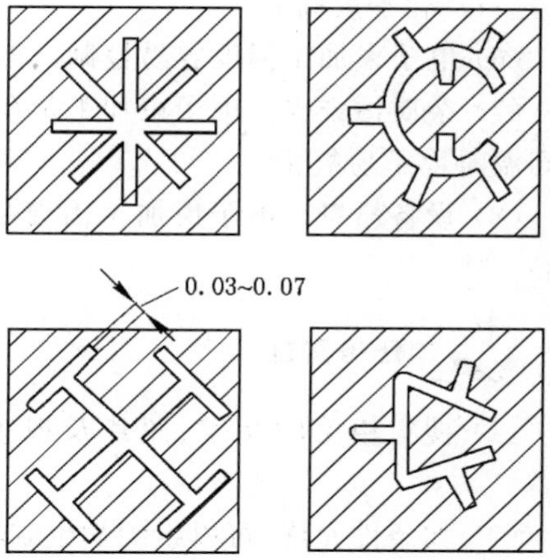

图 8-7　电子束加工的喷丝头异形孔

3. 电子束曝光

电子束曝光是先利用低功率密度的电子束照射作为电致抗蚀剂的高分子材料，入射电子与高分子相撞，使分子的链被切断或重新聚合而引起分子量的变化，这个步骤称为电子束曝光。

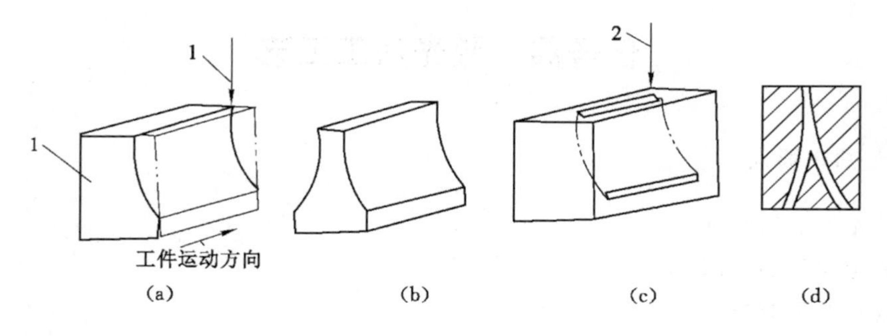

图 8-8　电子束加工曲面、弯孔

1——工件；2——工件运动方向

4. 电子束热处理

电子束热处理是把电子束作为热源，适当控制电子束的功率密度，使金属表面受热但不熔化，达到热处理目的。

五、电子束加工的特点

(1) 属于精密微细加工。电子束能够极其细微地聚焦，因此加工面积可以很小，是一种精密的加工方法。

(2) 加工材料范围广。电子束能量密度很高，工件不受外界机械力作用，不产生宏观应力和变形，因此加工材料范围非常广，可以加工脆性、韧性的导体、非半导体和半导体等材料。

(3) 加工精度高，表面质量好。

(4) 加工生产率很高。电子束能量密度很高，因而加工生产率很高。

(5) 控制性能好。电子束能够通过磁场或电场对其强度、位置、聚焦程度进行直接控制，且自动化程度高。

(6) 电子束加工温度容易控制。

(7) 杂质污染少。电子束加工是在真空中进行的，因而外界对工作的污染少，加工表面在高温时也不易氧化。

(8) 设备昂贵。电子束加工需要一整套专用设备和真空系统，设备价格较贵，加工成本高。

任务实施

(1) 搜集相关的文字、图片及视频资料，进一步拓展对电子束加工工艺的理论知识理解。

(2) 如条件允许，可以组织学生到相关企业对电子束加工工艺进行认识实习，以提升其对理论知识的理解和实践技能。

练习与思考

(1) 简述电子束加工的原理和特点。

(2) 简述电子束加工的主要应用。

任务四　激光加工工艺

知识要点

(1) 激光加工的原理。

(2) 激光加工的应用。

(3) 激光加工的特点。

技能目标

了解激光加工的工艺特点、原理及应用范围。

任务导入

激光加工可以用于打孔、切割、电子器件的微调、焊接、热处理以及激光存储、激光制导等各个领域。由于激光加工速度快、变形小，可以加工各种材料，在生产实践中越来越显示出它的优越性，越来越受到人们的重视。

任务分析

学习激光加工工艺，我们要知道什么是激光加工，激光加工的原理、加工规律、应用的范围及特点。

相关知识

一、激光加工概述

激光加工技术(LBM)起源于20世纪60年代。1960年美国科学家梅曼成功研制了世界上第一台红宝石激光器后，激光加工技术开始在工业制造领域获得应用。到20世纪80年代，随着千瓦级激光器的商业化推出，包括激光焊接在内的激光加工技术获得了快速发展。和传统的焊接方法相比，激光焊接具有能量密度高、焊接速度快、焊接热输入小的特点，是一种高效、精密、低变形的焊接方法，因而被广泛应用到了汽车、造船、电子、航空航天、冶金、机械制造等工业领域。

我国激光技术研究与国外同时起步，是当时与国外技术差距最小的高科技领域。在国家“六五”至“十一五”科技项目的支持下，逐步形成了以华中科技大学和中科院四大光机所为典型代表的研究机构，在激光器的一些核心技术研发上已形成较全面的技术成果，形成了5个国家级的激光技术研究中心。

我国激光加工产业一直呈指数增长，目前已经形成华中、珠三角、长三角、环渤海四大激光产业带，有20多个省、区、市生产和销售激光设备，常年有定型产品生产和销售。

二、激光加工的原理

早期的激光加工由于功率较小，大多用于打小孔和微型焊接。到20世纪70年代，随着大功率二氧化碳激光器、高重复频率钇铝石榴石激光器的出现，以及对激光加工机理和工艺的深入研究，激光加工技术有了很大进展，使用范围随之扩大。数千瓦的激光加工机已用于各种材料的高速切割、深熔焊接和材料热处理等方面。各种专用的激光加工设备竞相出现，并与光电跟踪、计算机数字控制、工业机器人等技术相结合，大大提高了激光加工机的自动化水平和使用功能。通常用于加工的激光器主要是固体激光器和气体激光器。

激光加工利用高功率密度的激光束照射工件，使材料熔化气化而进行穿孔、切割和焊接等的特种加工。某些具有亚稳态能级的物质，在外来光子的激发下会吸收光能，使处于高能级原子的数目大于低能级原子的数目——粒子数反转，若有一束光照射，光子的能量等于这两个能相对应的差，这时就会产生受激辐射，输出大量的光能。从激光器输出的高强度激光经过透镜聚焦到工件上，其焦点处的功率密度高达1亿～100亿 W/cm^2，温度高达10 000 ℃以上，任何材料都会瞬时熔化、气化。激光加工就是利用这种光能的热效应对材料进行焊接、打孔和切割等加工的，如图8-9所示。

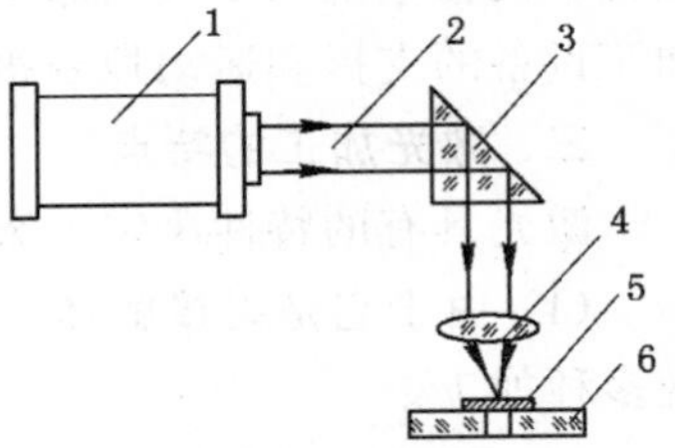

图8-9　激光加工原理

1——激光器；2——激光束；3——全反射棱镜；4——聚焦物镜；5——工件；6——工作台

通常用于加工的激光器主要是固体激光器(图8-10)和气体激光器(图8-11)。使用二氧化碳气体激光器切割时，一般在光束出口处装有喷嘴，用于喷吹氧、氮等辅助气体，以提高切割速度和切口质量。由于激光加工是无接触式加工，工具不会与工件的表面直接摩擦产生阻力，所以激光加工的速度极快，加工对象受热影响的范围较小，而且不会产生噪声。由于激光束的能量和光束的移动速度均可调节，因此激光加工可应用到不同层面。

激光加工的基本设备包括激光器、电源、光学系统及机械系统等四大部分。激光器是激

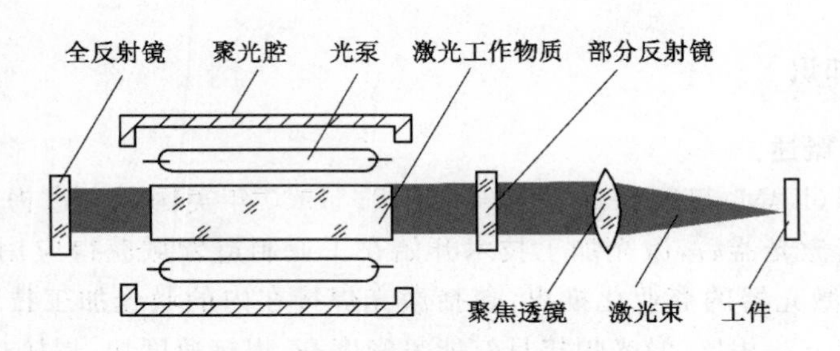

图 8-10 固体激光器加工原理图

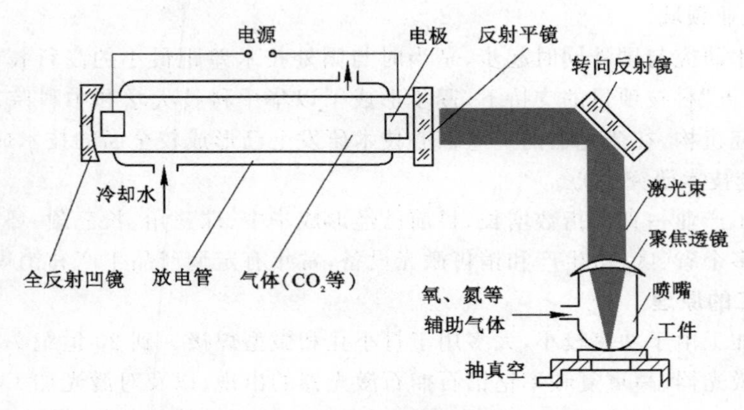

图 8-11 气体激光器加工原理图

光加工的重要设备,它把电能转化为光能,产生激光束。激光器电源为激光器提供所需要的能量及控制功能。光学系统包括激光聚焦系统和观察瞄准系统,可以观察和调整激光束的位置。机械系统主要包括床身、能在三坐标范围内移动的工作台及机电控制系统等,是激光加工设备的支撑和运动控制机构。

三、激光加工的特点

激光具有的特性决定了激光加工的优势如下:

(1) 由于它是无接触加工,并且高能量激光束的能量及其移动速度均可调,因此可以实现多种加工。

(2) 它可以对多种金属、非金属加工,特别是可以加工高硬度、高脆性及高熔点的材料。

(3) 激光加工过程中无刀具磨损,无切削力作用于工件。

(4) 激光加工过程中,激光束能量密度高,加工速度快,并且是局部加工,对非激光照射部位没有影响或影响极小。因此,其热影响区小,工件热变形小,后续加工量小。

(5) 它可以通过透明介质对密闭容器内的工件进行各种加工。

(6) 由于激光束易于导向、聚集,能实现各方向变换,极易与数控系统配合,对复杂工件进行加工,因此是一种极为灵活的加工方法。

(7) 使用激光加工,生产效率高,质量可靠,经济效益好。

四、激光加工技术的应用

激光加工技术主要包括激光焊接技术、激光切割技术、激光钻孔技术、激光打孔技术、激光微调技术、激光热处理技术。

1. 激光焊接技术

激光焊接是激光材料加工技术应用的重要方面之一。焊接过程属热传导型，即激光辐射件表面，表面热量通过热传导向内部扩散，通过控制激光脉冲的宽度、能量、峰功率和重复频率等参数，使工件熔化，形成特定的熔池，如图 8-12 所示。由于其独特的优点，已成功地应用于微、小型零件焊接中。与其他焊接技术比较，激光焊接的主要优点是：激光焊接速度快，深度大，变形小；能在室温或特殊的条件下进行焊接，焊接设备装置简单。

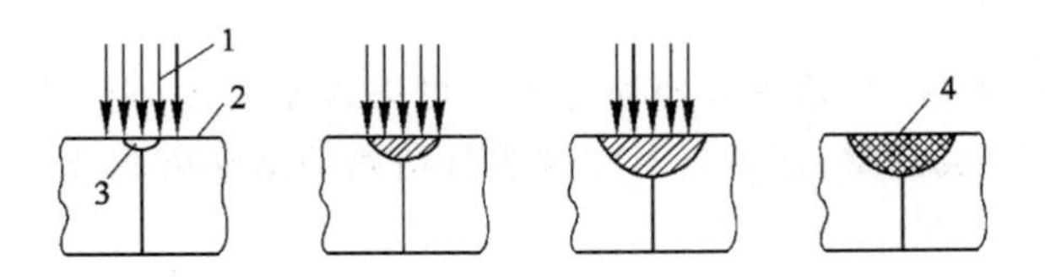

图 8-12　激光焊接过程示意图

1——激光；2——被焊金属；3——被熔化金属；4——冷却的金属

2. 激光切割技术

激光切割(图 8-13)是应用激光聚焦后产生的高功率密度能量来实现的。与传统的板材加工方法相比，激光切割其具有高的切割质量、高的切割速度、高的柔性(可随意切割任意形状)、广泛的材料适应性等优点。它包括以下几种：

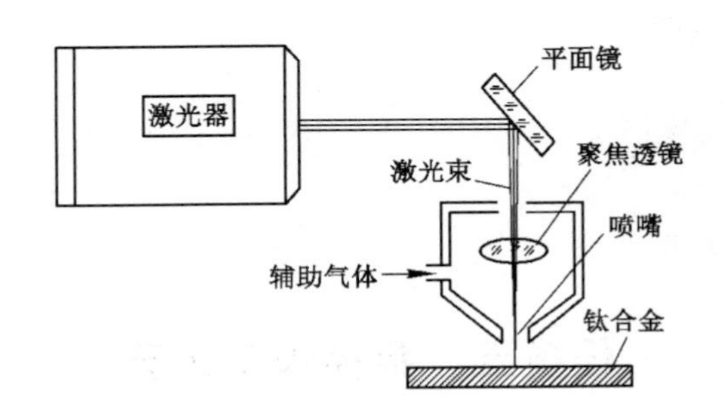

图 8-13　二氧化碳气体激光器切割钛合金示意图

(1) 激光熔化切割。在激光熔化切割中，工件被局部熔化后借助气流把熔化的材料喷射出去。因为材料的转移只发生在液态情况下，所以该过程被称作激光熔化切割。

(2) 激光火焰切割。激光火焰切割与激光熔化切割的不同之处在于使用氧气作为切割气体，借助于氧气和加热后的金属之间的相互作用，产生化学反应使材料进一步加热。对于相同厚度的结构钢，采用该方法可得到的切割速率比熔化切割要高。

(3) 激光气化切割。为了防止材料蒸气冷凝到割缝壁上，材料的厚度一定不要大大超过激光光束的直径。该加工因而只适合于应用在必须避免有熔化材料排除的情况下。

3. 激光钻孔

传统的机械钻孔最小的尺寸仅为 100 μm，这显然已不能满足工业发展要求，取而代之的是一种新型的激光微型过孔加工方式。目前用二氧化碳激光器加工在工业上可获得过孔直径达到在 30～40 μm 的小孔或用 UV 激光加工 10 μm 左右的小孔。

4. 激光打孔

采用脉冲激光器可进行打孔，脉冲宽度为 0.1～1 ms，特别适于打微孔和异形孔，孔径一般为 0.005～1 mm。激光打孔已广泛用于钟表和仪表的宝石轴承、金刚石拉丝模、化纤喷丝头等工件的加工。在微电子学中，常用激光切划硅片或切窄缝，速度快、热影响区小。用激光可对流水线上的工件刻字或打标记，并不影响流水线的速度，刻划出的字符可永久保持。

5. 激光微调

激光微调精度高、速度快，适于大规模生产。可以修复有缺陷的集成电路的掩模，修补集成电路存储器以提高成品率，还可以对陀螺进行精确的动平衡调节。

6. 激光热处理

用激光照射材料，选择适当的波长和控制照射时间、功率密度，可使材料表面熔化和再结晶，达到淬火或退火的目的。激光热处理的优点是可以控制热处理的深度，可以选择和控制热处理部位，工件变形小，可处理形状复杂的零件和部件，可对盲孔和深孔的内壁进行处理。

任务实施

(1) 搜集相关的文字、图片及视频资料，进一步拓展对激光加工工艺的理论知识理解。

(2) 如条件允许，可以组织学生到相关企业对激光加工工艺进行认识实习，以提升其对理论知识的理解和实践技能。

练习与思考

(1) 简述激光加工的原理和特点。

(2) 简述激光加工应用。

任务五　数控加工工艺

知识要点

(1) 数控技术、数控机床的概念。

(2) 按伺服系统及按运动控制方式的分类方法。

(3) 数据转换各环节的作用。

技能目标

(1) 理解计算机数控的概念。

(2) 了解数控机床的产生、发展。

(3) 了解数控机床的组成。

(4) 掌握数控机床的分类。

(5) 掌握数控加工过程。

(6) 掌握数据转换的流程以及各环节的作用。

任务导入

随着科技与生产技术的发展，机械产品日益精密复杂，更新换代日趋频繁，要求加工设备具有更高的精度和效率；另外，在产品加工过程中，单件小批量生产的零件约占机械加工总量的80%以上，加工这种品种多、批量少、形状复杂的零件也要求通用性和灵活性较高的加工设备。

任务分析

学习数控加工工艺，我们要知道什么是数控加工，数控加工的原理、应用的范围及特点。

相关知识

一、概述

1. 数控机床的产生和发展

数控机床是为了解决复杂型面零件加工的自动化而产生的。1948年，美国PARSONS公司在研制加工直升机叶片轮廓用检查样板的机床时，首先提出了数控机床的设想，在麻省理工学院的协助下，于1952年试制成功世界上第一台数控机床样机。后又经过三年时间的改进和自动程序编制的研究，数控机床进入实用阶段，市场上出现了商品化数控机床。1958年，美国KEANEY & TRECKER公司在世界上首先研制成功带有自动换刀装置的加工中心。

数控机床共经历了五代：第一代为电子管、继电器式；第二代为晶体管分立元件式；第三代为集成电路式；第四代为小型机数控；第五代为微处理器数控（1974年）。其中，前三代为硬件数控，后两代为软件数控。

现今的数控机床就是在20世纪70年代发展起来的一种新型数控技术。

我国于1958年开始研制数控机床，到20世纪60年代末和70年代初，简易的数控机床已在生产中广泛使用。它们以单板机作为控制核心，多以数码管作为显示器，用步进电动机作为执行元件。20世纪80年代初，由于引进了国外先进的数控技术，我国的数控机床在质量和性能上都有了很大的提高。它们具有完备的手动操作面板和友好的人机界面，可以配直流或交流伺服驱动，实现半闭环或闭环的控制，能对2～4轴进行联动控制，具有刀库管理功能和丰富的逻辑控制功能。90年代起，我国向高档数控机床方向发展，一些高档数控攻关项目通过国家鉴定并陆续在工程上得到应用。航天Ⅰ型、华中Ⅰ型、华中-2000型等高性能数控系统，实现了高速、高精度和高效经济的加工效果，能完成高复杂度的五坐标曲面实时插补控制，加工出高复杂度的整体叶轮及复杂刀具。

2. 数控技术基本概念

在加工机床中得到广泛应用的数控技术是一种采用计算机对机械加工过程中各种控制信息进行数字化运算、处理，并通过高性能的驱动单元对机械执行构件进行自动化控制的技术。当前已有大量机械加工装备采用了数控技术，其中最典型而应用面最广的是数控机床。为了便于后面的讨论，下面给出数控技术、数控系统、计算机数控系统（CNC）和数控机床几个概念的定义。

(1) 数字控制(numerical control)技术:简称数控(NC)技术,指用数字化的信息对机床运动及加工过程进行控制的一种方法。计算机数控技术称为 CNC。

(2) 数控系统:指实现数控技术相关功能的软硬件模块有机集成系统,它是数控技术的载体。

(3) 数控机床:用数字技术实施加工控制的机床。

二、数控机床的组成

数控机床的组成如图 8-14 所示。图中虚线框部分为计算机数控系统,即 CNC 系统,其中各方框为其组成模块,带箭头的连线表示各模块间的信息流向。图右边的实线框部分为计算机数控系统的控制对象——机床部分。下面分别介绍各模块的功能。

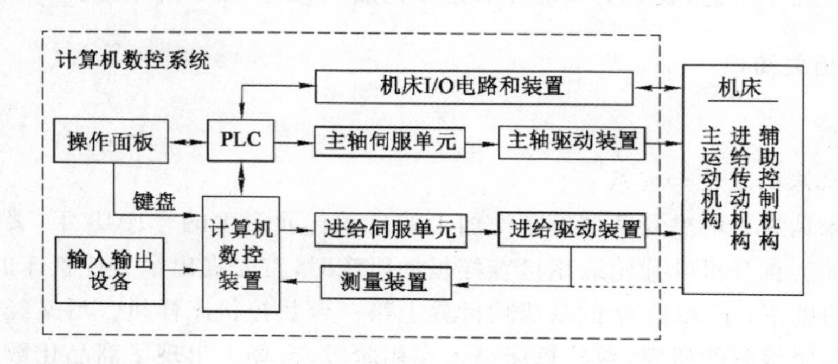

图 8-14 数控机床的组成

1. 操作面板(控制面板)

它是操作人员与数控机床(系统)进行交互的工具,一方面,操作人员可以通过它对数控机床(系统)进行操作、编程、调试或对机床参数进行设定和修改;另一方面,操作人员也可以通过它了解或查询数控机床(系统)的运行状态。它是数控机床的一个输入输出部件,是数控机床的特有部件。它主要由按钮站、状态灯、按键阵列(功能与计算机键盘一样)和显示器等部分组成,如图 8-15 所示。

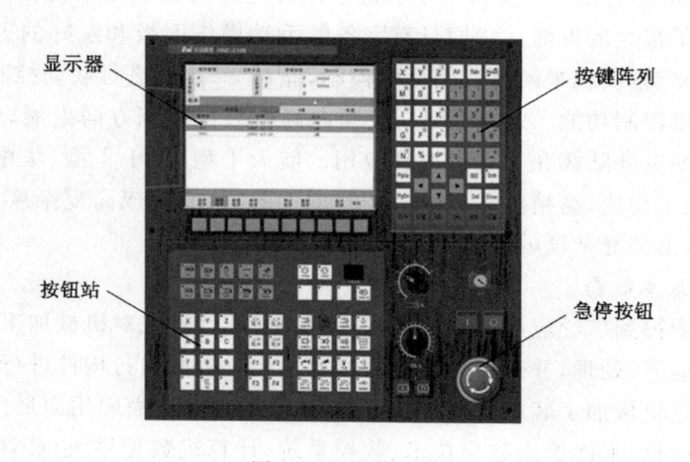

图 8-15 操作面板

2. 控制介质与输入输出设备

控制介质是记录零件加工程序的媒介。输入输出设备是CNC系统与外部设备进行信息交互的装置。零件加工程序是交互的主要信息。它们的作用是将编制好的记录在控制介质上的零件加工程序输入CNC系统，或将CNC系统中已调试好了的零件加工程序通过输出设备存放或记录在相应的控制介质上。

除此之外，还可采用通信方式进行信息交换，现代数控系统一般都具有利用通信方式进行信息交换的能力。这种方式是实现CAD/CAM集成、FMS和CIMS的基本技术。目前在数控机床上常采用的方式有：串行通信（RS232等串口）、自动控制专用接口和规范（DNC方式，MAP协议等）、网络技术（Internet，LAN等）。

3. 计算机数控（CNC）装置（或CNC单元）

计算机数控（CNC）装置是计算机数控系统的核心。其主要作用是根据输入的零件加工程序或操作者命令进行相应的处理（如运动轨迹处理、机床输入输出处理等），然后输出控制命令到相应的执行部件（伺服单元、驱动装置和PLC等），完成零件加工程序或操作者命令所要求的工作。所有这些都是由CNC装置协调配合、合理组织进行的，使整个系统能有条不紊地工作。它主要由计算机系统、位置控制板、PLC接口板，通信接口板、扩展功能模块以及相应的控制软件等模块组成。

4. 伺服单元、驱动装置和测量装置

伺服单元和驱动装置是指主轴伺服驱动装置和主轴电动机、进给伺服驱动装置和进给电动机；测量装置是指位置和速度测量装置，它是实现速度闭环控制（主轴、进给）和位置闭环控制（进给）的必要装置。主轴伺服系统的主要作用是实现零件加工的切削运动，其控制量为速度。进给伺服系统的主要作用是实现零件加工的成形运动，其控制量为速度和位置。能灵敏、准确地跟踪CNC装置的位置和速度指令是它们的共同特点特征。

5. PLC、机床I/O电路和装置PLC（Programmable Logic Controller）

用于完成与逻辑运算、顺序动作有关的I/O控制，由硬件和软件组成；机床I/O电路和装置是实现I/O控制的执行部件（由继电器、电磁阀、行程开关、接触器等组成的逻辑电路）。它们共同完成以下任务：接收CNC的M、S、T指令，对其进行译码并转换成对应的控制信号，控制辅助装置完成机床相应的开关动作；接收操作面板和机床侧的I/O信号，送给CNC装置，经其处理后，输出指令控制CNC系统的工作。

6. 机床本体

机床是数控机床的主体，是数控系统的控制对象，是实现制造加工的执行部件。它主要由主运动部件、进给运动部件（工作台、拖板以及相应的传动机构）、支承件（立柱、床身等）以及特殊装置（刀具自动交换系统、工件自动交换系统）和辅助装置（如冷却、润滑、排屑、转位和夹紧等装置）组成。数控机床机械部件的组成，与普通机床相似，但传动结构和变速系统较为简单，在精度、刚度、抗振性等方面要求高。

三、数控机床的分类

1. 按机械加工的运动轨迹分类

（1）点位控制数控机床：这类数控机床仅能控制在加工平面内的两个坐标轴带动刀具与工件相对运动，从一个坐标位置快速移动到下一个坐标位置，然后控制第三个坐标轴进行钻镗切削加工。特点：在整个移动过程中不进行切削加工，因此对运动轨迹没有任何要求，但要求坐标位置有较高的定位精度。点位控制的数控机床用于加工平面内的孔系，这类机床主要有数控钻床、印刷电路板钻孔机、数控镗床、数控冲床、三坐标测量机等。

(2) 直线控制数控机床：这类数控机床可控制刀具或工作台以适当的进给速度，沿着平行于坐标轴的方向进行直线移动和切削加工，进给速度根据切削条件可在一定范围内调节。早期，简易两坐标轴数控车床，可用于加工台阶轴。简易的三坐标轴数控铣床，可用于平面的铣削加工。现代组合机床采用数控进给伺服系统，驱动动力头带着多轴箱轴向进给进行钻镗加工，它也可以算作一种直线控制的数控机床。值得一提的是，现在仅仅具有直线控制功能的数控机床已不多见。

(3) 轮廓控制数控机床：这类数控机床具有控制几个坐标轴同时协调运动，即多坐标轴联动的能力，使刀具相对于工件按程序规定的轨迹和速度运动，在运动过程中进行连续切削加工。可实现联动加工是这类数控机床的本质特征。这类数控机床有数控车床、数控铣床、加工中心等用于加工曲线和曲面形状零件的数控机床。现代的数控机床基本上都是这种类型。若根据其联动轴数还可细分为二轴联动数控机床、三轴联动数控机床、四轴联动数控机床、五轴联动数控机床。

2. 按伺服系统的控制原理分类

按数控系统的进给伺服子系统有无位置测量装置可分为开环数控机床和闭环数控机床，在闭环数控系统中根据位置测量装置安装的位置又可分为全闭环和半闭环两种。

(1) 开环控制数控机床

由图 8-16 可知，开环进给伺服系统没有位置测量装置，信号流是单向的(数控装置→进给系统)，故系统稳定性好。但由于无位置反馈，精度相对闭环系统来讲不高，其精度主要取决于伺服驱动系统和机械传动机构的性能和精度。这类系统一般以功率步进电动机作为伺服驱动元件，具有结构简单、工作稳定、调试方便、维修简单、价格低廉等优点，在精度和速度要求不高、驱动力矩不大的场合得到广泛应用。一般用于经济型数控机床和旧机床的数控化改造。

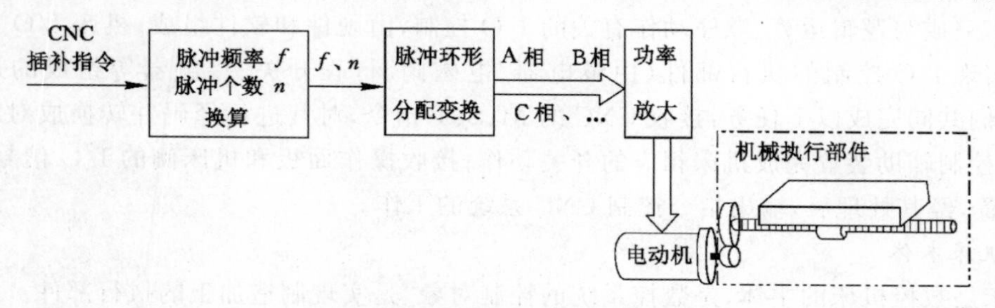

图 8-16　开环进给伺服系统简图

(2) 闭环控制数控机床

由图 8-17 可知，半闭环数控系统的位置检测点是从驱动电动机(常用交直流伺服电动机)或丝杠端引出，通过检测电动机和丝杠旋转角度来间接检测工作台的位移量，而不是直接检测工作台的实际位置。由于在半闭环环路内不包括或只包括少量机械传动环节，因此可获得稳定的控制性能，其系统的稳定性虽不如开环系统，但比闭环要好。另外，由于在位置环内各组成环节的误差可得到某种程度的纠正，而位置环外的各环节如丝杠的螺距误差、齿轮间隙引起的运动误差均难以消除，因此，其精度比开环要好，比闭环要差。但可对这类误差进行补偿，因而仍可获得满意的精度。半闭环数控系统结构简单、调试方便、精度也较高，因而在现代 CNC 机床中得到了广泛应用。

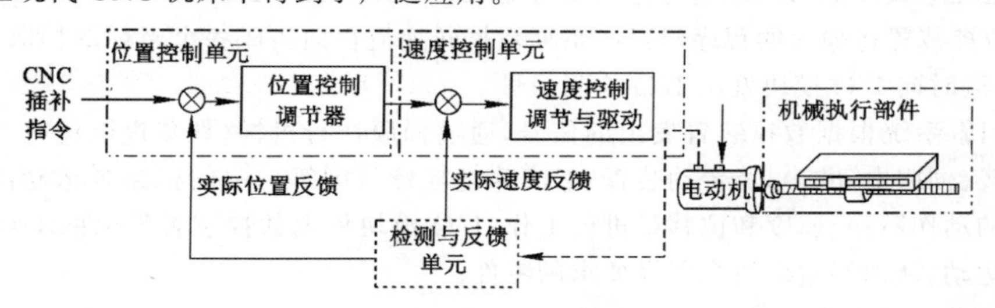

图 8-17　半闭环进给伺服系统简图

闭环进给伺服系统的位置检测点如图 8-18 的粗实线所示，它直接对工作台的实际位置进行检测。从理论上讲，可以消除整个驱动和传动环节的误差、间隙和失动量。具有很高的位置控制精度。但由于位置环内的许多机械传动环节的摩擦特性、刚性和间隙都是非线性的，故很容易造成系统的不稳定，使闭环系统的设计、安装和调试都相当困难。因而，该系统对其组成环节的精度、刚性和动态特性等都有较高的要求，故价格昂贵。这类系统主要用于精度要求很高的镗铣床、超精车床、超精磨床以及较大型的数控机床等。

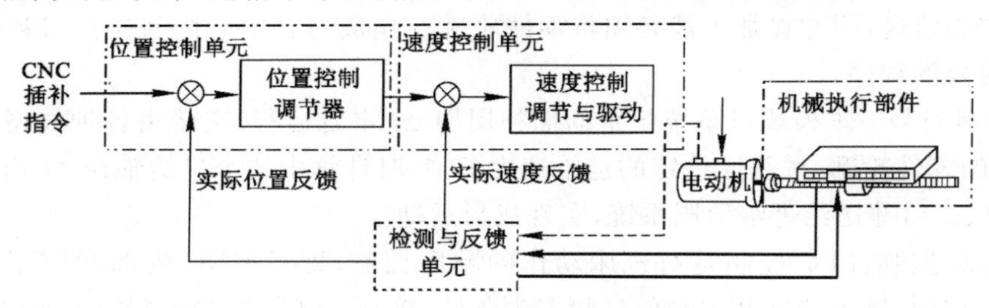

图 8-18　闭环进给伺服系统简图

3. 按功能水平分类

数控机床按数控系统的功能水平可分为低、中、高三档。这种分类方式，在我国用得很多。低、中、高档的界限是相对的，不同时期的划分标准有所不同，就目前的发展水平来看，一般开环、步进电动机系统，二轴联动机床多为低档；采用半闭环直流或交流伺服系统，联动轴数在三轴至五轴的机床多为中档；采用闭环直流或交流伺服系统，联动轴数在三轴至五轴，且分辨率不大于 0.1 μm 的多为高档。

4. 按工艺用途分类

数控机床按不同工艺用途分类可分成数控金属切削机床、数控金属成形机床以及特种加工机床等。其中金属切削机床有数控的车床、铣床、磨床与齿轮加工机床等；在数控金属成形机床中，有数控的冲压机、弯管机、裁剪机等；在特种加工机床中有数控的电火花切割机、火焰切割机、点焊机、激光加工机等。近年来在非加工设备中也大量采用数控技术，如数控测量机、自动绘图机、装配机、工业机器人等。

四、数控机床的加工原理

1. 加工原理

(1) 在数控机床上加工工件时，首先要根据加工零件的图样与工艺方案，用规定的格式编写程序单，并且记录在程序载体上。

（2）把程序载体上的程序通过输入装置输入到数控装置中去。

（3）数控装置将输入的程序经过一系列数据转换流程向机床各个坐标的伺服系统发出运动指令，同时向I/O模块发出I/O控制信号。

（4）伺服系统根据数控装置发出的信号，通过伺服执行机构（如步进电动机、直流伺服电动机、交流伺服电动机），经传动装置（如滚珠丝杠螺母副等），驱动机床各运动部件，使机床按规定的动作顺序、速度和位移量进行工作；I/O模块根据数控装置发出的I/O信号，控制机床的运动，从而制造出符合图样要求的零件。

2. 数据转换过程

CNC系统的主要任务就是将由零件加工程序表达的加工信息（几何信息和工艺信息），变换成各进给轴的位移指令、主轴转速指令和辅助动作指令，控制机床的加工轨迹和逻辑动作，加工出符合要求的零件。其数据转换的过程包括译码、刀补、插补、位置控制，以及I/O控制。具体功能如下：

（1）译码：将用文本格式（通常用ASCⅡ码）表达的零件加工程序，以程序段为单位转换成刀补处理程序所要求的数据结构（格式）。

（2）刀补处理：零件加工程序通常是按零件轮廓编制的，而数控机床在加工过程中控制的是刀具中心轨迹，因此在加工前必须将零件轮廓变换成刀具中心的轨迹。刀补处理就是完成这种转换的程序。

（3）插补计算：本模块以系统规定的插补周期 Δt 定时运行，它将由各种线型（直线、圆弧等）组成的零件轮廓，按程序给定的进给速度 F，实时计算出各个进给轴在 Δt 内位移指令（$\Delta X1$、$\Delta Y1$、…），并送给进给伺服系统，实现成形运动。

（4）PLC控制：PLC控制是对机床动作的顺序控制，即以CNC内部和机床各行程开关、传感器、按钮、继电器等开关量信号状态为条件，按预先规定的逻辑顺序对诸如主轴的启停、换向，刀具的更换，工件的夹紧、松开，冷却、润滑系统等的运行等进行的控制。

五、数控机床的特点及适用范围

1. 数控机床应用的特点

（1）加工精度高，产品质量稳定

精度可达到0.005～0.1 mm。加工精度不受产品形状及其复杂程度的影响；自动化加工消除了人为误差，使同批产品加工质量更稳定。

（2）劳动生产率高

工序安排可相对集中，辅助设备比较简单，节省了生产准备时间，可缩短产品改型生产周期。节省检验时间；加工不同零件时，只需更换控制载体，节省了设备调整时间。

（3）加工零件的适应性强，灵活性好

数控机床具有多坐标轴联动功能，能加工形状复杂的零件，并可按零件加工的要求变换加工程序，不必对加工设备做复杂的调整即可变更加工任务。

（4）减轻工人劳动强度

数控机床对零件的加工是按事先编好的程序自动完成的，操作者除了操作键盘、装卸零件、安装刀具、完成关键工序的中间测量以及观察机床的运行之外，不需要进行繁重的重复性手工操作，劳动强度与紧张程度均可大为减轻，劳动条件也得到相应的改善。

(5) 生产管理水平提高

用数控机床加工零件，能准确地计算零件的加工工时，并有效地简化检验和工夹具、半成品的管理工作。这些特点都有利于使生产管理现代化，便于实现计算机辅助制造。

2. 数控机床适用范围

数控机床是一种可编程的通用加工设备，但是因设备投资费用较高，还不能用数控机床完全替代其他类型的设备，因此，数控机床的选用有其一定的适用范围。图 8-19 粗略地表示了数控机床的适用范围。

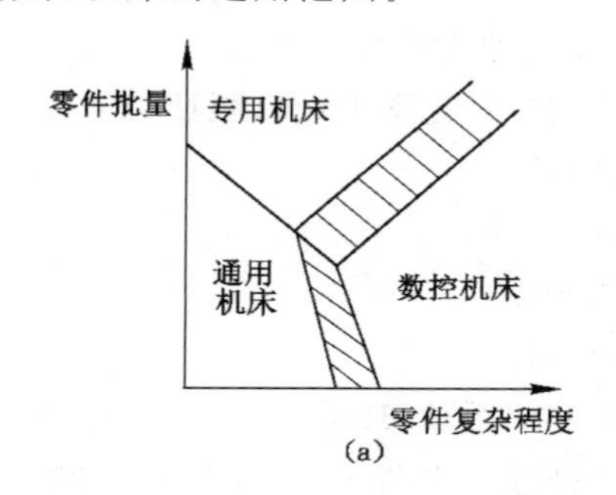

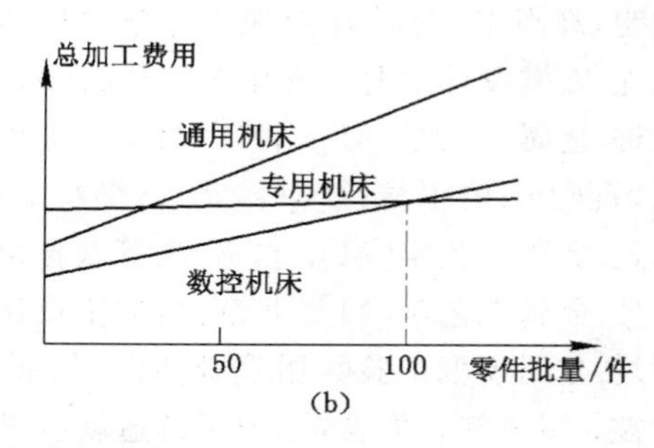

图 8-19　数控机床的适用范围

一般而言，数控机床最适宜加工以下类型的零件：

(1) 生产批量小的零件(100 件以下)。

(2) 需要进行多次改型设计的零件。

(3) 加工精度要求高、结构形状复杂的零件，如箱体类，曲线、曲面类零件。

(4) 需要精确复制和尺寸一致性要求高的零件。

(5) 价值昂贵的零件。这种零件虽然生产量不大，但是如果加工中因出现差错而报废，将产生巨大的经济损失。

任务实施

(1) 开展小组讨论，请学生谈谈对数控加工的理解(基本工序)，数控加工过程中有哪些步骤，说明每个步骤的目的。

(2) 向学生展示数控加工的零件，帮助学生理解。

(3) 以"数控加工"为关键词搜索观看有关数控加工的网络视频资料，增加对数控加工的直观认识。

(4) 带领学生参观数控实训室，认识各种数控设备及工具。在条件许可时，进行数控加工的实训。

练习与思考

(1) 简述数控加工的特点及适用范围。

(2) 简述数控机床的加工原理。

(3) 简述数控机床的组成和分类。

参考文献

[1] 陈文明，高殿玉，刘群山.金属工艺学[M].北京：机械工业出版社，1994.
[2] 成大先.机械设计手册　常用工程材料[M].单行本.北京：化学工业出版社，2004.
[3] 鞠克栋.金属工艺学[M]. 北京：煤炭工业出版社，1985.
[4] 邵忠，石白云.电工材料[M]. 北京：煤炭工业出版社，1994.
[5] 王孝达.金属工艺学[M]. 北京：高等教育出版社，2001.
[6] 王雅然.金属工艺学[M]. 北京：机械工业出版社，2001.
[7] 姚启均.金属硬度试验数据手册[M]. 北京：机械工业出版社，1992.
[8] 张立波，田世江，葛晨光. 中国铸造新技术发展趋势[J]. 铸造，2005，54(3)：207-212.
[9] 赵忠，丁仁亮，周而康.金属材料及热处理[M].北京：机械工业出版社，2000.
[10] 朱张校.工程材料[M].3 版.北京：清华大学出版社，2001.